해전에서의 군사목표 구별원칙과

상선의 법적 지위

이민효 지음

무력분쟁에서 있어 문명국가가 추구할 수 있는 유일한 합법적 목적은 적 군사력을 제압하고 약화시키는 것만으로 제한되어야 한다. 이러한 목적을 위해서는 가능한 다수의 병력을 무력화시키는 것으로 충분하다.

따라서 교전자와 비교전자 및 군사목표와 비군사목표는 엄격하게 구별되어야 하며, 적에 대한 무력공격은 그것이 어디에서 행해지든 합법적 군사목표에만 한정되어야 한다.

그러나 오늘날 파괴력이나 정확성에서 고도로 발달된 전투수단의 등장으로 무력분쟁에 직접적으로 사용되지 않거나 관여하고 있지 않는 사람과 물자를 온전히 보호한다는 것은 어렵다. 이는 해상무력분쟁에 있어서도 마찬가지다.

해상무력분쟁에서 적 군함 및 그 보조선박은 합법적 군사목표물로서 인정되어 당연히 공격 대상이 된다. 교전국 군함은 공해 또는 교전국의 영수 내에서 조우하는 적국 군함 또는 공선을 즉시 공격할 수 있으며, 이를 나포할 경우 이는 전리품으로서 나포한 국가에 귀속되고 승무원은 포로가 된다. 물론 안전통항권이 부여된 선박, 항복선 또는 병원선, 의료 수송선 또는 오로지 해양오염사고에 대처하도록 건조 또는 개조된 선박, 학술·종교·박애의 임무를 띤 선박, 연안어업 및 지방적 항해에 종사하는 선박 또는 카르텔선 등은 공격으로부터 면제된다.

그렇다면 해상무력분쟁에서 적국의 상선은 어떤 법적 지위를 갖는가? 상선은 비록 직접적인 교전자 역할을 하지는 않지만 무력분쟁의 경제전적 특성이 보다 중요해지고 있는 현실을 감안하여 합법적 군사목표로 인정되어 공격의 대상이 되는가? 아니면 적의 군사적 능력을 직접적으로 증강시키지 않기 때문에 군사목표로 볼 수 없으며 따라서 공격 대상이 되지 않는가?

또한 무력분쟁 시 교전 당사국은 물론 중립국의 통상도 극도로 제한될 수밖에 없는데, 이 경우 무원칙한 중립국 통상의 제한이나 중립국 선박에 대한 공격은 불필요한 파괴와 살상을 불러올 수 있고 무력 사용의 정당성과 합법성에 대한 국제사회의 여론을 악화시켜 자국의 의사를 강제시키고자 하는 무력분쟁의 궁극적 목적을 달성하는 데 중대한 장애가 될 수도 있다.

서문

　본서는 평화적으로 이용되는 상선은 직접적으로 무력분쟁에 개입하지 않는 한 합법적 군사목표물과는 구별되어 취급되고 보호 존중되어야 한다는 것을 기본으로 하면서, 무력분쟁에서 교전 당사국은 상선을 공격 및 공격에 이르지 않는 여타의 조치를 취할 수 있는가, 그것이 가능하다면 어떤 조건이 갖추어져야 하는가 등에 중점을 두고 검토하였다.

　이는 해상무력분쟁에서의 상선에 대한 무차별적인 공격으로 야기될 수 있는 국제사회의 비난을 사전에 방지하고 불필요한 분쟁 희생자를 예방하기 위해 중요하다고 확신하기 때문이다.

　본 저서는 그 동안 군내외에 발표했던 논문을 보완 및 추가하여 보다 적실성있게 하였으며, 집필목적의 완결성을 높이고자 일부(제5장)는 새로 연구하여 첨부하였다.

　끝으로 졸고를 흔쾌히 출판해 주신 한국학술정보(주)와 편집과 교정에 수고해 주신 모든 분들께 감사드린다.

2009년 1월

이 민 효

목차

목차

제1장

무력분쟁에서의 적성 결정

무력분쟁(armed conflict)이란 일반적으로 어느 일방 당사국이 타방 당사국을 굴복시켜 그가 바라는 강화조건을 부과하여 본래의 주장을 관철하기 위해 무력을 행사하는 국가 간의 투쟁 상태이다.

이를 좀 더 자세하게 살펴보면 첫째, 무력분쟁이란 무력을 행사하는 투쟁관계이다. 무력행사 그 자체가 목적이 아니고 그것에 의해 일정한 주장을 관철하려는 것이므로, 결국 무력분쟁이란 어떤 목적을 위해서 하는 무력적 수단이라고 볼 수 있다. 둘째, 무력분쟁이란 국가 간의 투쟁관계이다. 국제관계에 있어 일정한 목적을 달성하기 위해 무력에 호소하는 것이 무력분쟁인데, 이러한 의사를 가지는 것은 국가뿐이므로 무력분쟁 당사자 즉, 무력분쟁 주체는 국가 자신인 것이다.[1] 셋째, 무력분쟁이란 일정한 국제법적 제한하에서 행하는 투쟁관계이다. 무기의 발달로 인한 무력분쟁 규모의 확대와 사상자의 급증은 곧바로 인도적 고려와 비군사적 가치의 숙려라는 문제를 제기했고, 국가 간의 무력투쟁을 제한하기 위한 많은 무력분쟁 관련 법규가 체결되었다. 무력분쟁은 이들 무력분쟁

---

1) 개인 상호간의 투쟁이나 개인과 국가 간의 투쟁은 전쟁으로 볼 수 없으므로 개인은 전쟁 주체일 수가 없다. 그러나 일정한 요건을 갖춘 교전단체와 국가 간의 투쟁은 제한적인 전쟁관계를 이루게 된다. 국제기구가 직접 어느 국가에 대해서 강제조치를 취할 때는 국제기구 자체가 그런 국제관계에 있어 제재적인 교전 주체가 될 때도 있다. 김정균·성재호, 국제법, 박영사, 2006, pp.711－712.

법의 규제하에서 행하여지는 투쟁인 것이다.[2]

무력분쟁이 개시(commencement of armed conflict)되면 교전 당사국 상호간의 평시관계는 전시관계로 변경되어 교전 당사국 상호간에는 전시국제법에 의한 특수한 권리의무가 발생하게 된다. 무력분쟁의 개시에 따라 발생되는 이러한 법적 효과는 양국 간 여러 관계에 상당한 영향을 미치는데 외교, 조약, 통상, 적국민 및 적 재산 등에서 기존의 평시관계는 정지 또는 폐지되고, 새로운 전시관계가 형성되게 된다.[3]

무력분쟁의 수단에 있어서도 종래에는 무력의 행사가 무력분쟁의 필수요건으로 되어 있었으나 오늘날에는 국제법상으로 한 국가의 명시나 묵시에 의한 무력분쟁 개시의 의시표시가 있을 경우에는 현실적으로 무력행동의 유무에 관계없이 무력분쟁 상태로 간주되고 있다. 제2차 세계대전에서 연합국에 가담하여 독일, 이탈리아, 일본에 대해서 정식으로 선전포고를 한 국가가 교전상대의 어떤 국가에 대해서는 직접적인 무력행사를 전혀 하지도 않았던 실례도 있다.[4]

이처럼 교전 당사국은 무력분쟁 개시와 동시에 서로 적대관계가 성립하고, 상대방에게 모든 전투수단과 방법을 사용할 권리를 갖게 되는바, 이는 특정 개인과 재산의 적으로서의 성질, 즉 敵性(enemy character)을 기초로 한다. 어떤 개인과 재산이 敵性人(자연인 및 법

---

2) *Ibid.*, pp.697 – 698.

3) 무력분쟁의 발발은 교전 당사국 간의 법적 관계뿐만 아니라 교전국과 중립국 간에도 특수한 권리의무 관계를 발생시킨다. 즉 교전 당사국과 제3국 간에는 중립법규 또는 비교전 상태가 적용된다.

4) 박헌옥, 「현대전 양상에 관한 특징 분석」, 군사 제46호, 2002. 8, p.65.

인) 또는 敵性物(재산, 선박 및 화물)이냐 아니냐에 따라 개전 효과가 달라지기 때문에 전투행위의 합법성 보장을 위해서는 먼저 적성이 결정되어야 한다.

적성을 갖는 것으로 인정되는 개인과 재산은 군사목표물로 간주되어 이에 대한 공격은 합법적인 것으로 평가되는 반면 적성이 부인되는 경우에는 비합법적인 공격으로 평가된다. 따라서 무력분쟁에서 전투행위가 적법한 것인지 아닌지를 결정하기 위해서는 해당 개인 및 재산이 적성을 갖는지를 확인하고 판단하는 것이 우선되어야 한다.

그러나 오늘날 특정 개인과 재산의 적성을 결정하는 일치된 기준 및 관행은 확립되지 못하였으며, 실제로는 각국이 임의로 이를 결정해 왔다. 적성 결정에 대한 일부 기준을 규정하고 있는 '육전에서의 중립국 및 중립인의 권리의무에 관한 조약'(1907년)은 총가입조항(general participation clause)[5]을 채택하고 있어 실효적이지 못했고,[6] '해전법규에 관한 런던선언'(1909년)은 조약으로 성립되지도 못했다.

그리고 이들 조약들에서 규정하고 있는 내용도 단편적일 뿐만 아니라 빈약하기 짝이 없어 복잡한 법적 및 사실적 관계가 거미줄

---

5) 총가입조항이란 교전국의 전체가 조약가입국이 된 전쟁에 한해서만 그 조약을 적용할 수 있다는 것을 규정한 조항이다. 이 조항으로 인하여 위의 조약은 다수국이 참가한 전쟁에 있어서 교전국의 일국이라도 조약에 가입하지 않은 국가가 있는 경우에는 그 전쟁 전체에 효력을 발생하지 않으며 따라서 조약에 가입한 교전국 상호간에도 효력을 발생하지 않게 된다.

6) 총가입조항은 조약의 적용을 불가능하게 만드는 경우가 많으므로 제1차 세계대전 이후의 조약에는 총가입조항을 삭제하는 경향이 두드러졌다. 특히 1949년의 제네바협약은 총가입조항을 두지 않았을 뿐만 아니라 비체약국이 협약규정을 수락하고 적용한 경우에는 이 비체약국과의 관계에 있어서도 체약국은 그 협약에 의하여 구속을 받도록 규정하고 있다(공통 제2조 3항).

처럼 복잡하게 얽혀 있는 무력분쟁에서 인적 및 물적 대상의 법적 지위를 명확하게 하기란 불가능하였다.

여기서 한 걸음 더 나아가 오늘날 적성 결정 문제는 더욱 곤란한 상황에 직면에 있다. 군사목표물과 비군사목표물의 엄격한 구별이 불가능해지고, 전방과 후방의 구별이 무의미하며, 무력분쟁의 지속능력 및 승전요인이 군사력뿐만 아니라 경제력이 더욱 중요시되는 현대의 총력전적 성격이 강화되고, 가해 대상 및 참전국 수의 증가 경향에 따라 점차 적성을 갖는 개인 및 재산의 범위가 확대되고 있기 때문이다.

이하에서는 선박, 화물 및 개인의 적성 결정 기준과 관련 법규의 발달 및 무력분쟁 시 적성 결정이 미치는 영향 등에 대해 살펴보고자 한다.

무력분쟁의 개시

1. 의 의

무력분쟁의 개시라 함은 평시국제법 관계를 전시국제법 관계로 전환시키는 행위를 말하며, 명시적이든 묵시적이든 타방 당사국의 동의를 요하지 않는다. 그러나 국제법적 의미의 무력분쟁 상태가 성립되려면 일방 교전 당사국은 타방 교전 당사국에 戰意를 표시하여야 한다.[7]

이처럼 국제법상 무력분쟁의 개시에 있어 전의를 요하는 것은 무력분쟁과 평화는 배타적인 것이라는 전통국제법적 견해에 따른 것이다. 이른바 전쟁과 평화 양자 간에는 중간단계가 존재하지 않는다는 것이다.

그러나 전의가 표시되어야만 무력분쟁의 발발로 인정된다는 개념은 집단적 안전보장 제도의 도입 및 무력분쟁의 불법화·범죄화에 따라 이전과 같이 무력분쟁의 개시를 나타내는 확정적 기준으로 인정하기에는 무리가 있다.

왜냐하면 국제사회의 제재나 비난을 회피하기 위하여 사전에 전의를 표시하지 않은 채 기습공격 또는 대규모 군사력을 동원한 무력사용으로 실제 무력분쟁을 감행하는 것이 일반화되었기 때문이다.

무력분쟁의 개시 방법은 역사적으로 변천해 왔다. 중세시대의 무력분쟁 개시 방법은 무력행사 3일 전에 使者가 상대방 군주에게 도전장을 전하는 의식으로 거행되었다. 그러나 이 방법은 16세기부터 상주 외교사절 제도의 확립으로 점차 쇠퇴하고 말았다. 17세기에 이르러 도전장 의식은 선전포고라는 공문서로 대체되었으나 1907년 제2차 헤이그 국제평화회의 이전에는 국가 간의 관습이나

---

7) 1931년의 만주사변이나 1937년의 중일사변은 단순한 간섭 또는 복구로 설명할 수 없는 대규모 무력투쟁이었음에도 불구하고 당사국인 일본과 중국의 어느 편에서도 전의의 표명이 없었다는 이유로 국제법상의 무력분쟁으로 간주되지 않았다. 만주사변과 중일사변의 경우 일본이 중국연안에 행한 봉쇄는 전시봉쇄가 아니라 평시봉쇄로 취급되며 봉쇄선을 넘어서 제3국의 선박이 출입하여도 일본은 교전권을 행사하여 나포할 수 없었다. 전의의 표시가 없었던 까닭이다. 반대로 제1차 대전의 경우 중국과 독일 간에는 아무런 무력투쟁도 없었으나 중국이 독일에 대하여 선전포고(전의 표시)를 했기 때문에 양국은 전쟁상태에 있는 것으로 하였다. 제2차 대전에서도 대일평화조약에서 보는 바와 같이 연합국 중에는 단순히 선전포고만을 한 국가도 있었으나 전쟁상태에 있는 것으로 하여 평화조약에 참가하는 것이 인정된 것도 있다. 이한기, 국제법강의, 박영사, 2006, p.716; 박배근(역), 국제법, 국제해양법학회, 1999, p.746 참조.

일반조약으로 확립되지 못하였다.

무력분쟁 개시 방법에 대해 최초의 명문규정을 두고 있는 1907년 '전쟁 개시에 관한 조약'(개전조약)은 개전의 성립에는 선전포고, 최후통첩 등에 의해 사전에 통고를 요한다고 규정하고 있다. 그렇지만 개전조약의 비당사국에는 관습국제법상의 묵시적 전의 표시에 의한 적대행위로 전쟁을 개시할 자유가 인정되고 있다.[8]

2. 방 법

(1) 선전포고

선전포고(declaration of war)는 무력분쟁 개시의 의사를 상대 교전국에 명시적으로 표명하는 일방적 법률행위이다. 따라서 상대 교전국의 수령 또는 수락을 요하지 않으며, 선전포고와 동시 전쟁상태가 성립되어 적대행위를 할 수 있다.

1907년 '개전조약'에 따라 선전포고는 즉시 중립국에 통고하여야 하며, 통고를 한 후가 아니면 그 중립국에 대하여 효과가 발생하지 않는다. 그러나 중립국이 실제로 무력분쟁 상태를 인지한 것이 확실할 때에는 당해 중립국은 통고의 흠결을 주장할 수 없다(제2조). 한편, 통고를 하지 않았더라도 전쟁은 개시되며, 다만 교전국에 대하여 그 권리를 주장할 수 없을 뿐이다.

무력분쟁의 개시 방법에 있어 선전포고의 실례로는 1945년 8월 8일 일본이 포츠담 선언을 수락하지 않는다는 이유로 일본에 대해

---

8) 이병조 · 이중범, 국제법신강, 일조각, 2003, p.986.

개전선언을 하고 다음 날부터 무력분쟁 상태에 돌입한 것과 1941
년 12월 8일 진주만을 공격하고 난 뒤 1시간 후 미국에 대해 선전
포고를 한 것을 들 수 있다.[9]

(2) 최후통첩

최후통첩(ultimatum)이란 최후적 요구를 상대국에 통고함과 동시
에 그 요구가 일정 기간(보통 24~48시간) 내에 수락되지 않을 경
우에는 그것을 조건으로 그 기간이 지난 즉시 전쟁에 돌입하는 것
을 명시적으로 통고하는 일방적 법률행위인 외교문서이다.

대표적인 사례로는 1991년의 걸프전을 들 수 있다. 1990년 8월
2일 약 350대의 탱크를 앞세운 이라크군이 쿠웨이트를 기습 침공하
여 '잠정자유정부'를 수립한 후 8월 8일 쿠웨이트를 병합하고 8월
28일에는 이라크의 19번째 주로 편입시키자 국제연합은 1990년 11
월 19일 외상급 협의를 통하여 이라크가 1991년 1월 15일까지 쿠
웨이트에서 완전 철수하지 않으면 회원국들에 '필요한 모든 수단을
행사할 권한을 부여한다.'는 결의를 채택하였고, 이라크가 이에 불
응하자 결국 1991년 1월 17일 미명을 기해 다국적군의 이라크 공격
이 시작되었고 지상군의 전면적인 공격이 시작된 지 1백 시간 만에
이라크는 무조건 항복을 함으로써 군사행동은 중지되었다.[10]

걸프전은 국제연합 설립 이후 일국이 자국의 소유라고 주장하는
영토를 회복하기 위하여 처음으로 무력을 사용한 예는 아니지만
회원국의 전 영토가 타국의 무력에 의하여 강제적으로 점령된 최

---

9) *Ibid.*, p.987.
10) 최종기, 「다국적군과 UN의 집단안보체제」, 국제문제, 제22권, 제4호, 1991, p.51.

초의 사건이었다.[11]

(3) 적대행위

적대행위(hostile acts)는 무력에 의한 가해행위로서 묵시적 전쟁 개시 방법이다. 1907년 '개전조약'은 적대행위에 의한 선언하지 않은 전쟁을 금지하고 있지만 일반 국제관습법상으로는 허용되어 왔다.

현대국제법은 전쟁의사의 존부 또는 적대행위의 성질에 따라 전쟁상태의 존부를 결정하는 것이 아니라, 무력행사의 존재에 의한 평화의 위협·파괴의 존부를 결정한다는 점에서 과거의 전쟁 개시 방법인 선전포고 또는 최후통첩 대신에 전쟁의사의 표시 없이 단순히 적대행위(사실상의 무력분쟁)를 개시하는 국가관행이 보편화되고 있다. 대표적으로는 1950년 6월 25일 북한의 대한민국 기습 침략을 들 수 있다.

사실상의 무력분쟁이 존재해 온 종래의 이유로는 첫째로 헤이그 협약이 총가입조항을 포함하고 있어 비당사국과의 관계에서는 부득이했다는 것과 둘째로 기습이라는 것이 고도의 군사적 가치를 지니고 있다는 것을 들 수 있다. 그러나 더욱 주목할 일은 당시의 사실상의 무력분쟁이 개전에 관한 형식 차원의 문제보다는 무력분쟁 그 자체의 위법성과 범죄성이 강조되는 바람에 그런 형식을 피하려 해서 나타난 관념이요 실행이라는 점이다.[12]

---

11) O. Schachter, 「United Nations Lawin the Gulf Conflict」, 85 *American Journal of International Law*, 1991, pp.452 − 453.

12) 김정균 · 성재호, *op. cit.*, p.727.

1. 선 박

가. 국적(국기) 기준 적성 결정

(1) 적국 국기 게양 상선

전통적으로 선박의 적성 결정에 있어 영미주의와 대륙주의가 대립하여 왔다. 영미주의에 의하면 국기와 소유권을 중심으로 해서 적국기를 게양하고 항행하는 선박과 그 일부 또는 전부가 적의 소유하에 있는 선박에는 적성을 인정한다. 이에 대해 대륙주의는 선박이 게양할 권리가 있는 국기를 기준으로 해서 적성을 인정하자는 국적주의, 즉 기국주의이다.[13]

해전법규 전반에 대한 기본적인 사항을 다루고 있는 1909년 런던선언은 선박의 적성 결정 기준으로 국기주의 입장을 취하고 있다(제57조). 동 선언에 규정된 바와 같이 무력분쟁 시에 상선이 적국의 국기를 게양하고 있거나 민간기가 적국의 표식을 게양하고 있다는 사실은 적성의 결정적 증거가 된다. 따라서 전투현장의 군함 지휘관들은 해상에서 조우한 선박이 적국의 기를 게양한 채 항행하고 있으면, 즉 해당 상선이 적국의 국기나 그 국적을 나타내는 여타의 확인 가능한 표식을 게양하고 있으면 선박의 등록국 및 소유권을 고려하지 않고 적성을 갖는 것으로 간주하여 나포 또는

---

13) *Ibid.*, pp.732 – 733; 이한기, *op. cit.*, pp.739 – 740.

몰수할 수 있다.

선박의 적성 결정에 관한 런던선언의 이러한 기준은 1913년의 옥스퍼드 매뉴얼에서도 인정되었으며(51조 1항) 제2차 세계대전 이후 각국의 관행에 의해서 재확인되었을 뿐만 아니라,[14] 오늘날 각국의 해상무력분쟁법에 관한 매뉴얼(군사교범)에서도 인정되고 있다.

그런데 국기는 선박의 적성을 적법하게 결정하기 위한 중요한 하나의 기준이기는 하지만 모든 경우에 보편타당하게 적용될 수 있는 것은 아니다. 게양한 국기가 적국의 것인 경우에만 적성 판단의 결정적인 증거가 될 뿐, 선박이 적국 이외의 기를 게양하고 있는 경우 그 적성은 다른 기준을 적용하여 판단해야 한다.[15]

이러한 사례에 해당될 수 있는 대표적인 것으로는 편의치적(flag of convenience)을 들 수 있다. 선박은 그 국기를 게양할 권리를 가진 국가의 국적을 갖는데, 국가와 선박 간에는 '진정한 관련'이 존재하여야 한다(유엔해양법협약 제91조). 하지만 Nottebohm 사건[16]

---

14) W. Heintschel v. Heinegg, 「Visit, Search, Diversion and Capture in Naval Warfare : Part Ⅱ, Developments since 1945」, 30 *Canadian Yearbook of International Law*, 1992, pp.89ff.

15) L. Doswald - Beck(ed.), *San Remo Manual on International Law applicable to Armed conflicts at Sea*, Cambridge University Press, 1995, pp.188 - 189.

16) Nottebohm 사건(Liechtenstein v. Guatemala)의 개요는 다음과 같다. Nottebohm은 독일인으로서 과테말라에서 부동산을 소유하고 있었는데, 만약 과테말라가 제2차 세계대전에서 연합국 측에 가담하게 되면 자신의 독일 국적이 불편할 것임을 깨달았다. 따라서 그는 1939년에 리히텐슈타인으로 가서 몇 주 체류하면서 리히텐슈타인 국적을 취득하였으며, 이로써 당시의 독일법에 따라 자신의 독일 국적을 자동적으로 상실하였다. 그 후 그는 리히텐슈타인 여권을 발급받고 또 취리히 주재 과테말라 총영사로부터 이 여권에 비자를 받은 뒤 1940년 초에 과테말라로 돌아왔다. 그리고 과테말라 정부는 그의 요청에 의하여 외국인 명부와 그의 신분증의 관련 기재사항을 변경해 주었다. 그러나 미국과 과테말라가 독일에 선전포고를 한 후, 그는 독일인으로 간주되어 체포된 뒤 미국으로 인도되었고 그의 재산은 몰수되었다. 리히텐슈타인은 Nottebohm을 위하여 ICJ에 제소하였으나 실패하였다. ICJ는 외교보호권은 청구국과 그의 국민 사이에 진정한 관련(genuine link)이 있는 경우에만 발생하는데 귀화 당시 리히텐슈타인과 Nottebohm 사이에는 진정한 관련이 없다고 판결하

의 판결에 영향을 받은 이러한 '진정한 관련' 요건에도 불구하고 관행상 일부 국가(편의기국 또는 개방등록국가)들은 자국과 실질적 관련이 없는 외국선주에게 자국 국기하에 선박을 등록하도록 하고 있다.[17)

평시 선박 소유자는 주로 경제적 이유에서 편의치적을 이용한다.[18)] 편의치적은 '기능적으로 그 이유에 관계없이 선박을 등록하는 자에게 편리하고 이익이 되는 조건에서 외국의 소유나 외국의 관리하에 선박을 둔 채 등록하는 것을 인정하는 국가의 기(旗)'이다.[19)] 선박과 기국 간에 진정한 관계가 존재하지 않는다 해도 선박의 국적에는 아무런 영향도 주지 않으며, 이것은 무력분쟁 시에도 마찬가지다. 중립국 국기로 위법적으로 이전한 것이 아니면(런던선언 제55조~제56조), 선박이 편의치적 국기를 게양하고 있다는 사실만으로 적성을 갖는 것으로 추정할 수 없다.[20)]

(2) 중립국 국기 게양 상선

상선이 중립국의 국기를 게양하고 있다는 사실은 그 선박의 중립성을 추정할 수 있는 강력한 증거이자 비군사목표임을 나타내는 징표이다. 따라서 교전 당사국은 동 선박을 나포 또는 공격할 수

여였던 것이다. 김대순, 국제법론, 삼영사, 2006, p.521-522 주)181 참조.

17) 김영구, 한국과 바다의 국제법, 한국해양전략연구소/효성출판사, 2002, p.608.

18) 주로 미국, 일본 및 희랍 출신인 세계의 중요 선주들 측에서는 이들 편의 기국(개방등록국가)들에 등록하는 것이 저렴한 등록비 및 세금, 낮은 임금 그리고 경우에 따라서는 국제적 안전기준의 준수가 요구되지 않는 까닭에 가능한 제반 선박운영 비용의 절감으로 상당한 이익을 취할 수 있게 되므로 편의치적선은 계속 증가되고 있다. 그리하여 세계 최대의 국적선 보유국인 라이베리아를 비롯해서 파나마, 싱가포르 등의 편의기국들이 존재하게 된다. *Ibid.*

19) B. A. Boczek, *Flags of Convenience: An International Legal Study*, Cambridge, Mass., 1962, p.2.

20) 이민효, 무력분쟁과 국제법, 연경문화사, 2008, p.120.

없으며, 다만 예외적인 경우, 즉 군사목표로 인정할 수 있을 정도의 군사적 활동을 행하는 경우에만 나포하거나 공격할 수 있다.

그런데 적국 선박이 자국기를 게양함으로써 타방 교전 당사국으로부터 적선으로 추정되는 것을 피하기 위해 중립국기를 게양하고 있을 수도 있기 때문에 상선이 중립국의 기를 게양하고 있는 사실은 그 중립성의 추정 즉, 동 선박의 피보호 지위를 확인하는 증거일 뿐이며,[21] 실제 이들 선박이 적국인에 의해 소유되어 있거나 또는 관리되고 있다면 적성을 갖는 것으로 추정된다. 이는 국가관행에 의해 발전되어 온 최근의 국제관습법과도 일치한다.[22]

중립국 국기를 게양한 상선이 적성을 갖는 것으로 의심되는 경우 교전 당사국 군함의 지휘관은 임검 및 수색권을 행사할 수 있다. 교전 당사국의 군함 지휘관이 갖고 있는 의심이 근거 없다고 해당 선박이 주장하는 경우 그것을 증명할 책임은 해당 선박 자신에게 있다.[23]

의심의 근거는 충분한 것이어야 하며, 편의치적 국기를 게양하고 있다고 해서 그것만으로는 혐의의 충분한 근거가 되는 것은 아니다. 의심을 갖는 것이 합리적이라고 볼 수 있는 경우와 관련하여 약간의 논쟁이 되고 있는 것으로 적대행위 개시 후 또는 그 직전에 중립국기로의 이전, 즉 전쟁의 영향을 고려한 국기의 이전을 들 수 있다.

---

21) W. Heintschel v. Heinegg, 「Visit, Search, Diversion and Capture in Naval Warfare: Part Ⅰ, The Traditional Law」, 29 *Canadian Yearbook of International Law*, 1991, pp.288ff 참조.

22) W. Heintschel v. Heinegg, 「Visit, Search, Diversion and Capture in Naval Warfare: Part Ⅱ, Developments since 1945」, *op. cit.*, pp.91ff.

23) L. Doswald-Beck(ed.), *op. cit.*, p.190.

이와 관련하여 다음과 같이 현행 법규를 정리할 수 있다. 적대행위 개시 전의 이전은 그것이 적선이라는 성질로부터 발생하는 결과를 면하기 위하여 행하여진 것임이 입증된 경우를 제외하고는 유효하며(런던선언 제55조), 적대행위 개시 후의 이전은 그것이 적선이라는 성질로부터 발생하는 결과를 면하기 위하여 행하여진 것이 아님이 입증된 경우를 제외하고는 무효이다(동 제56조).[24] 이전이 무효인 경우 해당 선박은 적선과 같이 취급되며, 그 중립국기에 관계없이 나포할 수 있다.

기상조건 또는 해상작전 환경에 따라 해상에서의 임검 및 수색은 위험할 수도 있으며, 오늘날 상선은 대규모화되고 있기 때문에 더더욱 그러하다. 이 경우 선박의 진정한 성격을 확인하기 위한 임검 및 수색을 위해 적당한 해역 또는 항구로 향하도록 침로를 변경시킬 수 있다. 임검 및 수색의 목적을 위한 침로변경 관행은 양차 세계대전 중에 발전되어 오늘날에는 일반적으로 해상에서의 교전국의 관습적 권리로 인정되고 있다.[25]

그런데 임검, 수색 및 침로변경은 차단하는 군함뿐만 아니라 피혐의 상선도 위험에 빠뜨릴 수 있기 때문에 해군 지휘관은 충분한 근거가 있는 경우에만 강제하여야 할 것이며(특히 비례성의 원칙 고려), 중립해운을 무제한의 방법으로 방해하는 것은 금지된다. 해군 지휘관이 나포를 정당화하기 위해서 제출한 근거가 합리적이지

---

24) 적대행위 개시 후의 이전 중 이전이 선박의 항행 중에 또는 봉쇄 항구 내에 있는 동안에 행해진 경우, 이전이 환매 또는 반환의 조건부인 경우 및 국기게양의 권리에 관하여 국기 소속국의 국내법에서 규정하는 조건을 준수하지 않는 경우는 절대무효로 간주한다(동 조 후단).

25) J. Wolf, 「Ships, Diverting and Ordering into Port」, R. Bernhardt(ed.), *Encyclopedia of Public International Law*, Instalment 4, 1984, pp.223 - 224.

않다고 판단될 경우 나포는 위법적인 것으로 인정되고, 이에 따라 선박 소유자는 보상을 요구할 수 있다.

나. 기타 적성 결정 기준

적성은 게양하고 있는 국기 외에도 등록, 소유, 용선 또는 기타 기준에 의해 결정될 수 있다. 선박이 적국의 개인 또는 회사에 소유되어 있거나 적국에 의해 용선되어 있다는 것을 나타내거나 또는 적어도 그러한 혐의에 대한 충분한 근거를 제공하는 경우 선박 및 항공기의 서류에 대해 임검 또는 수색할 수 있으며, 그 결과 중립국기를 게양한 상선 및 중립국 표식을 한 민간기가 적성을 갖는다는 혐의에 합리적인 이유가 있는 경우 해당 선박 또는 항공기는 심검에 따라 포획물로 나포된다.

이러한 기준들 중에서 기국의 국내법 및 관련 국제법 규칙에 따른 '등록'(registration)을 기준으로 적성을 판단하는 것은 당연하기 때문에 별도의 논의가 필요하지 않다. 왜냐하면 이 경우 선박은 등록국의 국기를 게양하고 있으므로 게양된 국기를 통해 적성 여부를 명확하게 판단할 수 있기 때문이다.

'소유'(ownership) 기준은 소유자의 적성을 기준으로 한다. 중립국기를 게양하고 있거나 중립국에 등록되어 있는 선박도 그 국적과는 관계없이 소유권이나 다른 기준에 근거하여 적성을 갖는 것으로 간주될 수 있다.[26] 문제는 소유자의 적성 결정을 국적과 주

------

26) 1차 세계대전 중 독일이 중립국 선박을 구입하여 중립국기를 게양했으므로 영국은 국기뿐 아니라 선박 소유자도 적성기준으로 삼았다. 또한 영국 포획법원은 독일인 소유의 영국 선박 '세인트 터드노호사건'(The St. Tudno, 1916) 및 독일인 소유의 중립국 선박 '함보른호사

소지 중 어느 것에 따라야 할 것인가에 대해서는 합의를 보지 못했다는 점이다.[27]

제1, 2차 세계대전과 그 후의 국가관행에 비추어 보면 적국 영역이나 적국 지배 영역에 거주하면서 그곳에서 사업하는 적국민이 소유하고 있는 선박은 적성을 갖는다는 것이 일반적으로 받아들여졌다. 법인이 소유하는 선박은 전시에 대다수의 국가가 받아들이고 있는 소위 지배기준(control test)이 적용되어 적국에 의해 지배되고 있는 단체는 적국 영역에서 법인격이 부여되어 있지 않다고 해도, 적국 영역에 거주하거나 또는 그곳에서 영업을 하고 있는 자에 의해 지배되고 있으면 적으로 간주된다.[28]

교전국이 적성 결정의 기준으로 삼을 수 있는 것은 등록 및 소유 외에도 중립국기로의 위법적인 이전을 들 수 있다. 이 기준을 법전화하고자 하는 몇몇 시도, 특히 1908년부터 1909년의 런던해군회의에서의 시도에도 불구하고 중립국기로의 이전이 어떠한 조건하에서 적법한가에 관한 확립된 국가관행은 존재하지 않는다. 하지만 교전국의 나포를 피할 목적으로 이전한 경우에는 그것을 무효로 한다는 것과 어떠한 이전도 적국의 소유와 관리가 완전히 박탈되지 않으면 안 된다는 즉, 이전은 무조건 완전하고 또한 관계

건'(The Hamborn, 1918)에서 "형식상 및 기술상의 사항에 구애되지 않고 사실 및 진상에 철저해야 하는 것은 포획법상의 확립된 규칙이다."라고 하고, "소유자는 선택한 국기에 구속되지만, 포획자는 소유자에 대한 관계에서 국기에 구속되지 않는다."라고 판시하여 실제의 소유자인 독일인의 적성에 비추어 그 선박의 적성을 인정하였다. L. Oppenheim, *International Law*(7th ed.), vol. Ⅱ, Longmans, 1952, pp.280 - 281, 이병조·이중범, 국제법신강, 일조각, 2003, p.990 주5)에서 재인용.

27) W. Heintschel v. Heinegg, 「Visit, Search, Diversion and Capture in Naval Warfare: Part Ⅰ, The Traditonal Law」, *op. cit.*, pp.288ff; 「Visit, Search, Diversion and Capture in Naval Warfare: Part Ⅱ, Developments since 1945」, *op. cit.*, pp.105ff 참조.

28) C. J. Colombos, The International Law of the Sea, Longmans, 1967, para.631.

당사국의 법에 합치되는 것이어야 한다는 것에는 합의가 있었다.[29]

중립국 상선은 임검과 수색에 저항하지 않을 의무가 있으며, 무력을 사용하여 저항하는 것은 적대행위가 되며 합법적인 군사목표가 되어 나포와 공격의 대상이 된다.[30] 또한 선박이 도주하면 군함은 동 선박을 정선시키기에 의하여 무력을 사용할 수 있다.

2. 화 물

전통적인 법에 의하면 적국 상선 내에 있는 화물이 적성을 갖는가 또는 중립성을 갖는가는 그 화물 소유자의 적성 또는 중립성에 의해서 결정된다(런던선언 제58조).

원칙적으로 적성인에게 속하는 화물에 적성이 있고, 비적성인에게 속하는 화물에는 적성이 인정되지 않는다. 화물의 발송인이 적국인일 경우에는 그의 소유로 추정하고, 화물의 수취인이 적국인일 경우에는 선장에게 인도된 때 수취인의 소유로 본다.

적선 내의 화물은 반증이 없는 한 적화로 추정되며(동 제59조), 따라서 적국 선박에 의해 수송되는 화물이 중립화인 경우에는 중립국민인 소유자가 그 사실을 증명해야 한다.

그런데 화물이 적대행위 개시 이전에 매각되었거나 또는 적대행위를 예기하지 않고 매각된 경우 화물의 소유권은 누구에게 있는가 하는 것이 문제 된다. 화물 소유권 이전에 있어서는 영미주의

---

29) L. Doswald-Beck(ed.), *op. cit.*, p.194.

30) L. Oppenheim, *op. cit.*, p.856; NWP9A, *The Commander's Handbook on the Law of Naval Operations*, 1987, paras.7.6.1, 7.9.

는 중립인 매주에게 실제로 인도될 때까지는 이전 효력을 인정하지 않는다. 프랑스주의는 선의의 이전인 경우에는 그 효력을 인정하고, 선의로 행하여지지 않은 매매에 의하여 수송 중 이전된 적화는 이전효력을 인정하지 않는다.[31] 이와 관련하여 런던선언은 적 상선 내의 화물은 전쟁 개시 후 수송 중에 행하여진 이전에 불구하고 그 행선지에 도착할 때까지 계속 적성을 갖는다(동 제60조 1항). 그러나 현 소유자인 적국민이 파산한 경우에 이전 소유자인 중립국민이 나포 직전에 이 화물을 회복하기 위해 법적 권리를 행사한 경우에만 그와 같은 화물은 중립성을 취득한다(런던선언 제60조 2항).

한편 중립국 상선 내의 화물의 적성 또는 중립성에 관한 규칙은 필요하지 않다. 만약 그 화물이 전시금제품이면 그 적성과 중립성에 관계없이 포획재판소(Prize Court)[32]의 결정에 의해 포획하여 몰수할 수 있으며, 적성을 갖고 있다 하더라도 전시금제품이 아니라면 포획할 수 없다(파리선언 제2조). 반면 적선 내의 중립국 화물은 전시금제품을 제외하고는 포획할 수 없다(동 제3조).

---

31) 김정균·성재호, *op. cit.*, p.733.

32) 해상에서 포획한 선박과 화물은 연안과 영해상에 설치된 포획재판소에 송치된다. 포획재판소의 성질에 관해서 포획재판소가 사법재판소인지 또는 포획심검소인지에 관한 논란이 있다. 현재 국제법상 포획재판소는 사법의 기능을 수행하는 기관으로서 포획선박이나 포획금제품에 관하여 판결하고, 법을 적용할 수 있다. 포획재판소는 무력분쟁의 개시 전에도 기능을 할 수 있으며 전시에는 기능이 강화된다. 조기성, 「전시금제품의 이전과 해상포획, 포획재판소의 기능에 관한 고찰」, Strategy 21, Vol.3, No.2, 2000, pp.138－139 참조.

3. 자연인

자연인의 적성 결정 기준에 대해서는 원래 주소지주의(영미주의)와 국적주의(대륙주의)가 대립하여 왔다. 주소지주의는 자연인의 주소를 기준으로 적성을 결정하는 주의이고, 국적주의란 주소와는 관계없이 국적에 의하여 적성을 결정하는 주의이다.

영미식인 주소지주의에서는 적국 내의 중립인에 대해서도 적성을 인정하나, 국적주의에 의하면 중립국 및 자국 내의 적국인이 다 같이 적성을 갖는다. 그러나 1939년 프랑스가 제정한 敵産押留法은 공식적 적명부에 들어 있지 않는 한 중립국 및 자국 내의 적국인(자연인 및 법인)에게 동 법률을 적용하지 않기로 함으로써 종래의 국적주의를 수정하였다.

그러나 양 주의는 안전보장 또는 경제전의 필요에 따라 자신의 기준에 중요한 예외를 설정하고 점차로 접근하여 현재는 거의 실질적 차이를 발견하기가 어려울 정도에 이르렀다. 영미주의는 1차 대전 중에 엄격한 주소지주의를 수정하여 1915년 對敵通商禁止法에서 영국은 국내의 모든 人(자연인과 적국인, 자연인과 법인)과 중립국 내의 적국인과의 통상을 금하였다. 또한 영국은 제1차 세계대전 중에 외국인제한법(Aliens Restriction Act)을 제정하여 자국 내의 적국인에게 특별한 제한을 가하고 그 재산을 불리하게 취급하였다. 이것은 주소지주의와 국적주의를 병용한 결과이다.[33]

1907년 '육전에서의 중립국과 중립인의 권리의무에 관한 조

---

33) 이병조·이중범, *op. cit.*, p.989 주3).

약'(Hague Convention respecting the rights and Duties of Neutral Powers in case of War on Land, 이하 육전중립협약, 1907년 10월 서명/1910년 1월 발효)은 "전쟁에 참가하지 않는 국가의 국민은 중립인으로 한다."(제16조)고 하여 국적주의 입장을 채택하고 있다. 그러나 중립인이라 하더라도 교전자에 대하여 적대행위를 하거나 임의로 교전국 일방의 군에 입대하여 복무[34]하는 등 적국을 이롭게 하는 자에게는 적성이 인정된다(동 제17조). 하지만 교전자 일방에게 공급하거나 그 公債에 응하는 것(단 공급자 또는 공채에 응한 자가 타방 교전자의 영토 또는 그 점령지에 거주하지 않고 또한 공급품이 이들 지역으로부터 오는 것이 아닐 때에 한함)과 경찰 또는 민정 사무에 종사하는 것은 교전자 일방에게 이익이 되는 행위로 보지 않는다(동 제18조).

4. 법 인

법인의 적성 결정에 대한 국제법상 확립된 기준은 확인할 수 없다. 다만 각국은 자국의 이익 및 편의에 따라 각기 다른 관행을 적용해 왔다. 대체로 각국들은 사실상의 지배자, 자본, 설립준거법, 설립지 및 영업지 등을 기준으로 법인의 적성을 결정하여 왔다.

법인 적성 기준에 관한 각국의 관행을 보다 구체적으로 살펴보면 다음과 같다. 영국은 적국에서 설립된 법인 또는 적국이나 그

---

34) 교전자에게 이익이 되는 행위를 한 경우 교전자에 대하여 중립을 지키지 않는 중립인은 당해 교전자로부터 동일한 행위를 한 타방 교전국의 국민에 비하여 보다 엄한 취급을 받아서는 안 된다(동 제17조 후단).

점령지역 내에서 영업하는 법인, 법인의 사실상의 지배자가 적국에 거주하거나 또는 적국의 지령을 받거나 적국에 소속되어 그 관리 하에 있을 때는 적성을 인정한다. 미국은 적국 내에서 설립되었거나 영업하는 법인에 적성을 인정한다. 한편 독일은 주소, 자본 및 관리 등을 표준으로 해서 적성을 정한다. 독일은 1차 대전 초기에는 법인의 주소, 즉 본점소재지를 적성 결정 기준으로 하였으나 1917년의 명령에 의해 법인의 주소, 자본 및 관리라는 3가지 기준으로 확대하였다. 그리고 프랑스는 1939년 명령에서 등록과 관리라는 2가지 기준을 채택하여 영국과 마찬가지로 적국법에 준거하여 설립되었거나 관리자가 적국민인 경우에 적성을 인정하였다. 이 외에도 중립국 내의 중립국 법인이라 할지라도 자연인의 적성의 경우와 마찬가지로 적에 대하여 정보, 물자를 공급하거나 적과 긴밀한 관계를 갖고 있는 경우에는 적성을 부여하는 수도 있다.[35]

제2절　　**적성 결정에 관한 법규**

1. 국제법규

가. 육전중립협약

1907년의 육전중립협약은 제3장에서 중립인, 중립을 주장할 수

---

35) 이병조 · 이중범, *op. cit.*, p.990; 김정균 · 성재호, *op. cit.*, p.732; 이한기, *op. cit.*, p.739.

없는 경우 중립에 위반되지 아니하는 행위 등에 자세하게 규정하고 있다.

구체적으로는 "전쟁에 참가하지 않는 국가의 국민은 중립국인이라 한다."(제16조)고 규정하여 국적주의를 취하면서 예외적으로 중립국인이 적대행위에 참가하거나 타방 교전 당사국에 이익이 되는 행위(예컨대, 교전국 군대복무)를 한 경우(제17조) 적성을 인정하고 있다.

나. 런던선언

'해군법규에 관한 런던선언'(1909년)[36]은 제57조~제60조에서 선박의 적성을 규정하고 있다. 동 선언은 국적주의를 채용하면서(런던선언 제57조), 예외적으로 중립국 선박이 직접 적대행위에 참가한 경우(동 제46조 1항 1호), 적국정부에서 파견된 대리인의 명령 또는 감독을 받는 경우(동 2호), 선박 전부가 적국에 용선되었을 경우(동 3호), 이적행위인 정보전달을 하고 있거나 적 군대를 수송 중에 있을 경우(동 4호) 또는 정선·임검·나포에 실력으로 저항할 경우(동 제63조) 등에는 당해 중립국 선박에 적성을 인정하고 있다.

또한 동 선언은 화물의 경우 소유자를 기준으로 적성을 결정하

---

36) 런던선언은 영국의 제안으로 10개 주요 해운국이 모여 개최된 국제회의(1908. 12~1909. 2)에서 채택되었다. 동 선언은 해상교전권과 중립권과의 관계에 있어서의 포획법규를 규정한 것으로 봉쇄, 전시금제품, 군사적 원조, 중립선의 파괴, 군함의 호송 및 임검 등에 관한 내용을 담고 있다. 그러나 동 선언은 영국이 비준하지 않자 다른 나라들도 비준하지 않아 정식으로 발효되지 못하였다. 그럼에도 동 선언은 당시 통상적으로 인정되던 관습법을 집대성하여 정비하고 그것을 성문화하였다는 점에서 국제법 발전과정에서 높이 평가되고 있다.

여(동 제58조) 수송인이 적국인일 경우에는 그의 소유로 추정되고 受荷人이 적국인일 경우에는 선장에게 인도한 때 수하인의 소유로 보며, 적선에 積貨된 화물은 반증이 없는 한 적성을 갖는 것으로 추정한다(동 제59조). 또한 해상수송 도중에 적국인으로부터 중립국인에게 소유가 이전된 경우, 특별한 경우를 제외하고는 화물이 적성 없는 자에게 현실적으로 인도될 때가지는 이전의 효력을 부인하고 화물의 적성을 인정하고 있다(동 제60조).

그러나 동 선언은 조약으로 성립되지 못했다. 국가관행상의 차이를 타협하기 위한 시도로 간주되었던 1909년 런던선언 규정들은 일반적으로 수락된 국제법 규칙의 확립에 성공적으로 기여하지 못했던 것이다.[37]

2. 한미 군사교범

적성 결정에 관한 관련 규정에 있어 한미 양국의 군사교범은 동일하다. 이는 한국의 군사교범이 미국의 군사교범을 그대로 번역해 사용한 결과이다.[38] 따라서 미국 군사교범의 내용을 확인하는 것만으로 충분하다.

미 해전법규는 "적성 결정에 있어 적기를 게양하고 항행하는 선박과 적국 표식을 달고 있는 모든 항공기는 적성을 갖는다. 그러나 상선이 중립국의 기를 게양하고 있는 사실 또는 항공기가 중립

---

37) Robert W. Tucker, *The Law of War and Neutrality at Sea*, US Naval College, 50 International Law Series, 1955, pp.80ff 참조.

38) 해군본부, 해전작전법규(해전교 2-1-가), 1994, pp.2-3-15~2-3-16.

국의 표식을 게시하고 있는 사실이 그 중립성을 반드시 확정하는 것은 아니다. 군함이나 군용기 이외의 어떠한 선박이나 항공기도 중립국의 기를 게양한 채 운항되고 있든지 또는 중립국의 표식을 게시하고 있든지 무관하게 교전국이 소유 또는 관리하고 있으면 적성을 갖는다."라고 규정하고 있다.[39]

또한 중립국의 군함이나 군용기가 아닌 선박이나 항공기가 적국의 편에서 적대행위의 직접적인 일부를 수행하는 경우 및 적 군대에 의한 해군이나 육군의 지원군 자격으로 행동할 경우 적성을 취득하게 되고 교전국에 의해 적 군함이나 군용기와 동일하게 취급된다는 것과[40] 군함이나 군용기가 아닌 중립국의 상선이나 항공기가 적국의 직접적인 통제, 명령, 용선, 고용 혹은 지시하에 운행될 경우 및 임검과 수색을 포함한 신분확인 절차에 저항할 경우 적성을 갖게 되며 교전국에 의하여 적 상선이나 적 항공기로 취급된다는 것을 명규하고 있다.[41]

그리고 미 해전법규는 "중립국은 비록 상선이나 항공기가 실제로 적의 소유이거나 통제를 받고 있다고 할지라도 그들에게 기국하에서 활동할 수 있는 권리를 부여할 수 있다. 해상포획법에 따르면, 그러한 선박 또는 항공기는 적성을 갖지 않음에도 불구하고 관련 교전국에 의해 적으로 간주될 수 있다. 적 상선(및 아마 항공기도)의 중립국 국기로의 이전이 합법적으로 행해질 수 있는 조건들에 대한 국가들 간의 확립된 관행은 없다. 그러한 이전이 교전

---

39) NWP9A, *op. cit.*, para.7.5.

40) *Ibid.*, para.7.5.1.

41) *Ibid.*, para.7.5.2.

자의 나포를 피하기 위하여 기망적으로 이루어졌을 경우에는 인정
될 수 없다는 합의에도 불구하고, 각국들은 그러한 이전이 선의라
고 간주되기 이전에 충족될 것이 요구되는 특정 조건을 달리하고
있다. 하지만 적어도 모든 그러한 이전이 적의 소유권 및 관리의
완전한 박탈을 가져온다는 것은 일반적으로 승인되고 있다. 이전문
제는 주로 작전 중인 해군지휘관보다는 포획재판소의 관심사이다.
해군지휘관은 이전이 적대행위 직전 또는 적대행위 중에 행해졌을
경우 적국에서 중립국 국기로 이전된 선박을 나포할 수 있다.”고
덧붙이고 있다.[42]

제3절　　**적성 결정이 무력분쟁에 미치는 영향**

1. 외교관계

　무력분쟁의 개시에 의해 전쟁상태가 성립되면 외교관계는 당연히
단절된다. 그러나 외교관계의 단절이 당연히 개전을 의미하지는 않
는다. 무력분쟁이 개시되면 외교사절은 파견국으로 퇴거하며, 접수
국을 떠날 때까지 일정한 기간 동안 외교적 특권면제를 향유한다.
그렇지만 지시된 일정 기간 내에 퇴거하지 않으면 일반인과 같은
취급을 받게 된다. 외교공관 및 문서, 적국에 잔류하는 국민 및 재
산은 통상 제3국에 의해 보호되는바, 이를 이익보호국(protecting

---

42) *Ibid.*, para.7.5 해설 참조.

power)[43]이라 한다.[44]

영사도 개전과 동시에 그 인가장이 효력을 상실하므로 직무를 수행할 수 없고 퇴거하여 귀국하게 되나 대사 및 공사와 같은 특권은 인정되지 않는다. 경우에 따라서는 귀국이 허용되지 않고 적국인으로 억류되는 예도 있다.[45]

2. 조약관계

전쟁이 교전 당사자 간의 조약에 어떠한 법적 효과를 미치느냐에 관해서는 국제법상 확립된 법원칙이 존재하지 않는다. 그러나 전쟁의 개시로 교전 당사자 간의 조약이 당연히 소멸·정지되는 것은 아니며, 전쟁상태의 존재가 교전 당사자 간의 새로운 조약체결을 방해하는 것도 아니다. 관행상 전쟁의 조약에 대한 법적 효

---

43) 이익보호국 개념은 16세기 초부터 차츰 행하여지기 시작한 국제관행에서 발전되어 온 것이다. 당시는 강대국만이 외국에 외교공관을 설치하고 상주 외교사절을 주재시켰는데, 그 공관과 외교사절 및 국민은 주재국으로부터 특별한 보호를 받았다. 그러나 중소국의 국민들은 외국에 거주할 경우 그곳에 자국의 외교사절이 파견되어 있지 않기 때문에, 그 거주국으로부터 보호를 받을 수가 없었다. 그가 거주하는 국가의 국민의 관습, 법률 및 문명 정도가 그의 본국과 다를 경우, 그들이 받는 고통은 실로 컸었다. 그리하여 강대국 중에는 그의 위신 및 영향력을 과시하기 위하여, 본국의 외교대표를 갖고 있지 않은 외국인들을 그 외교사절의 보호하에 둘 권리를 주장하고 또 거주국과 조약을 체결하여 그에 임하는 국가도 있었다. 그 후 중·소국들이 차츰 재외국민에 관한 권리와 의무를 자각함에 따라 자진해서 제3국의 주선에 의지하게 되었다. 이러한 '타국 외교사절에게 재외국민의 보호를 의뢰하는 제도'는 그 후 대소국가를 막론하고 모든 국가들이 타국과 외교관계나 영사관계가 설정되어 있는 국가 간에 외교관계가 단절되거나 전쟁이 발발하여 주재국으로부터 외교사절과 영사가 귀국할 때, 그 공관의 토지, 가옥 및 문서의 관리와 보호 그리고 잔류국민의 이익보호와 문서전달을 제3국에 위임하는 관행이 생겼다. 김득주, 「전쟁법 준수확보에 있어서의 이익보호국의 역할」, 인도법논총, 제14호, 1994, pp.28－29 참조.

44) 김현수·이민효, 현대국제법, 연경출판사, 2005, p.308.

45) 김정균·성재호, *op. cit.*, pp.728－729. 제1차 세계대전 시 영국과 독일은 다 같이 상대국의 영사를 억류하여 후에 협정을 맺고 이에 따라 상호 교환하였다. 이한기, *op. cit.*, p.735.

과는 조약내용에 따라 존속, 정지, 폐기로 구분된다.[46]

제1, 2차 세계대전 이후에 체결된 대부분의 강화조약은 전쟁 전에 체결된 조약의 효력에 관한 규정을 두어 이를 명시적으로 해결하고 있다.[47] 양자조약은 전승국의 일정한 기간 내 통고가 없으면 자동적으로 실효되고, 다자조약은 강화조약에 특별한 규정이 없는 한 강화조약의 효력 발생 시에 모든 조약관계가 부활되도록 하는 것이 보통이다.[48]

3. 통상관계

전쟁이 통상관계에 미치는 효과에 관하여 국제법상 확립된 법원칙은 존재하고 있지 않으며, 영미주의와 대륙주의가 대립되고 있다. 영미주의는 전쟁상태에 있어 교전 당사자의 국민도 개인적 적대관계에 있다는 이론에 입각하여 교전 당사자의 허가가 없는 경우 적국과의 통상은 당연히 금지되는 것으로 본다. 이에 대하여

---

46) 개전이 조약에 미치는 영향에 대해서는 전쟁과의 양립가능성을 기준으로 하는 객관주의와 당사국의 의사를 기준으로 하는 주관주의가 있으나, 이들은 그 관행이 반드시 확연하지 않고 또한 흔히 관계사정을 참작하는 절충적 방식이 취해지고도 있는 형편이다. 일반적인 관행에 의하면 대체로 정치적, 우호적인 동맹조약과 통상조약은 폐지되고, 정치적, 기술적인 보건, 우편 등에 관한 조약은 정지되나 재산적, 처분적인 영토할양조약 또는 국경획정조약은 계속되고, 전쟁관계조약은 발효하게 된다. 이들 모든 조약은 종전 후의 평화조약에서 다시 그 존속, 확인, 갱신, 부활을 논의하게 된다. 김정균·성재호, *op. cit.*, p.729.

47) 제2차 세계대전 종전 후 연합국과 일본 간에 체결된 對日講和條約(1951년)은 동 조약이 효력을 발생한 후 1년 이내에 연합국은 일본과 전쟁 이전에 체결한 조약을 계속 유효하게 하거나 회복시킬지를 일본에 통고해야 하며, 통고된 조약은 강화조약과 합치되도록 필요한 수정을 받을 뿐 계속 유효하거나 회복되지만 기간 중에 통고되지 않은 조약은 폐기된 것으로 추정된다는 규정을 두고 있다(제7조).

48) 김현수·이민효, *op. cit.* pp.308 – 309.

대륙주의는 후자는 전쟁적 필요에 의해 명시적으로 금지하지 않는 한 개인 간의 통상이 단절되지 않는다고 본다. 전쟁에 의해 통상관계가 단절되는 경우 전쟁 전의 교전 당사자 간의 계약은 이행시기가 계약의 본질적 요소인 경우 해제되며, 그렇지 않은 경우 전쟁종료 시까지 이행이 정지된다.[49]

오늘날에 와서는 전쟁규모의 확대와 총력적인 양상의 진전으로 개인에 의한 통상관계에까지도 개전효과가 포괄적으로 미치는 것으로 해석되기에 이르렀다. 대개 적대거래금지법에 의해 자국민의 적대국, 대적국민거래를 금지하는 것이 오늘의 실정이다.[50]

4. 적국민 관계

가. 퇴 거

오늘날 현대전의 양상이 총력전으로 변함에 따라 징병 연령에 도달한 적국민의 퇴거의 자유를 제한하는 것이 일반화되고 있는데, 군인이나 징병적령기에 있는 자와 중요한 정보를 적국에 제공할 우려가 있는 자 또는 과학기술자 등은 억류하는 것이 통례이다. 체류를 원하는 자를 잔류하게 할 의무는 없으나 이를 인정하는 예도 있었으며, 이 경우 거주의 자유를 제한하고 행동을 감시할 수가 있다. 그리고 억류한 적국민을 적국에 재류 중인 자국민과 교환하거나 송환조약에 따라 집단적으로 귀환하기도 한다.[51]

---

49) *Ibid.,* p.309.
50) 김정균·성재호, *op. cit.,* p.730.

적국민의 퇴거자유에 대한 관행의 변화는 억류로 인한 군사적 가치가 적은 데 반하여, 전시민간인보호라는 보편적 이익을 심각하게 손상시킨다는 문제점을 제기하여 1949년 '전시민간인보호에 관한 제네바협약'은 교전 당사자는 국익에 반하지 않는 한 퇴거신청의 심사 및 신청기각의 재심을 위한 신속한 법정절차가 보장되고, 퇴거가 허용된 적국민에게는 이에 필요한 금전 및 개인적 용품의 소지를 인정하여야 한다(제35조 1항). 안보적 이유를 제외하고는 퇴거신청기각의 사유 및 그 명단을 이익보호국에 통보하여야 한다(제35조 2, 3항). 또한 동 협약은 적국민의 퇴거를 위한 교통수단 및 만족할 만한 출발조건에 관한 상세한 규정을 두고 있다(제36조). 그러나 동 협약은 적국민의 대우에 관한 국제관습법을 선언한 것이 아니기 때문에 협약 비당사국에는 법적 구속력이 없다.

나. 체 류

적국민의 체류가 빈번히 허용되고 있음에도 불구하고 교전 당사자는 적국민의 체류를 허용할 의무가 없다. 체류를 인정하는 경우 대부분이 억류의 성격을 갖는 것이 보통이다. 교전 당사자는 체류를 허용하면서 적대행위, 모국군대 입대, 모국원조행위 또는 제한지역의 이탈금지에 관한 선언을 하도록 하고 이를 위반하면 반역으로 처벌할 수 있다. 제1차·제2차 세계대전 중 대부분의 교전 당사자는 안보 또는 폭력으로부터의 보호를 위하여 적국민에 대한 일반적 억류제도를 실시하였다. 그리하여 여행 및 거주의 자유가

---

51) *Ibid.*, p.729 참조.

제한되고 격리·수용되어 감시대상이 되었다.

1949년 전시민간인보호에 관한 제네바협약은 적국민의 체류에 관하여, 상세한 규정을 두고 있다. 주요한 내용으로는 인격·명예·종교·가정의 존중(제27조), 군사상의 이용 금지(제29조), 정보강제의 금지(제31조), 잔학행위·고문·인질의 금지(제32조~제34조), 개인적·집단적 구호품 수령의 권리(제38조), 취로기회·생활보장(제39조), 강제노역의 금지(제40조), 안보상 절대로 필요한 경우 억류·거소지정권 행사(제42조), 억류·거소지정에 대한 재심청구권(제43조) 등이 있으며, 그 밖에도 억류의 생활조건에 관한 인도적 조치를 규정하고 있다(제79조~제104조).

또한 제2차 세계대전 중 본국의 국적박탈로 보호 주체를 상실한 피난민이 교전 당사자에 의해 적국민으로 간주되어 많은 어려움을 겪었던 경험에 비추어 국적만을 이유로 보호정부가 없는 피난민을 적국민으로 간주할 수 없도록 한 규정은 특히 주목을 요한다(제44조). 그리고 이익보호국·국제적 십자위원회에 대한 편의제공의무 등은 적국민 보호조치의 이행을 위해 중요한 의미를 갖는다.

다. 소송능력

적국민이 교전국 법정에서 소송능력을 가지는가에 대해서는 학설이나 판례가 구구하다. 영미주의에 의하면 적국민이 피고가 된 경우, 자국에 거주하는 적국민으로 등록을 한 경우, 적국민으로 특허를 얻고 있거나 적국민이라도 동맹국이나 중립국에 거주하는 경우 등을 제외하고는 모든 적국민에게 소권을 인정하지 않고 있으나 대륙주의는 대체로 적국민에 대해서 소송능력을 인정하고 있다. 그러나 대륙주의도 국외의 적국민에게는 소권을 부여하지 않고 있다. 전투지역에 있는 적국민에게 권리 및 소권의 소멸, 정지 또는 재판거절을 선언하는 것은 육전법규(1907년)에서 금지하고 있다.[52]

5. 적 재산 관계

가. 사유재산

개전 당시 적국민의 사유재산권 문제는 적국의 영역에 있는 경우, 적국민의 상선에 있는 경우 및 중립국의 영역 내에 있는 경우에 따라 각각 달리 결정된다. 전쟁 개시에 따른 적국민의 퇴거의 자유를 인정한 다수 조약의 영향으로 적국민의 재산과 채권을 몰수하거나 무효로 하지 않는다는 국가관행이 18세기 말부터 형성되기 시작하여 19세기 이후에는 상호주의 조건하에서 비몰수 원칙이 확립되었다. 그러나 이러한 관행이 어느 정도 관습법으로 규범화되었는지는 의문이다.

제1차 세계대전 초에는 대부분의 교전당사자가 사유적산비몰수 원칙을 따랐으나, 적국의 재정 및 통상상의 영향력을 제거하기 위하여 점차로 적산에 대한 소유권 박탈과 동결 등의 전시비상조치를 부과하여 사유적산비몰수의 원칙을 동요시켰다.[53]

---

52) 김정균 · 성재호, *op. cit.*, pp.729 - 730.
53) 예를 들면 영국의 1914년 對敵通商法은 적산관리인을 통한 적산의 보존을 인정하였으나, 1939년 對敵通商法은 적산의 사용 · 수익 · 처분에 관한 권한을 무역성에 부여하고 있다.

이러한 현상은 현대전이 총력전의 양상을 띠게 됨에 따라 적국의 전투능력을 감소시키고 자국의 전투능력을 증가시키기 위해 교전 당사자가 자국영역 내에서의 모든 사유적산을 이용할 권리를 갖는다는 법적 확신에 기인하는 것이다. 따라서 오늘날 적국민의 사유재산은 몰수할 수는 없지만 이를 사용·수익·처분할 수 있으며, 채무의 지불을 정지할 수 있다고 보아야 할 것이다.

제1, 2차 세계대전 시에 체결된 평화조약의 대부분이 교전 당사자가 동결·관리한 사유적산에 대한 구제조치를 인정한 것도 이를 뒷받침한다. 다만, 제2차 세계대전 시의 對이탈리아 및 對일본 평화조약에서는 이탈리아와 일본의 사유적산에 관한 전승국의 처분조치의 효력을 인정하여 침략전쟁의 경우 사유적산 비몰수 원칙에도 예외가 존재함을 인정한 바 있다.

적국의 공유재산은 부동산의 경우 몰수되지 않고 사용 및 수익할 수 있으며, 동산의 경우 전쟁수행에 사용될 수 있는 자금, 무기, 식량 및 교통수단 등은 몰수할 수 있다. 또한 채무의 경우 지불을 정지할 수 있다.

교전당사자 상선 내에서 발견된 적산은 사유재산이라 할지라도 몰수가 면제되지 않는다. 해상에서의 사유재산은 육상에서와 달리 어디서든지 포획되기 때문이다. 영국의 포획심판소는 제1차 세계대전 중 영국항에 양륙하기 전에 압수되었든, 후에 압수되었든지에 관계없이 영국 선박 내의 적산의 몰수를 인정하였다. 또한 영국관행은 개전 시 영국항의 보세창고에 유치된 적산도 해상의 적산과 동일하게 다루었다.

중립국의 영역 내에 있는 교전당사자의 재산은 중립국의 공평한 보호하에 있는 것이므로 타방 교전당사자의 몰수로부터 면제된다. 그러나 일방 교전 당사자가 이러한 면제를 남용할 경우에는 중립의무의 위반이 발생하는바, 중립국은 타방 당사자에게 적산을 인도하여야 한다. 제2차 세계대전 중 독일 및 그 동맹국은 점령지역에서 약탈한 사유재산을 중립국에 보관한바, 스위스 및 스웨덴 등의 중립국은 협정을 체결하여 독일 재산의 몰수에 관한 국내조치를 실시하였다.54)

나. 민간항공기

개전 시 적국 영역 내에 있는 적국의 민간항공기의 법적 지위에 관해서는 아직까지 일반적 조약 또는 관습법이 존재하지 않는다. 민간항공기와 군용기는 구조상 구별이 어렵고, 군사용으로 쉽게 개조될 수 있다는 점에서 교전당사자에게 몰수의 자유가 인정된다는 견해가 유력하다.

1923년 공전법규는 적국의 민간항공기는 모든 상황에서 포획될 수 있다고 규정하고 있다(제52조). 해전법규를 유추 적용하면 은혜기간이 부여되지 않는 경우 몰수된다고 볼 수 있다. 그러나 민간항공기에 의한 국제교통의 발전으로 보호이익이 형성되면 상선과 동일하게 취급되어야 할 것이다.

---

54) 김현수 · 이민효, *op. cit.*, p.312.

제2장
군사목표 구별원칙의 법적 지위

현대전의 역사와 성격은 핵무기의 등장, 항공기의 계속적 발전, 다목적 유도병기의 급격한 발달 및 인공위성의 전쟁무기화 등으로 말미암아 급변하는 과정에 놓여 있다.[1] 즉, 무기체계의 운반수단에 대한 고도의 기술적인 발전으로 전술핵무기가 재래식 전쟁에서 자유롭게 사용될 수 있도록 개발되어 가고 있으며, 컴퓨터를 이용한 C4I체계와 정밀성과 파괴력이 증가된 무기체계에 의한 유도무기 사용으로 현대전의 전쟁 양상이 크게 변모되어 가고 있는 실정이다.[2]

이러한 현대전 양상의 비약적인 변모로 무력분쟁에서의 인명살상과 재산파괴는 급격하게 증가되고 있다. 이에 국제사회는 이러한 피해를 예방 및 경감하고자 제도와 규범을 통해 전투수단과 방법을 제한하고자 지역적 및 국제적 차원에서 무력분쟁법의 확립과 발전을 위해 지속적으로 노력하고 있다.[3]

전투수단과 방법의 제한을 위한 국제규범의 중심에는 무력분쟁에 있어 전투수단 및 방법을 선택할 분쟁당사국의 권리는 무제한

---

1) 임덕규, 「전통 전쟁법 원칙과 현대전에 따른 제 변화」, 서울국제법연구, 제6권 2호, 1999, p.290.

2) *Ibid.,* p.291.

3) 무력분쟁법규는 전통적으로 적대행위의 실시에 관한 법규(헤이그규칙으로 총칭)와 전쟁희생자의 보호에 관한 법규(제네바규칙으로 총칭)의 두 부분으로 이루어진다. 오늘날의 관련 조약에서도 이러한 전통적인 2원적 구성은 여전히 유지되고 있다. 박배근(역), 국제법, 국제해양법학회, 1999, p.746.

적이지 않다는 '전투수단과 방법의 선택권 제한 원칙'이 놓여 있다. 동 원칙은 정당한 전쟁목표의 신속한 달성을 위해 필요한 정도의 군사력 사용은 허용되어야 한다는 '군사필요원칙'(principle of military necessity)[4]과 교전 당사자에게는 군사목표를 달성하기 위한 모든 전투수단과 방법이 허용되는 것이 아니라 '문명과 인도주의'(civilization and humanity)에 따른 제한이 부과된다는 '인도주의 원칙'(principle of humanity)의 갈등과 조화를 통해 유지, 발전되어 왔다. 이러한 양 원칙의 조화로서 무력분쟁에서 전투수단과 방법의 사용이 적법한 것이었는가를 판단하는 준거로서 그리고 무력분쟁법상의 일반원칙으로 표현된 것이 '군사목표 구별원칙'이다.[5]

군사목표 구별원칙은 군사목표와 비군사목표를 엄격하게 구별하여 모든 전투행위는 오직 교전자와 군사목표에만 한정하고 교전자격이 인정되지 않는 민간인 및 민간물자를 공격으로부터 최대한 보호하는 데 그 목적이 있는 것으로, 학설 및 관습법적 수준에서 무력분쟁법의 기본원칙으로 인정되어 오다 헤이그 육전규칙 등 무력분쟁 관련 개별조약에서 명문화되었다. 최근에는 '1977년 국제적 무력분쟁의 희생자 보호에 관한 1949년 8월 12일의 제네바협약 추가의정서'(1977년 제네바협약 제1추가의정서)에서 재확인된 바 있다.[6]

---

4) 군사필요원칙은 실제 무력분쟁에서 사용된 군사력과 관련하여 4가지 기본요소, 즉 ① 사용자에 의해 규제될 것(규제성), ② 가능한 신속하게 상대 교전국을 부분적 또는 완전하게 제압하는 데 필요한 정도 내일 것(필요성), ③ 상대 교전국을 제압하기 위해 필요한 것보다 그들의 인명과 재산에 대한 피해가 지나치게 크지 않을 것(비례성), ④ 국제법상 금지되지 않을 것(합법성) 등을 포함하는 개념이다. U.S., Department of the Air Force, 「International Law: The Conduct of Armed Conflict and Air Operations」, *AF Pampglet 110 - 31*, 1976, pp.5 - 6 참조.

5) 이민효, 「해전에서의 군사목표 구별원칙에 관한 연구」, 해양연구논총, 제36집, 2006, p.104.

무력분쟁에서 문명국가가 추구할 수 있는 유일한 합법적 목적은 적 군사력을 제압하고 약화시키는 것에 한정되어야 하며, 이 목적을 위해서는 가능한 다수의 병력을 무력화시키는 것만으로 충분하다. 따라서 무력화된 병력에게 불필요한 고통을 주거나 불가피하게 죽음에 이르게 하는 무기의 사용은 무력분쟁의 본래의 목적을 위반하는 것일 뿐만 아니라 인도법의 원칙에도 반한다.

인도적 참상의 방지 및 경감을 위해 군사목표와 비군사목표는 구별되어야 한다는 믿음으로 이하에서는 동 원칙의 법적 의의, 동 원칙을 수용하고 있는 개별 조약의 규정 및 한미 군사교범에서 규정하고 있는 동 원칙의 내용 및 군사목표 구별원칙의 준수확보 방안을 살펴보고자 한다.

제1절　군사목표 구별원칙의 법적 의의

군사목표 구별원칙은 교전자(전투원)와 비교전자(민간인) 및 군사목표와 비군사목표(민간물자)는 엄격하게 구별되어야 하며, 적에 대한 무력공격은 그것이 어디에서 행해지든 합법적 목표에만 한정되어야 한다[7]는 것으로 무력분쟁법의 기본원칙의 하나이다.

---

6) 군사목표 구별원칙의 역사적 발전과정에 대해서는 Judith G. Gardam, *Non-Combatant Immunity as International Humanitarian Law*, Martinus Nijhoff Publishers, 1993, pp.1 -9 참조.

7) F. Kalshoven, 「Merchant Vessels as Legitimate Military Objectives」, W. H. v. Heinegg(ed.), *The Military Objective and the Principle of Distinction in the Law of Naval Warfare*, Bochumer Schriften zur Friedenssicherung und zum humanitaren

따라서 분쟁 당사국은 민간인 또는 피보호자와 전투원, 민간물자 또는 공격면제물자와 군사목표를 항상 구분하여 무력공격은 엄격하게 군사목표에 한정하여야 한다. 이는 모든 전투행위를 오직 교전자와 군사목표에 대해서만 지향하고 교전 자격이 인정되지 않는 민간인 및 민간물자를 최대한도로 공격 대상에서 면제시켜 이들을 가능한 한 보호하려는 데 그 목적이 있다.[8]

군사목표의 정의에 대해 1907년의 '헤이그 육전규칙'이나 '전시 해군포격에 관한 협약'은 아무런 규정을 두고 있지 않는 반면, 1923년 '공전규칙안'은 "그 파괴 또는 훼손이 명백한 군사적 이익을 교전자에게 제공하는 목표"라고 규정하고 있다(제24조 1항 참조). 그러나 동 정의는 군사목표에 해당하는지의 여부를 공격군 측의 주관적 판단에 맡기고 있다는 단점을 내포하고 있어 일반적으로 수락되지 못하였다. 그 후 ICRC와 국제법학회(Institute of International Law) 등이 중심이 되어 군사목표의 보다 더 객관적인 정의와 그 내용의 구체화를 시도해 왔으며, 그러한 시도의 결과 공전규칙안의 정의와 ICRC규칙안(1956) 및 국제법학회 에딘버러(Edinburgh) 회기(1969)에서 채택된 결의 등의 내용을 종합적으로 참작하여 1977년 제네바협약 제1추가의정서는 "(물적) 군사목표는 성질상으로나 그 위치, 목적 또는 용도상 군사행동에 효과적으로 기여하는 목표로서 당시의 지배적 상황에서 그것을 전적으로 혹은 부분적으로 파괴, 포획 또는 무력화함으로써 명백한 군사적 이익을 가져오는 물(物)에 한정된다."(제52조 2항)고 규정하고 있다.[9]

Volkerrecht, Bd. 7, 1991, pp.122 - 123.
8) 정운장, 국제인도법, 영남대학교 출판부, 1994, pp.256 - 257 참조.

이러한 정의하에서 군사목표로 분류되는 것은 예컨대 군함, 군용차량, 무기, 탄약, 연료 저장소 및 요새와 같은 엄밀한 군사목표 외에도 가정의 미래 시점이 아닌 그 당시 상황에서 이러한 기준을 충족하는, 예컨대 수송과 통신체계, 철도, 비행장, 항만시설 및 무력분쟁에 있어서 기본적인 중요성을 갖는 산업과 같은 군사작전에 대하여 행정 및 후방지원을 제공하는 활동도 포함된다. 또한 군사목표가 '군사활동에 효과적으로 공헌'하는 것이어야 한다는 것이 전투행위와의 직접적인 관계를 요구하는 것은 아니기 때문에 민간물자가 전투행위와 단지 간접적으로 결부되더라도, 분쟁 당사국의 전체적인 전쟁 수행능력 중의 군사적 부분에 효과적으로 공헌하도록 사용되면 군사목표가 되어 공격으로부터 면제되지 않는다.[10]

그리고 군사목표에 대한 공격이 군사목표를 오인하거나 군사목표에 명중했지만 그 영향이 군사목표에 한정되지 않고 확대되어 다른 사람이나 물건에 부수적인 사상이나 손해를 야기하였다고 해서 무조건 동 원칙을 위반한 것은 아니다. 왜냐하면 어떠한 전투방법이나 수단도 100퍼센트 정확히 기능하는 것은 아니며, 일반적으로 발사체가 표적에 명중할 확률은 꽤 낮다. 그러므로 부수적 손해가 일어날 가능성이 있다고 해서 무력공격을 불법적인 것으로 만드는 것은 아니다.[11]

---

9) *Ibid.*, pp.322 - 323.

10) 해상무력분쟁에서의 군사목표는 선박만이 아니라 심해저 등에 설치된 고정 시설물(무기 탐지 및 통신 장치) 등 해전수역 내의 어느 곳이나 포함되며, 교전국이 이용하는 해저 전선 및 관선도 합법적 구사목표물이 된다. T Treves, 「Military Installations, Structures and Devices on the Seabed」, 74 *AJIL*, 1980, pp.809, 819 참조.

11) 국제법에서 금지하고 있는 것은 민간인 및 민간물자를 직접적인 공격 대상으로 하는 경우이다. 민간인 또는 민간물자를 직접 공격 대상으로 하지 않는 전투행위로 인하여 민간인의 희생, 예컨대 유탄에 의하여 민간인이 사망하는 경우 또는 군사목표에 대한 폭격 또는 포격

학설 및 관습법적 수준에서 무력분쟁 당사자를 규율하는 헤이그법의 기본원칙의 하나로 인정되던 군사목표 구별원칙은 국제법의 점진적 발전 및 조약화 과정에서 개별 무력분쟁법 즉, 각각 육·해·공전을 규율하는 기본규칙들인 헤이그 육전규칙, 전시해군포격에 관한 협약 및 공전규칙(안)에서 무방수 지역(undefended area)에서의 공격은 군사목표에만 한정된다는 규정으로 명문화되었다.[12] 이는 이후 1949년 무력분쟁에 적용될 국제인도법에 관한 제네바협약을 보완 발전시킨 1977년 제1추가의정서에서 재확인되었다.

에 의하여 그 군사목표물에 인접하고 있는 민간주택이나 민간재산이 파괴되는 경우에는 공격 측에 아무런 법적 책임이 귀속되지 않는다. *Ibid.*, p.257. 한편, 1996년 핵무기 위협 및 사용의 합법성에 대한 ICJ 권고적 의견에서 Higgins 재판관은 반대의견(Dissentung Opinion)을 개진하면서 "어떤 무기가 비록 부수적 피해(collateral damage)가 생기더라도 오로지 군사목표물만을 공격목표로 삼을 수 없다면 그 무기는 그 자체 위법한 것이 된다." 고 하였다. ICJ Report, 1996, pp.588 – 589, para.24.

12) '헤이그 육전규칙' 및 '전시 해군포격에 관한 협약'에 의하면, 적에 대한 공격(폭격 및 포격 포함)은 공격 대상 지역이 방수 지역이냐 또는 무방수 지역이냐의 구별에 따라서 그 규제내용을 달리 규정하고 있다. 방수 지역이라고 함은 일방의 교전국(충돌 당사국)의 군대에 의한 '점령의 기도'(점령이나 상륙작전 등을 위한 해군 및 공군의 엄호작전 포함)에 대하여, 타방 교전국 군대가 '현실적으로 저항'하는 지역을 말한다. 여기에서 '점령의 기도'라 함은 단순한 점령계획이나 점령의욕 등의 주관적 요소를 말함이 아니고, 그 계획을 실제로 행동으로 옮겨 적의 점거지역으로 진격함을 말한다. 이에 반하여 '점령의 기도'와 '현실적 저항'의 두 요소 중, 하나라도 결여되어 있는 지역을 무방수 지역이라 한다. 그러므로 그 지역 내에 있는 요새나 진지 등 군사시설의 유무와는 관계되지 않는다. 예컨대, 공격군이 점령을 기도하지 않거나 또는 사실상 점령이 불가능한 후방 소재의 도시의 경우에는 제1의 요소 (점령의 기도)가 결여되며, 그 반면에 공격군이 점령의 기도를 갖고 접근해 갈 때 아무런 현실적 저항이 없는 경우에는 제2의 요소(현실적 저항)가 결여되므로, 그 어느 경우를 막론 하고 당해 지역은 무방수 지역이다. 정운장, *op. cit.*, p.317.

1. 헤이그 육전규칙

가. 방수 지역에 대한 공격

육전에서 방수 지역(defended area)에서는 전투원과 민간인, 군사목표와 비군사목표의 구별 없이 무차별 공격이 허용되기 때문에 방수 지역 전체가 공격 대상이 된다(무차별주의). 그렇지만 방수 지역에 대한 무차별 공격에 있어서도 일정한 제한이 있다.

우선, 방수 지역 내에 있는 종교, 기예, 학술 및 자선의 용도에 제공된 건물, 역사상의 기념건조물, 병원, 상병자 수용소 등에 대해서는 그것이 군사적으로 사용되고 있지 않은 한, 가급적으로 손상을 주지 않도록 필요한 모든 조치를 취하지 않으면 안 된다(헤이그 육전규칙 제27조 1항). 그러므로 피공격당국(공격 대상 지역 내의 지방당국)은 상기 건물, 건조물 또는 수용소 등을 공격군이 식별할 수 있도록 표지(標識)로써 표시하여야 하고, 그 표지를 공격군에게 미리 통고하여야 한다(동조 2항). 이와 같은 표지 및 통고조치를 취하지 않는 경우, 상기 건물 등이 파괴될지라도 공격군은 책임을 지지 아니하며, 또한 상기 건물 등을 직접 목표로 하지 아니한 단순한 오폭이나 또는 다른 목표에 명중한 결과, 발생한 화재로 인하여 상기 건물 등이 파괴되는 경우에도 공격군은 책임을 지지 않는다.[13]

그리고 무차별 공격(강습의 경우 제외)을 행할 경우에는 예고를 하지 않으면 안 된다. 즉 포격을 개시하기 전에 그 뜻을 관헌에

---

13) *Ibid.*, p.318.

통고하기 위하여 할 수 있는 일체의 수단을 다하여야 한다(동 제 26조). 이 예고는 방수 지역 내의 평화적 주민에게 피난의 기회를 주기 위한 것이다. 보병의 돌격을 엄호하기 위하여 행하는 포격의 경우에는 예고를 요하지 않는다. 왜냐하면 강습의 경우에 포격을 예고한다는 것은 보병의 진격에 의한 강습을 무의미하게 만들기 때문이다.14) 또한 도시 기타의 지역은 돌격으로써 탈취한 경우라도 이를 약탈에 맡겨서는 안 된다(동 제28조).

나. 무방수 지역에 대한 공격

헤이그 육전규칙에 의하면 방수되지 아니한 도시, 촌락, 주택 또는 건물은 '어떠한 수단으로도' 이를 공격 또는 폭격할 수 없다(동 제25조).15) 여기서 '어떠한 수단으로도'라는 말은 항공기로부터 행하는 공격을 예상하고 삽입한 문구이다. 그러므로 무방수 지역을 항공기로 폭격 또는 기타의 방법으로 공격하는 것도 금지된다. 이와 같은 무방수 지역에의 공격 금지가 무저항의 일반주민을 살상으로부터 보호하는 데 목적이 있음은 물론이다.16)

이 규정은 마치 무방수 지역에 대한 일체의 공격을 금지하고 있는 듯 보이나, 이는 무방수 지역에 대한 무차별 공격을 금지한다는 뜻이며, 관습법에 의하여 인정되어 온 군사목표에 대한 공격을

---

14) 이한기, 국제법강의, 박영사, 2006, p.748.

15) 동 조와 관련하여 도시, 촌락, 주택 및 건물 자체가 방위되어 있지 않는 경우라도 그 주위의 정황으로 방수되어 있다고 볼 수도 있기 때문에 이 규정은 사실상 그 실효성을 기하기가 곤란하며, 더욱이 항공기의 발달로 인하여 방수와 무방수를 구별하기는 더욱 곤란하게 되었다는 비판이 제기되기도 한다. 박관숙·최은범, 국제법, 문원사, 1998, pp.347 – 348.

16) 이한기, *op. cit.*, p.748.

금지하는 것은 아니다. 즉, 무방수 지역에 있는 군사목표에 대한 공격은 허용된다(군사목표주의).

2. 전시 해군포격에 관한 협약

가. 방수 지역에 대한 공격

지상군의 점령기도 또는 상륙군을 엄호할 경우, 군함은 방수 지역에 무차별 공격을 행할 수 있다. 그러나 군사상의 필요가 부득이한 경우를 제외하고는 공격군 해군 지휘관은 포격개시 전에 그 취지를 관헌에 사전에 통고하기 위하여 시행할 수 있는 최대한의 노력을 하여야 한다(1907년 전시 해군포격에 관한 협약 제6조).

무차별 공격의 경우에도 종교, 기예, 학술, 및 자선에 사용되는 건물, 역사상의 기념건조물, 병원과 상병자의 수용소는 동시에 군사상의 목적에 사용되지 않는 한 이를 가급적 손해를 면하게 하기 위하여 필요한 일체의 수단을 취해야 한다. 주민은 이러한 건물, 기념건조물 또는 수용소를 알기 쉽게 표시할 의무가 있다. 이 표시는 견고한 方形의 大板으로 상부는 흑색, 하부는 백색의 양 3각형으로 구획한 것이어야 한다(1907년 전시 해군포격에 관한 협약 제5조 및 해상의 군대의 상병자 및 조난자의 상태 개선에 관한 1949년 제네바협약(1949년 제네바 제2협약) 제23조).

나. 무방수 지역에 대한 공격

방수되지 아니한 항, 도시, 촌락, 주택 또는 건물을 해군병력으로 포격함은 금지되며(전시 해군포격에 관한 협약 제4조), 항의 전면에 자동촉발기뢰를 부설한 사실만으로 그 항을 포격하는 것은 허용되지 아니하나(동 제1조), 군사상의 공작물, 군용건물, 무기창고, 군수공장 및 항내의 군함은 포격금지 대상에 포함되지 않는다. 그러나 해군지휘관은 상당한 기간을 정해 경고를 발한 후 지방관헌이 이 기간 내에 이를 파괴하는 조치를 취하지 아니하는 경우에 전혀 다른 수단이 없을 때 그리고 달리 취할 수 있는 수단이 없을 때에 한하여 포격할 수 있다. 그러나 이 경우에도 지휘관은 당해 도시에 미치는 불편을 가급적으로 적게 하기 위하여 적절한 모든 수단을 취하여야 한다(동 제2조).[17]

무방수 지역에서는 군사목표만이 공격 대상으로 한정되기 때문에, 비군사목표에 대한 공격은 허용되지 않는다. 그러나 군사목표에 인접하여 비군사목표가 있을 경우, 군사목표에 대한 공격으로 인하여 민간인 또는 민간재산이 피해를 입는 경우가 많다. 이러한 공격은 그 공격이 직접 또는 고의적으로 비군사목표를 표적으로 행한 것이 아닌 한, 위법으로 간주되지 않는다. 따라서 포격으로 인하여 민간손해가 발생한다고 할지라도, 고의가 아닌 경우 지휘관

---

17) 헤이그 육전규칙과 공전규칙안에는 이와 같은 규정을 두고 있지 않다. 그러나 육군 및 공군에 의한 공격의 경우에도 민간주민의 보호를 최대한으로 확보하기 위하여, 군사목표에 대한 공격 때에도 사전통고를 행하는 것이 바람직하다. 물론 어느 경우에도 군사상의 필요 또는 공격군에 대한 위험이 초래될 우려가 있는 경우에는 꼭 사전통고를 요하는 것은 아니다. 이 점에 관하여 1977년 제네바협약 제1추가의정서에는 비록 일반적인 표현이기는 하나, 군사목표에 대한 공격의 경우, 공격군의 지휘관은 실행 가능한 모든 예방조치를 취하여야 한다고 규정함으로써(제57조) 민간주민의 보호를 강조하고 있다. 정운장, *op. cit.*, pp.324-325.

은 아무런 책임을 지지 아니한다(동 제2조).

무방수 지역에 있어 군함은 군함 자체가 필요로 하는 식량 기타의 필수품을 적국의 연안 지방당국에 명하여 이를 징발할 수 있다. 징발명령이 합법적이기 위해서는 징발 대상물이 군함의 당장의 긴급한 수요에 충당하기 위하여 꼭 필요한 식량, 식수 및 연료 등 필수품에 한정될 것과 징발이 당해 지방의 資力에 상응하는 것이어야 한다(동 제3조 1항 및 2항 전단). 연안 지방당국이 이러한 징발명령을 거부하는 경우, 군함은 명시적으로 통고한 후에 연안지방을 포격할 수 있다(동 제3조 1항). 이 경우의 포격을 징벌적 포격이라고 하며, 이때에는 군사목표에 한정하지 아니하고 무차별 포격이 허용된다. 그러나 현금의 징발거부를 이유로 하는 징벌적 포격은 허용되지 아니한다. 현금은 군함에 긴급을 요하는 필수품이 아니기 때문이다. 육군과 공군의 경우에는 해군과는 달리 물품의 징발거부를 이유로 하는 무방수 지역에 대한 무차별 공격은 허용되지 않는다.[18)

3. 공전규칙(안)[73)

가. 항공기에 대한 공격

군용 항공기는 교전자인 동시에 지상·해상 및 공중으로부터 공

---

18) *Ibid.*, p.325.

19) 해군군축에 관한 워싱턴회의(1922)는 역사상 처음으로 공전에 관한 규칙과 전시 무선전신 사용에 관한 규칙을 마련하기 위하여 법률가위원회(Commission of Jurists)를 구성하기로 결의하였다. 이 결의에 의하여 동 위원회는 미국, 영국, 프랑스, 이탈리아, 네덜란드 및 일본의 각 대표들로 구성되었으며, 1922년 12월부터 1923년 2월까지 헤이그에서 회동하였다. 이때, 공전규칙(rules of air warfare, 동 위원회 보고서 제2부) 초안 및 전시 무선전신

격 대상이 된다. 그러나 군용 항공기라도 전투능력을 상실한 항공기, 상병자나 포로를 수송하는 항공기, 항복신호를 보내는 항공기 등은 공격할 수 없다. 또한 항공기가 행동의 자유를 상실하고 항공기에 있던 자가 피난하기 위하여 낙하산으로 하강 중일 때는 공격할 수 없다(공전규칙안 제20조). 이러한 자는 저항력을 상실한 자이므로 하강 중에 이에 대하여 공격하는 것은 불필요하기 때문이다. 그러나 그 항공기의 위치가 하강자의 소속국 또는 그 점령지의 상공인 경우에 그는 하강 후에 안전하게 자기 소속군에 복귀할 수 있으므로 이때에는 하강 중이라도 공격할 수 있다고 보아야 할 것이다.[20]

비군용 항공기는 직접 공격의 대상이 되지는 않으나, 자국관할 내를 비행하는 경우 적 군용 항공기가 접근하여 올 때 가장 가까운 적당한 장소에 착륙하지 않는 한 공격을 받는다(동 제33조). 그리고 또 적의 관할 내, 적 관할의 인근 지역으로서 자국관할 외 또는 육상이나 해상에 있어서의 적의 군사행동의 인근구역을 비행하는 경우에는 공격을 받는다(동 제34조).

나. 방수 지역에 대한 공격

군용 항공기는 방수 지역이 지상군의 작전활동에 협력할 경우

통제에 관한 규칙(rules for the control of radio in time of war, 보고서 제1부) 초안이 동 위원회에 의하여 작성되었다. 이들 2개 규칙초안은 모두 조약으로서 성립되지는 못하였으나, 특히 공전규칙안의 경우 영국의 Lauterpacht 교수도 지적한 바와 같이 "전시 군용 항공기 사용에 관한 법규를 형성하는 가장 권위 있는 시도"라는 점에서 그 중요성이 인정되고 있다. 이용호, 전쟁과 평화의 법, 영남대학교 출판부, 2001, p.108.

20) 박관숙 · 최은범, *op. cit.*, p.375.

동 지역을 무차별 폭격할 수 있다. 지상군의 작전행동 근접 지역 내에 소재하는 도시, 촌락, 주택 또는 건물에 대한 폭격은 설령 민간인에게 미치게 될 위험성이 있는 경우라 할지라도 적국 병력의 중대한 집결로 인하여 폭격이 정당화된다고 추정할 상당한 이유가 있는 경우에 한하여 공격할 수 있는 것이다(동 제24조 4항).

이러한 군용기에 의한 무차별 폭격의 경우에도 당연히 종교, 학술, 예술 및 자선의 용도로 사용되는 건물, 역사적 기념건조물, 병원 및 상병자 수용소 등에 대해서는 그것이 군사적으로 사용되고 있지 아니하는 한 가급적으로 손상을 주지 아니하도록 보호조치를 취하고 사전에 경고해야 함은 당연하다.

그러나 공전의 경우 야간 폭격이 많이 행해지는 탓에 피보호건물 등에 야간표지를 설치하도록 규정되어 있다. 단, 이러한 야간표지가 오히려 폭격 대상물의 위치 측정을 위하여 악용될 우려가 있으므로, 야간표지의 설치는 의무적인 것이 아니고, 피공격 당국의 선택에 맡겨져 있다(동 제25조 후단). 그 외에도 공전규칙안에는 다수의 역사적 기념건조물이 폭격에 의하여 파괴되었던 제1차 대전 당시의 경험에 비추어서, 이들 건조물을 더욱 효과적으로 보호하기 위한 특별규정을 두고 있다. 즉, 기념건조물을 중심으로 하여 그 주변의 일정한 범위를 보호지대(zone of protection)로 설정할 수 있고, 보호지대에 대한 폭격을 금지하고 있다. 보호지대의 범위는 기념건조물의 주변으로부터 폭 500미터를 초과하지 못한다. 보호지대를 설정한 국가는 이를 평시에 미리 외교절차에 의하여 타국에 통고하여야 하고, 그것이 군사적으로 이용되지 않도록 하기 위하여 중립국 대표로써 구성되는 감시위원단(inspection committee, 3명으로써 구성)을 설치하도록 규정하고 있다(동 제26조). 이 조치는 비록 관계 당사국의 동의를 전제로 하여서 인정되는 것이기는 하나, 분쟁 당사국 상호간에 보호지대를 인정할 경우 기념건조물에 대한 피해를 극소화할 수 있을 것이다.[21]

다. 무방수 지역에 대한 공격

공전규칙안도 육군 및 해군의 경우와 동일하게 무방수 지역에 대한 무차별 폭격을 금지하면서(동 제24조 1항 및 3항), "공중폭격은 오직 군사목표에 한하여 적법적으로 행할 수 있다. 군사목표는 군대, 군사시설, 군용 건물, 군용 저장창고, 무기 및 탄약, 公知의 중요한 군수공장, 군사목적을 위하여 사용되는 통신선 및 교통선 등을 말한다."(동 제24조 2항)고 하여 군사목표주의를 가장 명확하게 규정하고 있다.[22]

4. 1977년 제1추가의정서

제1추가의정서[23]에서 군사목표 구별원칙을 규정하고 있는 것은

---

21) 정운장, *op. cit.*, p.320.

22) 2차 세계대전 초인 1942년 10월 29일 영국정부는 자국 공군에 내린 훈령에서 "폭격은 군사목표에 한정해야 하며, 민간인을 고의로 폭격하는 것은 금지된다. 공격을 행하기 전에 목표를 확인해야 하며 만약 정확한 포격이 의심스러운 경우에는 또는 오폭으로 인구밀집 지대에 대한 중대한 손해가 예상되는 경우에는 공격해서는 안 된다."고 하여 공격목표는 군사시설에 한정된다는 방침을 명백히 한 바 있다. ICRC, Draft Rules for the Limitation the Dangers incurred by the Civilian Population in Time of war, 2nd. ed., 1958, p.163.

23) 제2차 세계대전 이후 국제사회는 전쟁의 쓰라린 경험을 토대로 하여 1949년 제네바에서 기존의 3개 협약 즉, 1864년 8월 22일의 적십자조약, 동 조약의 원칙을 해전에 응용한

제4편(민간주민) 제1장(적대행위의 영향으로부터의 일반적 보호)이
다. 의정서는 기본규칙으로 민간주민과 민간물자의 존중 및 보호를
보장하기 위하여 분쟁당사국은 항시 민간주민과 전투원, 민간물자
와 군사목표물을 구별하여야 하며, 따라서 작전은 군사목표물에 대
해서만 행하여져야 함을 강조하고 있다(제1추가의정서 제48조).

그리고 민간주민이나 민간인의 존재 또는 이동은 특정지점이나
지역을 군사작전으로부터 면제받도록 하기 위하여, 특히 군사목표
물을 공격으로부터 엄폐하거나 또는 군사작전을 엄폐, 지원 또는
방해하려는 기도로 사용되어서는 아니 되며, 분쟁당사국은 군사목
표물을 공격으로부터 엄폐하거나 군사작전을 엄폐하기 위하여 민
간주민 또는 민간인의 이동을 지시하여서는 안 된다고 규정하고
있다(동 제51조 7항).

또한 동 의정서는 무차별 공격(indiscriminate attack)이나 배신행
위의 금지 등 전투방법의 규제에 관한 규칙과 불필요한 고통이나
과다한 상해를 일으키는 특정 성질의 전투수단의 사용 금지 등 기
존의 헤이그법상의 규칙들을 폭넓게 수용하고 있다. 뿐만 아니라
그 외에도 민간인 및 민간물자를 대상으로 하는 복구 금지, 민간
주민을 기아에 빠뜨리게 하는 전투방법의 사용 금지, 민간주민의
생존에 필요 불가결한 물자의 존중과 보호, 민간주민의 생존 또는

1899년의 헤이그협약 및 1929년의 포로협약을 개정하고 민간인 보호협약을 제정하여 무
력분쟁의 인도화에 획기적인 전기를 마련했었다. 그러나 국가 간 또는 일국 내에서 무력분
쟁은 계속적으로 발생되었으며, 과학기술의 급속한 발달에 힘입은 전투수단과 방법의 급격
한 변화는 기존 법규의 보완을 필요로 하였다. 그리하여 1974 - 1977년 제네바에서 개최
된 '무력충돌에 적용되는 국제인도법의 재확인 및 발전에 관한 외교회의'에서 1949년 제
네바협약에 추가되는 2개의 추가의정서(국제적 무력분쟁에 적용되는 제1추가의정서 및 비
국제적 무력분쟁에 적용되는 제2추가의정서)가 채택되었다.

건강을 해칠 정도의 자연환경의 손상을 가져올 것을 의도하거나
또는 그러한 결과가 예측되는 전투수단 및 방법의 사용 금지, 위
험한 위력을 내포하는 시설물에 대한 공격의 규제 등 헤이그법 분
야에 속하는 새로운 규정들도 추가하고 있다.[24]

　동 의정서는 이전의 법과는 구별되는데, 이전의 법은 첫째, '방
수' 여부가 기준으로 적용되어 방수 지역에 대해서는 무차별 공격
이 허용되고, 둘째, 무방수 지역에는 '군사목표' 기준을 적용하고
있다. 하지만 동 의정서는 종래의 '방수' 기준이 폐기되어 방수 지
역이든 무방수 지역이든 불문하고 무력공격은 엄격하게 군사목표
에 한정되어야 한다고 하고 있다.[25]

5. 국제기구의 결의 등

　1965년 제20차 적십자국제회의(비엔나) 결의 제28호(Res. XXVⅢ)는
무차별적 전투행위로 인하여 민간주민 및 미래문명이 큰 위험에
처하게 되었음을 인식하고 모든 정부와 전투행위에 책임 있는 모
든 당국이 최소한 준수해야 할 4개 원칙(비엔나 4개 원칙)으로 첫
째, 무력분쟁 당사국은 해적수단을 선택함에 있어서 무제한의 권리
를 갖지 않는다. 둘째, 민간주민 자체에 대한 공격은 금지된다. 셋
째, 민간주민이 최대한으로 피해를 면할 수 있도록 하기 위하여
적대행위 가담자와 민간주민을 항시 구별하여야 한다. 넷째, 전쟁

---

24) 이용호, *op. cit.*, p.120.

25) 淺田正彦, 「特定通常兵器使用禁止制限條約と文民の保護(1)」, 法學論叢, 京都大學法
　　學會, 第114 卷 2号, 1983, pp.63-64.

법의 일반원칙은 핵무기 및 이와 유사한 무기에도 적용된다고 선언하였다.

그리고 1968년 12월 19일 국제연합 총회는 위의 4번째 원칙을 제외한 3개 원칙을 만장일치로 확인하면서, "가능한 한 민간주민을 보호하기 위하여 적대행위에 참가하는 자와 민간주민의 구성원은 항상 구별되지 않으면 안 된다."고 결의(U.N., G.A., Res. 2444(ⅩⅩ Ⅲ))하였다.

또한 ICJ(International Court of Justice)도 1996년의 '핵무기의 위협 또는 사용의 합법성'(Legality of the Threat or Use of Nuclear Weapons)에 관한 권고적 의견에서 "각국은 절대로 민간인을 공격목표로 해서는 안 되며, 민간목표물과 군사목표물을 구분할 수 없는 무기를 사용해서는 안 된다."고 하였다.[26]

6. 한미 군사교범

가. 한 국

해군작전법규(해전교 2 − 1 − 가, 1994)는 제5장 해전의 객체(naval targeting) 제1절 합법적 표적의 원칙에서 '해전표적에 관한 법'은 국제관습법으로 인정되어 오다 1977년 제네바협약 제1추가의정서에서 성문화된 3개의 기본원칙을 전제로 한다면서, 교전국이 적에게 공격을 가하는 방법을 채택할 권리는 무한하지 않으며(1977년

---

26) ICJ, Advisory Opinion of 8 July 1996, ICJ Report, 1996, p.257, para.78.

제네바협약 제1추가의정서 제35조 1항), 적에게 행한 것과 같은 공격을 민간인에게 하는 것은 금지되며(동 제51조 2항) 그리고 비전투원은 가능한 한 보호되어야 하는 관계로 전투원과 비전투원은 반드시 구별되어야 한다(동 제57조 1항)고 명확하게 밝히고 있다.[27]

오직 전투원과 군사목표물만이 공격 대상이 되며 민간목표물은 공격해서는 안 된다는 것을 명문으로 밝히고 있는 동 법규는 이러한 법적 원칙을 일반적인 군사력의 목표, 집중 및 경제라는 군사적 원칙에 비견하면서, 법은 오로지 군사적으로 중요한 목표물을 공격하도록 요구하지만 이러한 목표물을 파괴하기 위해서는 충분한 군사력의 집중이 허용되며, 불필요한 부수적인 파괴는 가능한 한 금지되어야 하고, 공격은 군대의 임무완성 및 부대안전과 양립되어야 함을 강조하고 있다. 또한 민간인과 민간목표물을 전쟁참화로부터 가능한 한 보호하기 위하여 오직 군사적 목표물만이 표적이 되게끔 모든 합리적인 조치를 취하여야 하며, 제방이나 댐과 같은 시설에 대한 공격은 그에 대한 손괴나 파괴로 얻을 수 있는 군사적 이익에 비례하지 않을 경우 금지되어야 하고, 민간인의 생존에 불가결한 물자에 대하여 민간인들이 그것을 사용하지 못하게 할 목적으로 하는 고의적인 파괴는 금지되며, 적법한 군사적 목표물에 대한 공격 시 부수적으로 민간인에 대한 살상이나 민간목표물에 대한 손해 야기는 그것이 비례성을 준수하는 한 불법이 아니라고 덧붙이고 있다.[28]

---

27) 해군본부, 해군작전법규(해전교 2-1-가), 1994, p.2-5-1.
28) *Ibid.*, pp.2-5-1~2-5-2.

나. 미 국

미 해전법규는 합법적 표적에 관한 기본원칙으로 교전국이 적에게 타격을 가할 방법을 선택할 권리는 무제한적이 않으며, 적 전투원에 대한 공격이 민간인에게 행해져서는 안 되고, 비전투원은 가능한 한 보호되어야 하는 관계로 전투원과 비전투원은 구별되어야 한다는 것을 들고 있다. 또한 불필요한 부수적인 파괴는 가능한 한 회피되어야 하고, 군 임무의 달성과 부대의 안전에 불필요한 고통은 금지되어야 하며, 민간인과 민간물자가 전쟁의 참화로부터 되도록 보호되고 오직 군사목표물만이 표적이 되도록 합리적인 예방조치를 취할 것을 요구하고 있다.[29]

이어 동 법규는 해군의 정당한 공격 대상(합법적 공격목표물)으로 적 군함 및 군용기, 해군 및 육군의 지원군, 해군 및 육군의 해안기지, 군함 건조 및 수리 시설, 군병창 및 창고, 유류저장구역, 제방, 항구시설, 항만, 교량, 비행장, 군용차량, 장갑차, 대포, 탄약고, 부대집결지, 선적지(船積地) 등과 같은 군사작전에 사용되는 것과 막사, 통신·지휘·통제시설, 사령부, 군대식당, 훈련장 등과 같은 군 작전을 위한 인적 및 행정적 지원시설을 들고 있다. 또한 적의 전투능력을 간접적이지만 효과적으로 지원, 유지시키는 경제적 표적물도 공격 대상으로 열거하고 있다.[30]

반면 민간물자는 공격 대상에서 제외된다는 것을 명백히 하면서 제방이나 댐과 같은 시설에 대한 공격은 그에 대한 손괴나 파괴로

---

29) NWP9A, *The Commander's Handbook on the Law of Naval Operations*, 1987, para.8.1.

30) *Ibid.*, para.8.1.1.

부터 얻을 수 있는 군사적 이익에 비례하지 않는 민간인의 피해를 낳는다면 금지되어야 하며, 식량, 가축, 식수 및 기타 민간인들의 생존에 불가결한 물자들을 사용하지 못하게 할 목적으로 하는 고의적인 파괴는 금지된다는 것을 명시적으로 밝히고 있다.[31]

제3절 ## 군사목표 구별원칙의 준수확보

1. 군사목표 개념의 개선 및 보완

공격 대상을 군사목표에 한정하고, 기타 일정한 요건을 갖춘 대상에게 '민간성'(民間性)을 부여함으로써 무력공격으로부터 보호하고자 하는 군사목표주의 개념은 무력분쟁의 인도화에 매우 효과적일 뿐만 아니라 중요하다. 그러나 구체적으로 무엇이 군사목표에 해당되는지 확정할 수 없는 경우 동 원칙의 의미는 상당부분 퇴색될 수밖에 없다. 따라서 무차별적인 공격으로부터 불필요한 희생을 예방하기 위해서는 '군사목표'가 가능한 한 구체적으로 정의되어야 할 것이다.

1977년 제네바협약 제1추가의정서가 규정하고 있는 군사목표의 정의는 전후의 장기간에 걸친 노력의 성과치고는 만족할 만한 수준에 이르지 못하고 있다. 동 추가 의정서 제52조 2항은 군사목표와 관련하여 2가지 기준을 제시하고 있다. 첫째, '그 성질, 위치,

---

31) *Ibid.*, para.8.1.2.

목적 또는 용도상 군사활동에 유효한 공헌을 할 것'을 요구하고 있는데, 이 기준은 군사목표의 정의에 객관적 요소를 도입하고자 하는 취지이지만 너무 광범위할 뿐만 아니라 결과적으로 군 지휘관에게 어느 정도 판단에 있어 재량의 여지를 남기고 있다. 둘째, 그 당시의 상황에 있어 파괴 등이 '명확한 군사적 이익'이 있어야 함을 요구하고 있는데, 명확한 군사적 이익의 의의 및 판단을 객관적으로 행하는 것은 불가능하기 때문에 이 기준도 명쾌하지 못하다.

이처럼 개념의 불명확성으로 인한 군사목표의 대상을 구체적으로 예시하기란 대단히 어렵고, 이러한 한계를 고스란히 떠안고 있는 기존의 국제문서들을 포함하여 제1추가의정서상의 정의는 결정적인 문제점을 포함하고 있다. 전투인력과 무기 외에도 경제력 등 제반 국력의 구성요소들이 전쟁수행상의 중요한 요소가 되고 있는 오늘날의 총력전 상황하에서 군사목표와 비군사목표를 엄격하게 구별하는 것 자체가 어렵기는 하지만, 군사목표라는 기준을 적용하는 한 그 정의를 보다 명확하게 하기 위한 노력이 요구된다.[32]

군사목표의 정의는 공격군 지휘관이 긴박한 전투상황에서도 별다른 조언이나 숙고 없이도 공격 대상이 군사목표물인지 아닌지를 판정할 수 있을 정도로 명확하게 규정되는 것이 바람직하다. 물론 아무리 명확하게 규정한다고 해도 모든 대상을 열거할 수는 없으며 법규의 특성상 일부 중요한 대상을 예시한 후 일정한 조건을 제시하고 그 조건을 충족하는 경우 군사목표물로 간주한다는 일반

---

32) 淺田正彦, *op. cit.*, p.64; 田中忠,「戰鬪手段制限の外觀と內實: 一九四九年 8月 12日のジユネ丨ブ條約への追加議定書を中心に」, 國際法外交雜誌, 第78卷 3号, 1969年, p.60 참조.

적이고 추상적인 정의가 불가피한 면도 있지만, 상황이 허용하는 한 군사목표에 해당하는 대상물을 가급적 구체적으로 예시하는 것이 필요하다. 특히 군사목표의 정의에 대한 개선 및 보완에 있어 우선적으로 고려되어야 할 것은 군사필요성 원칙을 가능한 한 지양하고, 군사목표물로 선정해서는 안 되는 대상을 최대한 보호하려는 인도적 정신과 의도를 강조하고 강제할 수 있는 방향으로 개선, 보완되어야 할 것이다.

2. 무력분쟁 규제원칙의 준수 강화

군사목표물에 한정되지 않는 대량파괴무기의 기술적 발달은 새로운 형태의 지상 및 공중공격으로부터 민간인 보호를 위한 전투수단과 방법의 규제에 관한 새로운 규정의 필요성을 보여 주었다.[33]

무력분쟁에서의 전투수단의 제한에 있어서는 헤이그법상의 기본원칙을 그대로 보장하여 전투수단을 선택할 분쟁당사자의 권리는 무제한적이지 않다는 것이 강조되어야 하며, 불필요한 고통 또는 필요 이상의 상해를 일으키는 해적수단 및 자연환경에 광범위하고 장기간의 심각한 피해를 야기할 의도를 가지거나 또는 그러할 것으로 예상되는 해적수단의 사용도 금지되어야 한다. 전투방법의 제한에 있어서도 마찬가지로 이 분야의 일반원칙들인 무차별 공격 및 무방수 지역에 대한 공격은 금지되어야 하며, 민간인과 전투원

---

33) G.I.A.D. Draper, 「The Development of International Humannitarian Law」, UNESCO(ed.), *International Dimensions of Humanitarian Law*, Martinus Nijhoff Publishers, 1988, p.82.

및 민간물자와 군사목표물은 구별되어 민간인 및 민간물자는 공격으로부터 보호되어야 하고, 민간인에 대한 보복공격은 금지되어야 하며, 배신행위에 의한 적의 살상과 포획도 금지되어야 하고, 군사작전 시 공격 또는 공격의 영향으로부터 민간인 및 민간물자가 피해를 받지 않도록 사전에 예방조치가 강구되어야 한다.[34]

군사목표 구별원칙과 관련하여서는 무차별 공격[35] 금지 원칙이 특히 중요하다. 설령 군사목표에 대한 정의가 보다 명확하게 된다 하더라도 그리고 공격이 군사목표에 한정된다 하더라도 공격의 효과가 군사목표에 한정되는 것은 아니기 때문에 비군사목표의 보호에는 한계가 있다. 이러한 군사목표 구별원칙의 한계를 보완하는 것이 무차별 공격 금지 원칙이다.[36]

제1추가의정서 제51조 4항 및 5항은 무차별 공격을 금지하는 최초의 규정이다.[37] 군사목표를 정확하고 효과가 한정된 적절한 무기로 공격하더라도 간혹 공격목표물의 내부 또는 주변에 있는 민

---

34) 이민효, 「해상무력분쟁에서의 전투수단과 방법의 제한에 관한 연구」, 해양연구논총, 제30집, 2003. 6, pp.1-24 참조.

35) 무차별 공격이라 함은 특정한 군사목표물을 표적으로 하지 않는 공격, 특정한 군사목표물을 표적으로 할 수 없는 전투수단 및 방법을 사용하는 공격을 말하며 그 결과 군사목표와 민간인 또는 민간물자를 무차별적으로 공격하는 성질을 갖는 것을 말한다(제1추가의정서 제51조 4항). 무차별 공격의 전형적인 예로는 군사목표물이 산재한 지역에 대한 융단폭격(carpet bombing), 장기간 전투원뿐만 아니라 민간인들까지 살상케 할 수 있는 지뢰의 무차별적 부설 및 전투원으로부터 민간인을 구별할 수 없는 화학 및 생물무기의 사용 등을 들 수 있다. 이민효, 「코소보 사태에서의 국제인도법의 적용에 관한 연구」, 인도법논총, 제20호, 2000, p.86, 주29).

36) 1996년 '핵무기의 위협 및 사용의 합법성'에 관한 권고적 의견에서 ICJ는 무차별무기의 사용 금지를 관습법규로 보았으며, Bedjaoui 소장은 이를 강행규범(*jus cogens*)으로, Guillaume 재판관은 절대적인 규칙으로 선언하였다. Declaration of President Bedjaoui, para.21 ; Separate Opinion of Judge Guillaume, para.5(ICJ Report, 1996) 참조.

37) W. J. Fenwick, 「New Developments in the Law Concerning the Use of Conventional Weapons in Armed Conflict」, 19 *Canadian Yearbook of International Law*, 1981, p.234.

간인이 공격의 영향으로 피해를 받는 경우도 있을 수 있지만 그것이 즉각적으로 위법이 되는 것은 아니나, 도시 등의 민간인이 집중되어 있는 지역에 소재하는 다수의 명백히 분리된 별개의 군사목표를 단일의 군사목표로 취급하여 공격하는 것은 무차별 공격이자 명백히 불법이다(제1추가의정서 제51조 5항(a)). 문제는 공격이 합법이냐 불법이냐를 구분하는 경계가 어디인가 하는 것인데, 제51조 5항(b)에 언급되어 있는 '예기된 구체적이고도 직접적인 군사적 이익에 비하여 과도하게 부수적으로 민간인 생명의 손실, 민간인에 대한 위해를 발생시킬 것으로 예상되는 공격'(무차별적 공격)을 그 경계선으로 삼아야 할 것이다.[38]

3. 공격 시 예방조치 강구

무력분쟁에 있어 적을 공격할 경우 분쟁당사국은 분쟁의 참화를 방지 및 경감하기 위하여 예방조치를 취할 것이 요구된다. 1977년 제네바협약 제2추가의정서는 제57조(공격에 있어서의 예방조치)에서 분쟁 당사자는 군사작전 수행에 있어 민간주민(인) 및 민간물자가 피해를 받지 않도록 하기 위하여 부단한 보호조치가 행해져야 한다면서, 해상(공중 포함)에서의 군사작전과 관련된 예방조치에 관해 다음과 같이 규정하고 있다(동 제57조 4항).

해상에서의 군사작전에 있어서 분쟁 당사자는 무력분쟁에 적용되는 국

---

38) 淺田正彦, *op. cit.*, pp.64 – 65.

제법의 제 규칙하에서 자국의 권리와 의무에 따라 민간인 생명의 손실 및 민간물자의 손상을 피하기 위하여 모든 합리적인 예방조치를 취하여야 한다.

동 규정은 예방조치의 필요성을 인정하고 있기는 하지만 현실 무력분쟁에서 실제 적용하기에는 구체성을 결하고 있다. 따라서 가능한 한 전투수단과 방법으로부터 예방조치를 취하여야 한다는 동 규정의 의도[39]를 보다 명확하고 구체화할 필요가 있다. 이러한 명확화 및 구체화는 해상무력분쟁에 있어 민간인, 여타 피보호자 및 면제물자의 보호를 보다 강화할 것이다.

구체적으로 공격 시의 예방조치는 다음과 같이 보다 구체화되어야 할 것이다. 해전에서 적 상선에 대한 공격 시 공격을 계획, 결정 또는 실행하는 자는 비군사목표물이 공격구역에 존재하는지 여부를 확인함에 필요한 정보수집을 위해 그리고 자기가 이용할 수 있는 정보에 비추어 공격이 군사목표물에 한정되도록 하기 위하여 '실행 가능한'(feasible)[40] 모든 조치를 취하지 않으면 안 되며, 부수적인 사상 또는 손해를 회피 또는 최소화하기 위하여 전투수단 및 방법을 선택함에 있어 실행 가능한 모든 조치를 취하지 않으면 안 된다. 또한 공격 전체로부터 예기되는 구체적이고 직접적인 군사적

---

39) ICRC Commentary to Additional Protocol Ⅰ, *Commentary on the Additional Protocols of 8 June 1977 to the Geneva Conventions of 12 August 1949*, 1987, pp.687－689 참조.

40) '실행 가능한'이라는 용어는 1977년의 제1추가의정서와 1980년의 특정재래식무기협약의 비준 시에 각국들이 행한 몇몇 양해선언에 의하면, '인도적 고려와 군사적 고려를 포함하여 그 당시의 모든 상황을 고려하여 실제적이고 현실적으로 가능한 것'이라고 이해되어야 된다. '자신이 이용할 수 있는 정보에 비추어' 공격을 군사목표에 한정해야 할 의무는 공격을 계획하는 자와 지휘관이 실제 상황에서 정책결정 시에 이용할 수 있다고 합리적으로 생각되는 정보에 기초하여 성실히 결정하여야 함을 의미한다.

이익과 비교하여 과도한 부수적인 사상 또는 손해를 야기하는 것이 예측되면 공격해서는 안 되며,[41] 부수적인 사상 또는 손해를 야기하는 것이 명백해진 경우에는 신속하게 공격을 취소 또는 중지하지 않으면 안 된다.

'부수적 사상'이나 '부수적 손해'는 민간인과 그 밖의 피보호자의 사망이나 상해 및 자연환경 또는 군사목표가 아닌 물건에 대한 손상이나 파괴를 말한다. 군사목표에 대한 공격은 '명확한'(definite) 군사적 이익을 가져오는 것이 아니면 안 되는바, 부수적 사상 또는 손해가 획득되었거나 기대되는 군사적 이익에 비례할 것이 요구된다. 예상되는 군사적 이익과 부수적 사상 또는 손해가 비례하는지는 적 상선이 공격면제 요건을 위반한 불법행위의 정도 및 성질과 발생될 가능성이 있는 사상자의 수에 의한다. 미국의 'Commander's handbook'은 여객선이 군대나 군용화물을 수송할 경우 보호를 상실한다는 예를 들고 있다.[42] 이 경우 동 선박은 군사목표가 되는 것은 분명하지만, 적국은 공격에 앞서 매우 주의 깊게 비례성 규칙의 함의를 고려하지 않으면 안 된다.

모든 관련되는 요소를 고려하였을 때에 군사목표에 직접 피해를 가하기 위해서라기보다는 오히려 부수적인 손해를 야기하기 위해서 행하여지는 공격은 분명히 금지된다. 1915년 5월 7일 독일이 영국의 정기여객선 루시타니아(Lusitania)호를 격침한 것은 동 선박

---

41) 이는 공격에 있어서의 비례성 원칙을 말하는 것으로 '직접적인'(direct)이라는 표현과 함께 군사적 이익의 평가에 더 많은 조건을 붙이고 있다. '직접적'은 '부수적인 조건 또는 매개가 없는 것'을 의미하는데, 군사목표에 손해를 입히기 위해서라기보다는 오히려 부수적인 손해를 야기하기 위해서 행하여지는 공격은 분명히 금지된다.

42) NWP9A, *op. cit.*, para.8.2.3.

이 420만 개의 소총 탄창, 1250개의 유산 탄창 및 18개의 비폭발성 신관을 포함하는 화물을 분명히 수송하고 있었다고는 하지만, 128명의 미국인을 비롯하여 1198명의 승객과 승무원이 사망하였기 때문에 분명히 비례성을 상실한 불법적인 것이었다.[43]

이러한 공격 시의 예방조치는 기본적인 구별원칙과 군사목표만 공격해야 하는 의무와 관련 있는 것으로 이러한 의무는 목표를 식별할 수 있는 경우에만 이행될 수 있다. 그러나 오늘날 고도로 발달된 현대기술의 출현으로 인한 전투수단의 파괴력은 극도로 증대되었으며, 이와 결부된 무경고 및 무제한적 공격과 같은 전투방법의 관행은 불행하게도 무력분쟁의 비인도성과 비인간성을 여실히 보여 주고 있다. 따라서 현대 해전에 있어 예방조치는 무력분쟁으로 인한 희생을 최소화하기 위한 중요한 조치로서 인도적 이유에서 강조되어야 한다.

육전에의 적용을 예정하고 채택된 1977년 제네바협약 제1추가의정서 제58조에 규정된 방어 시의 예방조치 규정('공격의 영향에 대한 예방조치')은 해전에서는 용이하게 적용될 수 없다. 육전과 공전에 적용할 수 있는 공격의 영향에 대한 예방조치는 군사목표와 민간주민, 민간인 및 민간물자와의 사이에서 후자의 보호를 높이기 위한 물리적 구분에 집중하고 있다. 그러나 해전의 경제전적 성격과 군사노력에의 지원에 대한 상선과 민간기의 광범위한 사용은 육·공전과는 다른 접근을 정당화한다.

---

43) L. Oppenheim, *International Law*, vol. Ⅱ, Longmans, 1974, p.308 참조.

4. 민간주민의 보호 강화

적대행위에 있어서 분쟁 당사자가 추구할 수 있는 유일한 합법적 목적은 적 군사력의 약화라는 것은 1868년 피터스버그 선언 이후 일반원칙으로 인정되고 있다. 따라서 민간주민의 보호강화는 적 군사력과 직접적인 관계가 없는 민간주민을 가능한 한 분쟁의 영향으로부터 보호하는 데 초점이 맞춰져야 할 것이며, 이러한 작업은 현 민간인 보호규정의 주요 문제점들을 살펴 이를 해결하는 데 주의를 집중하여야 할 것이다.

특히 봉쇄, 경제적 강제조치 등의 제재 지역 내에 있는 민간주민의 보호에 보다 세심한 고려가 요구된다. 적과의 모든 무역 또는 적에 의해 점령된 모든 국가와의 무역 금지, 중립국과의 엄격한 무역 규제 및 전시금제품의 확대는 적 당사자를 완전한 경제적 및 재정적 고립상태에 두기 위한 효과적이고도 합법적인 전투수단이다. 하지만 이러한 조치들은 대체로 전투원과 비전투원에게 무차별적으로 영향을 미쳐 민간주민에게도 고통을 야기하기 때문에 인도적 문제를 야기할 수 있다. 외부와의 모든 교역이 금지됨으로써 의약품, 식량 및 생활필수품 등의 부족으로 의식주 및 보건상의 어려움을 겪기도 하고, 제재조치를 분쟁당사자 모두에게 일률적으로 적용함으로써 군사적 약자에게 오히려 더 큰 피해를 가져올 수도 있다.

따라서 제재조치의 부과에 있어서 이러한 문제들을 유의하여 그 피해를 최소화할 수 있는 장치를 마련하는 것이 필요하다. 국제적 무력분쟁에서는 '민간인용 의약품 및 병원용품, 종교의식용 물품,

15세 미만의 아동 및 임산부에게 불가결한 식료품, 피복 및 영양제 등의 자유통과'(제네바 제4협약 제23조)가 허용되고 있는바, 이와 유사한 규정이 비국제적 무력분쟁에 적용되는 인도적 법규에도 삽입되거나 적어도 그 취지가 명시적으로 언급되어야 할 것이다.

5. 인도적 법규의 보완 및 발전

군사목표 구별원칙을 규정하고 있는 분쟁희생자의 인도적 보호에 관한 현 법규의 구체적 분쟁들에서의 적용상의 불충분 및 각국들의 준수 의지 결여는 그 당연한 결과로 오늘날 세계도처에서 발생하고 있는 무력분쟁들에서 인도적 위기와 참상을 초래하고 있다.

이러한 문제점들을 해결하고 분쟁 희생자의 보호를 강화하기 위해서는 개별국가(분쟁국가)들의 법 준수 의지를 강화·강제시키기 위한 별도의 연구·검토 외에도 현 법규의 미비점을 보완·발전시켜 희생자보호를 최대한 극대화할 수 있는 법적 토대를 재정비하는 것이 중요하고도 시급하다.

왜냐하면 현 법규의 보완 발전을 통한 분쟁희생자의 법적 지위의 강화 없이는 국제사회, 제3국 및 피해 당사자가 그 보호를 위한 명분이나 이용 가능한 수단의 선택에 있어서 제약을 받을 수밖에 없고, 법규위반자는 자신의 불법행위를 정당화시키기 위해 법적 흠결을 원용할 것이며, 현존하는 규칙들마저 회피하려고 할 것이기 때문이다.[44]

---

44) S. Junod, 「Additional Protocol Ⅱ : History and Scope」, 33 *The American University*

이러한 인도적 법규의 보완 및 발전은 보호되어야 할 비군사목표의 정의 및 범위의 명확화, 군사목표 공격 과정에서 피해를 입을 수밖에 없는 희생자의 인도적 대우 확대 즉, 민간주민의 보호 및 희생자 구호활동의 강화, 전투수단과 방법의 제한 및 관련 규정의 이행수단을 강화하는 방향으로 추진되어야 할 것이다.

제4절 결언

군사목표와 비군사목표를 엄격하게 구별하여 모든 전투행위는 오직 교전자와 군사목표에만 한정되어야 하고 교전 자격이 인정되지 않는 민간인 및 민간물자는 공격으로부터 최대한 보호되어야 한다는 군사목표 구별원칙은 군사적 필요성과 인도적 요구의 가운데에서 불필요한 파괴와 살상의 예방자 역할을 담당하고 있다. 무차별적인 공격과 불필요한 파괴로부터 분쟁희생자를 예방하기 위해서는 무력공격은 군사목표에 한정되어야 한다. 이는 무차별적인 전투행위로 인한 관련국들의 비난을 사전에 차단하여 국제사회의 지지를 이끌어 내는 역할도 하게 될 것이다.

전시에는 교전 당사국은 물론 제3국(중립국)의 통상도 극도로 제한될 수밖에 없는데, 이 경우 무원칙한 중립국 통상의 제한이나 중립국 선박에 대한 공격은 국제사회의 여론을 악화시켜 전쟁 목적의 달성을 어렵게 할 수도 있다. 그러므로 무차별적인 공격으로

Law Review, 1983, pp.29-31.

야기될 수 있는 국제사회의 비난을 사전에 방지하고 불필요한 분
쟁 희생자를 예방하기 위해서는 무력공격은 군사목표에 한정되어
야 할 것이다.

문제는 군사목표 구별원칙이 해전법규에 적용된다고 명확하게
언급하고 있는 조약 규정은 현재 존재하지 않는다는 것이다. 그렇
지만 해상무력분쟁을 규율하는 무력분쟁법(해전법규)은 비록 불완
전하기는 하지만 공격할 수 있는 자와 없는 자, 공격할 수 있는
물자와 없는 물자 간의 구별원칙을 그 법체계의 본질적인 요소로
하고 있다. 따라서 해전에서도 군사목표와 비군사목표는 구별되어
취급됨이 마땅하다.

오늘날 파괴력이나 정확성에서 고도로 발달된 전투수단의 등장
으로 군사목표와 비군사목표를 명확하게 구별하기란 참으로 어렵
다. 그러나 현대 무력분쟁에서 분쟁과는 아무런 관련이 없는 민간
인 희생자가 급격하게 증가하고 있는 현실을 볼 때, 이러한 구별
원칙이 강조되고 강화되어야 하는 것은 너무나도 자명하고 매우
시급한 일이다.

분쟁당사자들로 하여금 군사목표 구별원칙의 구체적 내용과 의
미를 보다 철저하게 준수토록 하기 위해서는 다양한 측면에서 국
제사회의 노력이 요구된다. 무력분쟁의 존재 여부 및 관련 법규의
내용 등에 대한 분쟁당사자 간 인식의 차이는 대부분 분쟁들에서
항상 있어 왔고, 이러한 대립은 인도적 법규의 적용 및 희생자 보
호에 상당히 부정적 영향을 미쳤는바, 이를 방지하기 위한 국제사
회의 다각적인 노력이 요구된다.

특히 군사목표 개념의 개선 및 보완이 요구되며, 무력분쟁 규제

원칙의 준수가 강화되어야 하고, 군사작전 시 공격 또는 공격의 영향으로부터 민간인 및 민간물자가 피해를 받지 않도록 사전에 예방조치가 강구되어야 한다. 그리고 민간주민의 보호가 강화되어야 하며, 군사목표 구별원칙과 관련된 인도적 법규의 보완 및 발전이 필요하다.

그러나 무엇보다도 중요한 것은 군사목표 구별원칙을 준수해야 한다는 신념을 강화하는 것이다. 왜냐하면 제도적 및 규범적 개선 보완으로도 다소나마 그 이행을 확보할 수 있겠지만, 분쟁당사자의 확고한 준수 의지가 없는 한 그 실효성을 기대할 수 없을 것이기 때문이다.

제3장
해전에서의 군사목표 구별원칙의 적용

해전에서의 무력공격은 군사목표에 대하여 또는 군사목표인 적선 및 적 항공기에 의해 수행되는 것과 기능상 구별되지 않는 임무에 종사하는 제한된 중립국 선박과 항공기를 목표로 하여야 한다. 해전에서 적 군함 및 그 보조선박은 합법적 군사목표물로서 인정되어 당연히 공격 대상이 된다. 즉, 모든 적 군함은 군사목표물이다. 교전국 군함은 공해 또는 교전국의 영수 내에서 조우하는 적국 군함 또는 공선을 즉시 공격할 수 있으며, 나포할 경우 이는 전리품으로서 나포한 국가에 귀속되며 승조원은 포로가 된다. 또한 해전수역 내에서 공격 및 격침될 수 있으며, 이러한 공격은 무경고로 그리고 적 승조원의 안전에 관계없이 행해질 수 있다.[1]

그러나 적 군함과는 달리 모든 적선이 공격 대상이 되는 것은 아니다. 인도적 및 학술적 임무에 종사하는 선박이나 기타 민간선박을 비롯한 적 전투능력의 증강이나 전쟁지속력을 강화시키는 것이 아니므로 이들에 대한 공격은 신중하게 고려될 필요가 있다. 이하에서는 이러한 대우를 받을 수 있는, 즉 군사목표로 인정되지 않는

---

1) 모든 적 군함은 군사목표물이다. 군함은 모든 군용 부유물, 즉 어뢰정, 수상함 또는 잠수함 및 군대에 직접적 지원임무(어뢰나 군수품 수송 등)를 수행하는 보조선을 포함한다. 적 군함은 해전수역 내에서 공격 및 격침 될 수 있으며, 이러한 공격은 무경고로 그리고 적 승조원의 안전에 관계없이 행해질 수 있다. W. J. Fenrick, 「Legal Aspects of Targeting in the Law of Naval Warfare」, 29 *CYIL*, 1991, pp.269-279 참조.

한 적의 공격으로부터 면제되는 적선의 유형[2]과 요건을 살펴보고 이들 선박들이 공격면제 지위를 상실하게 되는 경우를 간략하게 검토하고자 한다.

해상무력분쟁에 적용될 국제법에 관한 산레모 매뉴얼
(San Remo Manual on International Law Applicable to Armed Conflicts at Sea)

산레모 매뉴얼(San Remo Manual)은 개인 자격으로 참석한 법률전문가 및 해군전문가들에 의해 1988년부터 1994년까지 약 7년에 걸쳐 국제인도법연구소에 의해 소집된 일련의 라운드 테이블(Round Table)에서 준비되었다. 본 매뉴얼의 목적은 해상무력분쟁에 적용되는 현 국제법을 재확인함에 있다. 본 매뉴얼은 해상무력분쟁법에서의 점진적인 발전을 고려한 규정들을 일부 포함하고 있기는 하지만, 그 규정들의 대부분은 현재 적용되고 있는 법을 주요내용으로 하고 있다.

라운드 테이블 참석자들은 본 매뉴얼이 1917년 국제법협회(Institute of International Law)가 채택한 '교전국 간의 관계를 규율하는 해전법에 관한 옥스퍼드 매뉴얼'(Oxford Manual on the Law of Naval War Governing the Relations Between Belligerents)을 오늘날에 맞게 개

---

2) San Remo Manual on International Law Applicable to Armed conflicts at Sea, 1994, para.47. 동 항에 열거된 선박만이 공격이 면제되는 것은 아니다. 왜냐하면 군사목표로서 인정할 수 있는 성질을 갖고 있거나 임무에 종사하고 있어야만, 즉 군사목표의 정의에 합치되는 선박만이 공격 대상이 되기 때문이며, 그러한 경우에도 실제 공격 시에는 비례성 원칙이 준수되어야 한다.

80

정한 것으로 보았다.

본 매뉴얼은 1917년 이후 발전된 대부분의 해전법규 내용들이 조약화되지 못했고, 1949년 제네바 제2협약도 본질적으로는 해상에서의 부상자, 병자 및 난선자의 보호에 한계가 있기 때문에 그 필요성이 요구되었다. 특히 1977년 외교회의에서 육상에서의 무력분쟁법(육전법규)은 제1추가의정서에서 상당한 발전을 이루었지만, 해상에서의 무력분쟁법(해전법규)은 그렇지 못했다. 비록 제1추가의정서의 일부 규정들이 해군작전, 특히 의료용 선박 및 항공기에 부여되는 제네바협약상의 보호의 이행에 영향을 미치기는 하였지만, 적대행위의 영향으로부터 민간인 및 민간물자의 보호에 관한 추가의정서 제4절은 육상에 있는 민간인 및 민간물자에 영향을 미치는 해군작전에만 적용될 뿐이었다.

Pisa대학교(이탈리아) 국제법연구소 및 Syracuse대학교(미국)의 후원으로 1987년 국제인도법연구소에 의해 소집되어 산레모에서 개최된 '해상에서의 무력분쟁에 적용되는 국제인도법에 관한 예비 라운드 테이블'은 해상무력분쟁법에 대한 검토를 시작했으며, 1988년 국제인도법연구소에 의해 소집된 마드리드(Madrid) 라운드 테이블은 해상무력분쟁법의 발전을 초안하기 위한 행동계획(Plan of Action)을 마련했다.

국제적십자위원회(International Committee of the Red Cross: ICRC)는 국제인도법의 발전에 관한 위임된 권한에 따라 이 프로젝트를 철저히 지원했다. 마드리드 행동계획을 이행하기 위하여 국제인도법연구소는 1989년 보훔(Bochum), 1990년 툴론(Toulon), 1991년 베르겐(Bergen), 1992년 오타와(Ottawa), 1993년 제네바(Geneva) 그리고 마지막으로 1994년 리보르노(Livorno)에서 매년 라운드 테이블을 개최하였다. 보고자의 자세한 보고에 기초하여 참석자들은 회의에서 주석을 달고, 토론을 벌여 1994년 리보르노에서 매뉴얼 초안을 채택했다. 동 매뉴얼은 6부 183개 항으로 구성되어 있다.

제1절 공격면제 적선의 유형

1. 병원선

병원선은 특별히 그리고 오로지 군인 및(또는) 민간인 상병자 또는 조난자에 대한 원조제공을 유일한 목적으로 분쟁 당사국에 의해 건조되었거나 설비된 선박(제네바 제2협약 제22조 및 제1추가의정서 제22조), 각국의 적십자사나 적신월사 및 공식적으로 승인된 구호단체나 사인(私人)에 의해 사용되는 동일한 성질을 갖는 선박(제네바 제2협약 제24조 및 제1추가의정서 제22조. 이 경우 동 선박의 기국인 분쟁당사국이 이들 선박에 공식적으로 임무를 부여하고 있을 것을 조건으로 한다.) 및 중립국, 중립국 적십자사나 적신월사, 공식적으로 승인된 구호단체, 중립국의 사인 또는 공평한 국제적 인도단체에 의해 사용되는 동일한 성질을 갖는 선박(제네바 제2협약 제25조 및 제1추가의정서 제22조. 분쟁 당사국의 허가 및 사전에 자국 정부의 동의를 얻어 분쟁당사국의 어느 일국의 관리하에 있을 것을 조건으로 한다.)을 말한다.

이러한 병원선은 제네바 제2협약에 의해서 공격으로부터 면제될 뿐만 아니라 나포할 수 없으며(동 제22조), 적국의 권력이 미치는 항구에 있는 경우 그 항구에서 출항하는 것이 허용되고, 항구에서 의 정박에 있어 군함과 동등하게 취급되지 않는다(동 제29조).

그리고 병원선에 대한 복구는 금지되며(동 제47조),[3] 병원선은 국적에 따른 차별 없이 부상자, 병자 및 난선자를 구조하여야 한다(동 제30조). 또한 병원선으로 개조된 무력분쟁 당사국의 상선은 적대행위가 계속되는 동안에는 다른 어떠한 사용에도 충당되어서는 안 된다(동 제33조).

또한 병원선은 모든 외면을 백색으로 하고 최대한의 가시성을 확보할 수 있도록 크고 짙은 적십자를 표시하여야 하며, 메인마스트에는 백색의 적십자기를 가능한 한 높이 게양하여야 한다. 모든 병원선은 게양된 국기로 식별되며, 병원선이 중립국에 속할 경우 지휘를 받는 분쟁당사국의 기를 게양하여야 한다(동 제43조).

병원선이 이러한 요건을 준수하지 않는 경우 병원선으로서 보호 받을 수 있는 권리를 법적으로 향유할 수 없도록만 하는 것인지, 아니면 이러한 요건은 실제 식별목적을 위한 것이기 때문에 준수하지 않는 경우에도 병원선이 갖는 보호는 그대로 갖는지는 분명하지 않다.[4]

그러나 실제 해전구역에서 특별한 표시가 없는 병원선을 확인하

---

3) 병원선이 이러한 보호를 향유하기 위해서 선명과 세목을 적어도 그 사용 10일 전에 당사자에게 통고하여야 한다(제네바 제2협약 제22조).

4) L. Doswald-Beck(ed.), *San Remo Manual on International Law applicable to Armed conflicts at Sea*, Cambridge University Press, 1995, p.127.

여 인정하고, 병원선의 임무에만 종사할 것이라고 신뢰한다는 것은 거의 불가능하다는 점을 고려한다면, 병원선임을 나타내는 아무런 표시도 없는 선박이 병원선으로 인정받는다는 것은 어려운 것만은 분명해 보인다.

2. 연안구조활동에 사용되는 소주정(small craft) 및 기타 의료 수송선

연안구조용 소주정은 군인 및(또는) 민간인 상병자 또는 조난자를 구조하기 위하여 국가나 공식적으로 인정된 구호단체에 의해 사용되는 연안을 기지로 하는 주정으로, 이는 작전상의 요구가 허용되는 한 존중·보호되어 원칙적으로 나포 및 공격으로부터 면제된다. 분쟁당사국은 어느 선박을 구조용 주정으로 인식하는 경우 그것을 의도적으로 공격해서는 안 되며, 복구의 방법으로 이러한 선박에 대한 공격이 금지된다(제네바 제2협약 제47조).

연안구조활동에 사용되는 '소주정'이 보호 대상이 되기 위해 특별히 소형(즉, 일정 톤수 이하)일 필요는 없는데, 이는 비교적 소형인 경향이 있는 구조용 주정이 보호된다는 것을 강조하는 의미를 갖는다. 또한 그러한 주정의 구조작업이 연안에 한정될 필요도 없고, 선박이 능력을 구비하고 있을 경우 연안에서 상당히 떨어진 근해에서도 행할 수 있다. 연안이라는 용어는 주정이 연안을 기지로 하고 있고, 함선의 구명보트도 아니고 구조작업을 위해 사용되는 소함대에 소속된 주정도 아닌 것을 나타낸다.[5]

---

5) 이민효, 「해전에서의 군사목표 구별원칙에 관한 연구」, 해양연구논총, 제36집, 2006, p.115.

한편 동 주정은 소규모이고 군사작전 구역에서 활동하기 때문에 불가피하게 위험에 직면하게 되는데, 자신의 지위 확인을 위해 의장 중 및 항해 시에 그 감독하에 있다는 취지를 기재할 책임 있는 당국이 발급하는 증명서를 구비하고 있어야 한다(동 제27조 및 제24조).

기타 의료 수송선은 제네바 제2협약 및 제1추가의정서에 의해 보호되는 기타 종류의 선박으로 군용이든 민간용이든, 영구적이든 일시적이든 관계없이 분쟁당사국의 권한 있는 당국의 통제하에 있고, 의료 수송에 전적으로 할당된 모든 수송수단을 말한다(제1추가의정서 제8조(g)). 이에 해당하는 선박은 첫째, 구명보트 및 구명보트와 병원선의 소주정(제네바 제2협약 제26조 및 제1추가의정서 제22조), 둘째, 의료설비를 수송하기 위해 용선된 선박[6] 및 셋째, 기타 의료용 선박 및 주정을 들 수 있다.[7] 이러한 선박들은 공격 또는 나포로부터 면제되며 그리고 복구의 대상으로 할 수 없다.

3. 교전국 간 합의에 의해 안전통항권(safe conduct)이 부여된 선박

포로의 수송에 지정되거나 그 수송 등에 종사하는 카르텔선, 민간주민의 생존에 불가결한 물자를 수송하는 선박 및 구호활동 및

---

6) 이들은 오로지 군대의 상병자 치료나 질환의 예방을 위해 할당된 설비를 수송하기 위하여 특히 용선된 선박이다(제네바 제2협약 제38조). 민간주민의 치료를 위해 할당된 설비도 그 대상이 된다. 왜냐하면 제네바 제2협약 제38조의 문언에 포함되어 있지는 않지만 제1추가의정서에 정의된 '의료 수송선'의 정의에 해당하기 때문이다.

7) 이 카테고리에 해당하기 위한 중요한 조건은 그 선박이 상병자, 조난자, 위생요원 및(또는) 종교요원, 의료설비 또는 의료물자의 수송에 오로지 관계하고 있는가 하는 것이다. 이러한 배타적인 사용이 일시적인가 아니면 항구적인가 하는 것은 이 정의에 있어 중요하지 않다.

구조활동에 종사하는 선박을 포함한 인도적 임무에 종사하는 선박 등 교전국 간 합의에 의해 안전통항권(safe conduct)이 부여된 선박은 공격이 면제된다.[8] 안전통항권의 수령자가 부과된 조건에 따르고 안전통항권이 교전국 또는 교전국과 중립국 간의 합의의 결과인 한, 안전통항권은 당해 선박에 대한 공격이나 나포로부터 면제를 부여한다.[9]

카르텔선[10]은 포로나 통신문을 수송하고 있는 기간뿐만 아니라 항해 또는 포로들을 수송한 후 귀환 중일 때에도 나포나 공격으로부터 면제된다. 이러한 보호이익을 누리기 위하여 카르텔선은 자신이 카르텔에 위임된다는 것을 기술한 증빙서류를 갖고 있어야 하고, 어떠한 통상에도 종사하거나, 어떠한 화물이나 기타 공문서를 수송하거나 또는 무기를 수송해서도 안 된다. 하지만 순수한 방어무기, 즉 그 선박의 회피시스템(예, chaff)이나 승조원의 방어를 위한 개인용 경화기를 지니고 있다고 해서 그 보호를 상실하는 것은 아니다.[11]

적의 공격으로부터 보호되는 인도적 임무에 종사하는 선박은 식료품의 수송뿐만 아니라 수질정화 프로그램, 구호요원의 수송, 공격하에 있는 주민의 이송과 같은 다양한 인도적 임무에 종사하는

---

8) 안전통항권은 교전국이 부여하는 서면에 의한 허가로서 적국민이나 기타의 자가 특정의 목적을 위하여 특정의 장소로 항행하는 것을 허용한다.

9) NWP9A, *The Commander's Handbook on the Law of Naval Operations*, 1987, para.8.2.3.

10) 전통적으로 카르텔선은 교환된 포로를 자국으로의 해상수송 또는 적국에의 그리고 적국으로부터의 공식적인 통신문 수송에 사용되는 교전국 선박으로 정의된다. L. Oppenheim, *International Law*(vol. II), Longmans, 1974, para.225 참조. 그러나 이처럼 카르텔선은 통상적으로 교전국 간의 통신이나 공식수송에 사용되는 선박으로 정의되지만 포로나 통신에 한정될 필요는 없다.

11) L. Doswald-Beck(ed.), *op. cit.*, p.130.

선박을 포함한다. 그러나 난민수송이나 공격받고 있는 민간인 구출에 사용되는 선박은 '민간여객의 수송에 오로지 종사하는 여객선'의 카테고리에 해당할 경우 안전통항권이 없어도 공격으로부터 면제된다.[12]

4. 특별보호하에 있는 문화재를 수송하는 선박

해상무력분쟁에서의 특별보호하에 있는 문화재를 수송하는 선박의 보호에 대해서는 1954년의 '무력분쟁 시의 문화재 보호에 관한 헤이그협약'(1954 Hague Convention for the Protection of Cultural Property in the Event of Armed Conflicts, 문화재보호협약)에서 자세하게 규정되고 있다.

인류의 민족적, 역사적 정신과 예술을 담고 있는 문화재(cultural property)[13]는 무력분쟁에서 심각한 파괴와 피해를 입고 있으며, 전투수단과 기술의 발달로 인해 갈수록 더욱 큰 위험에 노출되어 있

---

12) *Ibid.*, p.131.

13) 문화재보호협약 제1조는 문화재를 다음과 같이 정의하고 있다.
본 협약의 목적을 위해 '문화재'라는 용어는 기원 혹은 소유권과는 상관없이 다음의 항목을 포함화고 있다.
(1) 종교적이든 혹은 세속적이든지 건축, 예술 또는 역사적 기념물과 같은 모든 민족의 문화유산에 매우 중요한 부동산 혹은 동산, 고고학 유적지, 총체적으로 역사적 혹은 예술적 관심을 끄는 건물군, 예술작품, 사본들과 서적 및 예술적 역사적 혹은 고고학적 관심을 끄는 기타의 물건들, 과학 소장품과 중요한 서적 혹은 공문서 기록 소장품 혹은 위에서 정의된 물건의 복제품 소장품
(2) 그 주된 목적이 상기 (1)항에서 정의된 동산문화재를 보존 혹은 전시하는 데 있는 박물관과 대형 도서관 및 문서보관소 등과 같은 건물 그리고 무력분쟁 시에 상기 (1)항에서 정의된 동산문화재를 보호하기 위해 고안된 피난처
(3) 기념비를 유치한 중심지로 알려진 상기 (1)과 (2)항에서 정의된 상당수의 문화재를 보유하고 있는 집중지구

다. 각 국민들이 세계문화에 공헌하고 있는 이유로 인하여 어떤 국민에게 속하는 문화재의 피해는 그 어떠한 것이라도 '모든 인류의 문화유산'(cultural heritage of all mankind)에 대한 손해이다(문화재보호협약 전문).[14]

오로지 문화재를 수송하는 선박에 대해서는 공격이나 나포가 금지된다(문화재보호협약 제12조 3항). 분쟁 당사국은 이러한 특별보호를 향유하기 위해서는 특별보호하에 있는 문화재의 이동을 세부계획을 첨부하여 문화재위원장(Commissioner General for Cultural Property)에게 요청하여야 하며, 요청을 받은 문화재위원장은 이익보호국을 포함하여 관련국들과 적절한 협의 후 그 이동이 정당하다고 판단한 경우에는 문화재의 목적지까지 동행할 1명 또는 2명 이상의 검사관을 임명한다. 이러한 수송에는 동 협약 제16조에 규정되어 있는 식별표장(여러 각 중 하나가 방패의 선단을 형성하는 생청색(生淸色, royal – blue)의 정방형(正方形), 그 정방형의 상방의 생청색의 삼각형 및 양측의 어느 한쪽에 백색의 삼각형으로 표시)을 게시하여야 한다(동 제12조 2항).

문화재의 이동이 긴급하게 필요하고 요구되는 절차에 따를 시간이 충분하지 않을 경우 식별표장을 게시하여 수송할 수 있으며, 이 경우 가능한 한 적대국에 통고하여야 한다. 분쟁당사국은 이러한 수송에 대해 적대행위가 행해지지 않도록 하기 위하여 필요한

---

14) 아프가니스탄에서는 수년에 걸친 내전으로 숱한 박물관, 기념비, 문화재 등이 약탈당하거나 방치되었으며, 캄보디아 내전 당시 폴포트 정권은 앙코르왓 사원(Angkor Wat Shrine)을 흉하게 파손하였고, 제1차 걸프전에서도 이라크는 쿠웨이트의 수많은 유적지를 폐허로 만들었다. 그 외에도 인도네시아와 동티모르 독립분쟁 및 중동의 팔레스타인 그리고 세르비아 내전에서도 문화재의 약탈과 파손은 끊이지 않았다. 김형만, 문화재 반환과 국제법, 삼우사, 2001, p.15 주)9 참조.

예방조치를 가능한 한 취하여야 한다(동 제13조).

5. 민간인 수송 여객선

전통적인 국제관습법하에서 민간인 수송 여객선은 합법적 공격 대상으로 인정되는 군사목표의 정의에 합치되는 경우가 아니면 공격이 면제된다.

민간인 수송 여객선의 공격면제 근거에 대해 한편에서는 여객선은 적국 교통망의 일부를 구성하는 경우 통상적으로 군사목표가 되지만 민간인의 사망이 그 공격에서 얻을 수 있을 것으로 예상되는 군사적 이익을 초과한다고 보는 반면에, 다른 한편에서는 군사목표의 정의는 당해 목표를 파괴하는 그 당시 상황에서 명확한 군사적 이익을 제공할 것이 요구되기 때문에 징용된 민간수송선이 후에 군사목적을 위해 징용될 수 있다고 단지 추정될 뿐, 현재 오로지 민간인 수송에 사용되는 경우 그것은 군사목표의 정의를 충족하지 않는다고 본다.[15]

전자가 적국 교통망의 일부를 구성하는 민간인 수송 여객선을 군사목표로 인정하면서도 동 선박에 대한 공격으로 얻을 수 있는 이익보다 피해가 클 수 있다(비례성 원칙 결여)는 이유로 그를 공격해서는 안 된다는 입장인 반면에 후자는 민간인 수송 여객선은 군사목표 자체가 되지 않기 때문에 공격할 수 없다는 입장이다.

---

15) L. Doswald-Beck(ed.), *op. cit.*, p.132.

6. 종교, 비군사적 학술 또는 박애임무를 수행하는 선박

종교, 비군사적 학술 또는 박애임무를 수행하는 선박의 나포 면
제는 1907년의 헤이그 제11조약(해전에서 포획권 행사의 제한에
관한 조약)[16]에서 최초로 규정화되었다.[17] 어떤 경우에도 이러한
선박은 모든 상선과 마찬가지로 전통적인 관습법하에서 발견 즉시
공격되지 않았다. 군사적으로 전용될 수 있는 임무에 종사하는 학
술선박은 이러한 면제로부터 제외되며, 종교목적을 위하여 무력을
행사하거나 무력 사용을 고취시키는 임무에 대해서는 당연히 면제
가 부여되지 않는다. 동 조약은 이러한 선박은 안전통항권이 없어
도 나포(및 특히 공격)로부터 절대적으로 면제된다고 하고 있으나
일반적으로 각국은 자동적으로 면제를 향유하는 선박의 카테고리
를 매우 좁게 해석하는 경향이 있다.[18]

7. 연안어업용 어선 및 지방적 연안무역에 종사하는 소형 선박

연안어업용 어선 및 지방적 연안무역에 종사하는 소형 선박은
상선과 마찬가지로 관습법상 발견 즉시 공격하는 것이 금지되어
오다 1907년의 헤이그 제11조약에서 처음으로 나포로부터의 보호

---

16) 동 조약은 우편물, 일정 선박의 나포 면제 그리고 적국 상선 승무원의 처리 등 해전에서 포
획과 관련된 3가지 측면을 다루고 있다.

17) 동 조약 제4조는 다음과 같이 규정하고 있다.
제4조 (종교적 임무 등을 띤 선박) 종교, 학술 또는 박애의 임무를 띤 선박은 포획이 면제
된다.

18) L. Doswald-Beck(ed.), *op. cit.*, pp.132-133.

가 인정되었다.[19] 이들 선박을 보호하는 이유는 어업 자체를 보호하고자 함이 아니라 지방적 어업에 종사하는 자와 그에 의존하는 주민을 보호하기 위한 것이다. 즉 이러한 선박에 대한 공격을 금지하는 것은 어업을 방해하는 것이 교전국에 어떠한 실질적 이익을 주지 않아서가 아니라 주민을 해할 수 있다는 관념에 기초하고 있는 것이다.[20]

연안용 어선과 통상선의 수가 상당히 많다는 것을 생각하면, 이들 선박들에 대한 공격면제의 존중은 실제로는 이들 선박의 성실한 (*bona fide*) 사용에 달려 있다. 헤이그 제11조약도 분쟁당사국은 그러한 선박이 외관상 평화적이어야 하고 군사목적에 사용되어서는 안된다고 명기하고 있는 사실에 주목할 필요가 있다(제3조 3항). 만일 선박이 그러한 용도로 사용되는 경우에는 면제를 상실하고 공격 대상이 된다.[21] 예를 들면, 1982년의 포클랜드전에서 Narwal은 아르헨티나 어선으로 원래는 나포와 공격으로부터 면제되어야 했지만 영국함대의 위치를 파악하여 아르헨티나 군 당국에 보고하고 있었기 때문에 영국군은 동 어선을 공격하여 침몰시켰다.

한편, 이들 선박은 작전 중인 교전국 해군지휘관에 의한 규제와 임검에 따라야 한다.[22] 이것은 연안용 선박이 면제를 향유하기 위

---

19) 동 조약 제3조는 다음과 같이 규정하고 있다.
　　제3조(어선 등) 전적으로 연안어업 또는 지방적 항행에 사용되는 선박은 그 漁獵具, 船具 및 적재물과 함께 포획을 면제한다. 이러한 면제는 당해 선박이 어떠한 방법임을 불문하고 적대행위에 참가하는 때로부터 그 적용이 없는 것으로 한다. 체약국은 이러한 선박의 무해한 성질을 이용하여 그 평화적 외관을 군사적 목적에 사용하여서는 안 된다.

20) L. Doswald-Beck(ed.), *op. cit.*, p.134.

21) *Ibid.*

22) NWP9A, *op. cit.*, pp.8-19.

해 그 존재를 지휘관에게 통지하여야 한다는 것을 의미하는 것이
아니라, 요구에 따라 자기의 신원을 증명하고 임검에 응하고 지휘관
이 필요에 의해 설정한 기타의 규제에 따라야 한다는 것을 의미한
다. 그러나 이러한 규제는 무제한으로 인정되는 것이 아니라 필요
한 범위에 한정되어야 하고 공격과 나포로부터의 면제를 인정한 규
칙의 목적을 훼손할 정도로 선박의 활동을 방해해서는 안 된다.[23]

문제는 실제 이러한 선박들은 관련 규정상의 보호를 충분히 향
유하지 못하였다. 양차 세계대전에서 몇몇 경우 타 교전국이 이들
선박을 정보 정찰 목적으로 사용했기 때문에 나포하는 경우도 있
었지만 일반적으로 교전국들은 매우 제한적으로 받아들였으며 많
은 경우 소형 어선이나 상선의 나포 면제 관례는 그다지 잘 준수
되지 않았다.[24]

8. 항복선

항복한 선박은 전투능력을 상실하였거나 전투의지를 스스로 포
기한 자에게는 助命을 부여해야 한다는 국제관습법상의 의무에 따
라 공격으로부터 보호된다. 더 이상 전투를 원하지 않는 승조원의
생명을 구하기 위한 것으로 선박이 항복을 원하고 있다는 것이 분
명한 경우 교전자는 이들을 조명할 의무가 있다. 항복의 의도를
확인하는 하나의 합의된 통일된 방법은 없지만 일반적으로 승인된

---

23) L. Doswald-Beck(ed.), *op. cit.*, p.134.
24) 해군본부(역), 전쟁법규집, 1998, p.118 참조.

방법으로는 기의 강하, 백기 게양, 잠수함의 경우 부상, 기관 정지 및 공격자 신호에 대한 응답, 구명보트에 이승 및 야간의 경우 정선과 등화의 점화 등이 있다.[25]

9. 구명정 및 구명보트

구명정 및 구명보트는 적의 공격으로부터 보호된다. 이들을 공격으로부터 보호하는 것은 난선자에 대하여 공격 금지를 규정하고 있는 확립된 관습법규에 기초하고 있다.

1867년 제1회 국제적십자회의(파리)에서 1864년의 원칙(전장에서의 부상 군인 존중 원칙)을 해전에 확대하는 최초의 초안이 권고 형식으로 채택되어 '해전의 희생자를 위한 최초의 성문법의 맹아'가 되었으나 구체화되지 못하다가 1899년에 이르러 비로소 헤이그 제3협약이 체결되어 해상에 있는 난선자, 상병자 및 병자를 구호해야 한다는 원칙이 마침내 실정법으로 구체화되었다. 즉 병원선은 "국적 여하를 불문하고 교전국 상병자, 병자 및 난선자를 구조하고 원조하여야 한다(제4조).", "부상자 및 병자는 존중하고 간호하여야 한다(제8조)."라고 하였다.[26]

1949년 '해상에 있어서의 군대의 부상자, 병자 및 난선자의 상태 개선에 관한 제네바협약'은 이를 더욱 강화하고 있다. 동 협약 제12조는 군대의 구성원과 기타의 자로서 해상에 있고 또한 부상

---

25) NWP9A, *op. cit.*, para.8.2.1.

26) 대한적자사 인도법연구소(역), 제네바협약 해설 Ⅱ, 1985, p.96 참조.

자, 병자 또는 난선자인 자는 모든 경우에 존중되고 보호되어야 한다면서, 분쟁당사국은 이들을 성별, 인종, 국적, 종교, 정견 또는 기타의 유사한 기준에 근거를 둔 차별없이 인도적으로 대우 또한 간호하여야 하고, 그들의 생명에 대한 위협과 신체에 대한 폭행을 금지하여야 하며, 특히 그들이 살해되거나 고문 또는 생물학적 실험을 받도록 하여서도 안 되고, 고의로 의료와 간호를 제공하지 않고 방치해서도 그리고 전염이나 감염에 노출된 상태도 두어서도 안 된다는 것을 강조하고 있다.

난선자를 보호해야 할 의무는 군인이든 민간인이든 재난의 결과 해상에서 위험에 처해 있는 모든 자 또는 난선자를 수송하고 있는 선박이나 항공기에 적용된다(제1추가의정서 제8조(b)). 난선자를 공격하는 것은 전쟁범죄 대상이 되며, 그러한 자가 건강을 회복해 다시 적대행위에 참가할 가능성이 있다는 이유로 보호를 거부할 수는 없다. 다만 난선자가 실제로 적대행위를 재개할 경우 그 보호는 종료된다.[27]

10. 해양오염사고 처리 선박

무력분쟁은 일반적으로 군사적, 경제적 목적을 위한 삼림의 파괴, 식수의 고의적 오염과 같은 직접적, 계획적인 환경파괴 및 환경에 유해한 화학물질 배출시설에 대한 공격, 부정확한 표적 선택 및 대량파괴무기에서 발생되는 의도하지 않았던 경미한 환경파괴

---

27) L. Doswald-Beck(ed.), *op. cit.*, p.136.

와 같은 간접적, 부수적으로 영향을 미친다.[28]

고의적인 환경파괴는 최근의 걸프전에서 극명하게 나타난다. 걸프전에서 이라크는 쿠웨이트에서 철수하기 직전 쿠웨이트의 전후 경제를 파괴하기 위해 700개 이상의 유정에 방화하고, 약 2백50만 내지 3백만 배럴의 석유를 걸프 만에 유출시켜 돌고래, 해우, 물고기 및 거북 등의 생존을 불가능하게 했을 뿐만 아니라 인간의 생존을 유지하는 생태계에도 엄청난 악영향을 미쳤다.[29]

이처럼 무력분쟁은 고의적이든 비고의적이든 환경파괴로 인한 다양한 문제들을 유발한다. 이러한 문제들에 대응하여 국제사회는 무력분쟁 시의 환경보호에 관한 제 규정들을 두고 있다. 이러한 법규들에는 무력분쟁과 관련 없는 국제환경법상의 일반원칙 및 보호규정, 환경문제를 직접 언급하지는 않았지만 적용 가능한 무력분쟁 관련 법규에 명시된 규정 등이 있다.[30]

무력분쟁에서의 환경파괴의 심각성과 이를 방지하기 위한 관련 법규의 발달에도 불구하고 해상무력분쟁에서의 환경파괴 문제는 그동안 주요한 논의 대상으로 인식되지 못했었다. 따라서 해양오염 방제에 종사하는 선박의 보호도 확립되지 못했다.

이러한 문제는 오늘날 해양환경 보호 및 전시 파괴문제에 대한

---

28) J. Leggett, 「The Environmental Impact of War: a Scientific Analysis and Greenpeace's Reaction」, G. Plant(ed.), *Environmental Protection and the Law of War: A Fifth Geneva Convention on the Protection of the Environment in Time of Armed Conflict*, Belhaven Press, 1992, p.68.

29) *Ibid.*, p.70. 걸프전에서의 환경파괴에 대한 설명은 A. Roberts, 「Environmental Destruction in the 1991 Gulf War」, 291 *IRRC*, 1992, pp.538－553, 특히 다국적군에 의한 환경파괴는 Ibid., pp.545－547.

30) 이들 각각의 규정들에 대한 자세한 설명은 B. Baker, 「Legal Protections for the Environment in Times of Armed Conflicts」, 33 *Virginia Journal of International Law*, 1993, pp.353－376 참조.

인식이 새롭게 개선됨에 따라 점차 주요 관심사가 되고 있는데, 이에 따라 해양오염사고에 대처하기 위해 전적으로 건조되거나 개조된 선박도 공격면제 대상으로 인정되고 있는 추세이다.

하지만 현재 대체적으로 각국 군 매뉴얼은 피보호 선박의 리스트에 이러한 선박들을 포함하고 있지 않으며 그리고 관습법에 의해서 특별히 보호되지도 않고 있다. 그러나 이러한 기능을 담당하는 민간선박은 통상 적국의 군사활동에 공헌하는 것으로 분류되지 않으며, 따라서 군사목표로 인정되지 않기 때문에 공격으로부터 면제되는 것이 일반적이다.[31]

하지만 동 선박이 군용이든 민간용이든 면제를 향유하기 위해서는 오로지 해양오염사고 처리 목적을 위해 건조되거나 그러한 선박으로 식별되어야 할 것이다.[32]

선박 및 항공기의 유형별 정의

❶ 병원선

(i) 특별히 그리고 오로지 군인 및(또는) 민간인 상병자 또는 조난자에 대한 원조 제공을 유일한 목적으로 하는 분쟁당사국에 의해 건조되었거나 설비된 선박.

(ii) 각국의 적십자사나 적신월사, 공식적으로 승인된 구호단체

---

31) L. Doswald - Beck(ed.), *op. cit.*, p.135.
32) *Ibid.*

나 사인(私人)에 의해 사용되는 동일한 성질을 갖는 선박.
단지 그 선박이 속하는 분쟁당사국이 공적인 사명을 그러
한 선박들에 부여하고 있을 것을 조건으로 한다.

(iii) 중립국, 중립국 적십자사나 적신월사, 공식적으로 승인된 구
호단체, 중립국의 사인 또는 공평한 국제적 인도단체에 의
해 사용되는 동일한 성질을 갖는 선박. 단지 그러한 선박들이
분쟁당사국의 허가 및 사전에 자국 정부의 동의를 얻어 분
쟁당사국의 어느 일국의 관리하에 있을 것을 조건으로 한다.

❷ 연안구조용 주정

군인 및(또는) 민간인 상병자 또는 조난자를 구조하기 위하여 국
가나 공식적으로 인정된 구호단체에 의해 사용되는 연안을 기지로
하는 주정. 동 주정은 무력분쟁에서 보호 대상이 되기 위해 특별
히 소형(즉, 일정 톤수 이하)일 필요는 없으며 또한 구조작업은 연
안에 한정될 필요도 없다. 능력을 구비하고 있을 경우 연안에서
상당히 떨어진 근해에서도 행할 수 있다.

❸ 의료 수송선

의료 수송선이라 함은 군용이든 민간용이든, 영구적이든 일시적
이든 관계없이 분쟁당사국의 권한 있는 당국의 통제하에 있고, 의
료 수송에 전적으로 할당된 모든 선박

(ⅰ) 구명보트. 구명보트와 병원선의 소주정

(ⅱ) 의료설비를 수송하기 위해 용선된 선박. 이들은 오로지 군
대의 상병자 치료나 질환의 예방을 위해 할당된 설비를 수
송하기 위하여 특히 용선된 선박.

(iii) 기타 의료용 선박 및 주정.

❹ 군함 및 보조선박

군함은 一國의 군대에 속하는 선박으로, 당해국의 국적을 갖는 선박임을 나타내는 외부표식을 게양하고, 당해국 정부에 의해 정식으로 임명되어 그 성명이 군무에 종사하는 자의 적당한 명부 또는 이에 상응하는 것에 기재되어 있는 장교의 지휘하에 있고 또한 정규군대의 규율에 복종하는 승무원이 배치되어 있는 것을 말하며, 수상함뿐만 아니라 잠수함도 포함한다.

보조선박은 군함 이외의 선박으로 일국의 군대가 소유하여 그 배타적 감독하에 있는 정부의 비상업용 업무에 사용될 수 있는 것. 구별기준은 이들 선박이 일국의 군대에 의해 소유되고 있는가, 또는 그 배타적 감독하에 있는가, 그리고 군대를 지원함에 있어 정부의 비상업적 업무, 예를 들면 군대나 군용화물의 수송 같은 업무에 사용되고 있는가 하는 것이다. 보조선박은 군함과 상선의 권리, 의무 및 책임도 갖지 않으며 게양할 권리가 있는 기국의 국적을 갖는다.

❺ 상 선

군함, 보조선박, 세관용 및 경찰용 선박과 같은 국가 선박 이외의 선박으로 상업적 또는 사적 업무에 종사하고 있는 것. 개인 요트나 유람선과 같은 사적 역무에 사용되는 선박도 상선에 포함된다. 상선은 일국의 기를 게양한 채 항행하며 그리고 그 기를 게양할 권리가 있는 국가의 국적을 갖는다.

❻ 의료항공기

의료항공기는 군용이든 민간용이든, 영구적이든 일시적이든 관계없이 분쟁당사국의 권한 있는 당국의 통제하에 있고, 부상자·조난자·의료요원 또는 의료설비와 의료물자의 수송에 오로지 할당된 모든 항공기.

❼ 군용기 및 보조항공기

군용기는 일국 군대의 지정 부대에 의해서 운용되는 항공기로서 당해국의 군용표식을 하고 군대구성원에 의해 지휘되며 또한 정규 군대의 규율에 복종하는 승무원이 배치되어 있는 것을 말하며, 보조항공기는 군용기 이외의 항공기로 일국의 군대가 소유하여 그 배타적 감독하에 있는 정부의 비상업적 업무에 완전히 종사할 수 있는 것을 말한다.

❽ 민간기 및 민간여객기

민간기는 군용기, 보조항공기, 세관용 및 경찰용 항공기와 같은 국가 소유 항공기 이외의 항공기로서 상업적 또는 사적 업무에 종사하고 있는 것으로, 민간기는 등록된 국가의 국적을 가지며 한 국가에서만 등록할 수 있고, 그 국가의 국적과 등록신호를 표시하여야 한다. 민간여객기는 항공운송국(Air Traffic Services)의 항로를 따라 정기 및 비정기 비행계획에 의거 민간여객의 수송에 종사하는 민간기라는 것이 명확히 표시된 것을 말한다. 민간여객기는 여객이 실제로 여객기에 탑승하고 있는 것을 의미하는 것으로 예컨대 비행장에 대기하고 있는 여객이 없는 민간기는 민간여객기가 아니다.

(San Remo Manual on International Law Applicable
to Armed conflicts at Sea, 1994, para.13.)

제2절　공격면제의 조건

공격이 면제되는 적선에 해당하는 경우에도 항상 공격이 면제되는 것은 아니다. 분쟁당사국 어느 일방의 선박이 무력분쟁에서 적의 공격으로부터 면제되기 위해서는 다음과 같이 통상적 임무에 무해하게 종사하고 있어야 하며, 식별 및 검색 요구가 있을 시 이에 따라야 하며, 전투원의 이동을 고의적으로 방해하지 않아야 하고, 정선 및 퇴거 요구에 따라야 하는 등 일정한 조건[33]을 준수하여야 한다.

1. 통상적 임무에 무해하게 종사할 것

적선이 해전에서 적의 무력공격으로부터 면제되기 위해서는 우선 통상적 임무에 무해하게 종사하고 있어야 한다. 문제는 '통상적 임무'와 '무해'의 구체적 의미가 무엇이냐는 것이다. '통상적 임무'에 종사한다는 것은 '민간여객의 수송에 오로지 종사하는 여객

---

33) San Remo Manual on International Law Applicable to Armed conflicts at Sea, 1994, para.48.

선'(passenger vessels when engaged only in carrying civilian passe-
ngers)이 승객의 개인용 화물 및 항해용품을 운반하고, 훼리(Ferrie)
가 승객과 차량 또는 소량의 비군용화물을 운반하는 등 항행의 형
태가 통상의 방법으로 행해진다는 것을 의미한다. 이때 안전통항권
을 발행받은 선박은 지정된 항로나 날짜 등 합의된 특정 사항에
따르는 것이 무엇보다 중요하다.[34]

그리고 '무해'하게 종사한다는 것은 본질적으로 선박이 공격에
가담하거나 또는 방어적 수단으로만 사용되지 않는 군사물자의 수
송 및 정보수집 등과 같은 적대행위를 행하지 않는다는 것을 의미
한다. 1949년 해상무력분쟁의 희생자 보호를 위한 제네바 제2협약
은 제35조에서 적대행위로 볼 수 없는, 따라서 병원선이나 구조용
주정의 면제의 지위를 상실하는 것으로 간주되지 않는 활동을 열
거하고 있다. 그러한 활동에는 특히 질서유지를 위하여 또는 자위
나 환자의 방위를 위하여 무장하거나 항해나 통신을 용이하게 하는
장치를 갖고 있거나 환자로부터 수거한 휴대용 무기나 탄약으로서
적당한 기관에 인도되지 않은 것이 존재하는 것 등이 포함된다.[35]

한편 여객선으로 수송되고 있는 민간인의 보호는 동 선박이 그
당시 군사목적에 사용되고 있지 않을 경우에만 보장된다는 것은
의심의 여지가 없다.[36] 민간 여객선이라 할지라도 그것이 군사목

---

34) L. Doswald–Beck(ed.), *op. cit.*, pp.136–137.

35) *Ibid.*, p.137.

36) 국제인도법은 피보호 선박을 국가가 군사목적에 사용하는 것을 명시적으로 금지하고 있다.
    1949년 제네바 제2협약은 상병자와 조난자를 원조하며 또한 그들을 치료하고 수송하기 위
    하여 국가에 의하여 건조되거나 설비된 군병원선, 분쟁당사국의 구호단체 및 사인이 사용하
    는 병원선, 중립국의 구호단체 및 사인이 사용하는 병원선과 연안구조작업을 위하여 국가
    또는 공인된 구명정 단체가 사용하는 소주정에 대해 체약국은 이들 선박이 어떠한 군사상
    의 목적을 위해서도 사용되지 않도록 하여야 한다고 규정하고 있다. 이들 선박은 국적을 구

적에 사용될 경우 공격 대상이 된다. 제2차 세계대전 중 독일은 정보수집에 사용되고 있다는 이유로 영국 여객선을 공격하였는데, 이와 관련하여 Dönitz는 영국 상선을 공격했다는 이유로 기소되었으나 무죄판결을 받았다. 왜냐하면 영국 상선도 가능한 경우 보트를 공격하거나 잠수함을 발견하는 즉시 보고토록 명령받았었다는 것이 법정에서 사실로 인정되었기 때문이었다.[37]

2. 식별 및 검색 요구에 따를 것

다음으로 공격 대상에서 제외되는 적선은 적군의 식별 및 검색 요구가 있을 경우 이에 응하여야 한다. 선박이 식별에 따를 의무는 식별이 요구되었을 때 자기를 명확하게 하는 것을 의미하며, 검색에 따라야 할 의무는 검사관이 승선하여 선박을 수색하는 것을 인정해야 한다는 것을 의미한다.[38] 이러한 요구조건은 공격면제 대상 선박이 군사적 목적에의 이용 여부가 의심되는 경우 취할 수 있는 조치로서, 교전자로 하여금 그러한 선박이 실제로 통상의 임무에 종사하고 있다는 것을 확인할 수 있게 하여 군사목적에 이

분함이 없이 상병자 및 조난자에 대하여 구제 및 원조를 제공하여야 하며, 전투원의 이동을 방해하는 경우 무력공격의 위험을 감수하여야 한다(제네바 제2협약 제30조).

37) *Judgement of the International Military Tribunal for the Trial of German War Criminals*, 108 - 109.

38) 검사관이 승선하여 검색하는 것을 규정하고 있는 국제문서로는 '무력분쟁 시의 문화재 보호에 관한 헤이그조약'과 1949년 제네바 제2협약이 있다. 전 의거 승선한 검사관은 특별보호하에 있는 문화재와 동행하면서 보호하고, 후자의 예로는 병원선과 구조용 주정에 인도적 임무의 확인을 위한 중립국 옵서버와 수색, 신원 확인 및 명령이행 확인 등을 위한 적국의 검사관이 있다.

용되지 않는 선박에 대한 공격을 사전에 예방하는 기능을 담당한
다.[39] 선박에 대한 검색은 언제든지 가능하지만, 가능하다면 당사
국은 항해 전에 검사하고 수색에 의해 야기될 수 있는 선박의 임
무중단을 가능한 한 제한하여야 한다.[40]

3. 전투원의 이동을 고의적으로 방해하지 않을 것

　민간인 등 비군사목표가 전투원의 행동을 의도적으로 방해하지
않을 의무는 오래전부터 관습법적으로 확립되어 있다. 공격면제 대
상 선박에 전투원의 이동을 고의적으로 방해하지 않을 것을 요구
하는 것은 이러한 선박들이 교전국의 군사행동에 중대한 문제를
일으키는 것을 방지하기 위한 것으로, 선박이 본래의 역할에 무해
하게 사용되어야 한다는 조건과 연결되어 있다.[41]
　공격면제 선박이 공격 대상이 되는 것은 전투원의 이동을 '고의
적으로' 방해할 경우이다. 이는 이들 선박이 통상의 임무에 무해하
게 종사하는 동안 의도하지는 않았지만 때때로 전투원의 이동을
방해하는 경우가 발생될 수 있는데, 그 때문에 면제 대상 선박이
보호를 상실하지는 않으며 처벌을 받거나 공격 대상이 되어서는
안 된다는 것을 강조한 것이다.

---

39) L. Doswald-Beck(ed.), *op. cit.*, p.137.
40) *Ibid.*, p.138.
41) *Ibid.*

4. 정선 및 퇴거 요구에 따를 것

　해전에서 공격이 면제되는 선박은 적국의 정선 또는 퇴거 요구가 있을 경우 이에 따라야 한다. 분쟁 당사국은 병원선 및 연안구조용 소주정의 원조를 거절할 수 있으며, 퇴거를 명하고 특정 항로로 항행토록 할 수 있으며, 이들 선박의 무선전신 및 기타 통신수단의 사용을 통제하고 또한 사정의 중대성으로 인하여 필요한 경우 정선을 명한 때부터 7일을 초과하지 않는 기간 동안 억류할 수도 있다(제네바 제2협약 제31조 1항). 또한 명령을 즉시 집행할 수 있는 해상에 있는 어떠한 군함도 의무용 선박 및 주정에 정지, 퇴거 또는 특정항로를 따를 것을 요구할 수 있다(제1추가의정서 제23조 2항). 그러나 이들 선박의 보호는 적절한 상당한 여유를 부여하고 발한 정당한 경고가 행해진 이후 또는 그러한 경고가 무시된 경우에라야 정지된다(동 제3항).

　이러한 의무는 교전자가 필요로 하는 군사행동의 실행을 확보하기 위한 것으로, 교전 당사자는 진정으로 필요한 경우에만 그러한 명령을 발하여야 하고 가능한 한 이들 선박의 통상적 업무에 대한 간섭을 피하기 위하여 노력하여야 한다.[42]

---

42) *Ibid.*

공격이 면제되는 선박이 면제 조건들 중 어느 하나를 위반하여 보호를 상실한 경우 자동적으로 당해 선박이 공격을 받는 것은 아니다. 이들을 나포하거나 공격하기 전에 다음과 같은 절차와 기준이 충족되어야 한다.

1. 병원선

병원선이 받을 권리가 있는 보호는 그들의 인도적 임무를 이탈하지 않고 적에게 유해한 행위를 자행할 목적으로 사용되지 아니하는 한 소멸되지 아니한다(1949년 제네바 제2협약 제34조). 이는 1994년에 채택된 산레모 매뉴얼에서도 그대로 인정되고 있다. 동 매뉴얼은 "병원선의 공격면제는 면제 조건을 위반한 경우에만 정지된다. 그 경우 면제를 위태롭게 하는 원인을 제거할 수 있는 합리적 기한을 정하여 경고하고 그 경고기간이 종료된 이후라야만 공격면제가 상실된다."[43]라고 규정하고 있다.

위 규정에 따라 병원선은 상대 교전국에 대하여 중립의무를 준수하여야 한다. 병원선은 전투 외에 있으므로 작전활동에 있어서의

---

43) San Remo Manual on International Law Applicable to Armed conflicts at Sea, 1994, para.49. 면제를 박탈하기 위해서는 합리적 기간 내의 경고가 있어야 한다는 규정은 "병원선의 보호는 모든 경우 적절한 상당한 유예를 주고 발한 정당한 경고가 행하여진 연후 또는 그러한 경고가 무시된 채로 있은 후에 소멸한다."라고 규정하고 있는 제네바 제2협약 제34조(1항 단서)에서도 인정되고 있다.

일체의 간섭을 삼가야 한다. 병원선에 의하여 적에게 유해한 행위가 행하여지는 경우 그것은 배신적 성질의 행위일 뿐만 아니라 부상자의 생명과 안전이 그 결과로 막대한 영향을 받게 되는 것이므로 비난되는 것이다.44)

이처럼 병원선이 향유하는 보호는 그것이 인도적 임무를 이탈하여 적에게 유해한 행위를 하기 위하여 사용되지 않는 한 소멸되지 않는다. 제네바 제2협약 제34조 및 산레모 매뉴얼이 말하는 '적에게 유해한 행위'란 구체적으로 무엇을 의미하는가? 일반적 표현으로는 '군대의 행동을 용이하게 하거나 방해하여 적국을 해할 목적 또는 효과를 주는 행위'라고 정의할 수 있을 것이며, 구체적으로는 전투원이나 무기를 운반하고 무선으로 군사정보를 전달하며 또는 군함을 고의로 엄호하는 것을 들 수 있을 것이다.45)

여기서 경고의 목적은 병원선의 승조원에게 그 상황을 수정할 기회와 만약 병원선이 보호조건을 위반하지 않았다고 확신하면 그것을 설명할 기회를 주고자 하는 것이다. 또한 실제로 불법행위가 있은 경우 이에 아무런 책임이 없는 부상자의 인도적 대우도 확보되어야 한다.

그러므로 상대 교전국은 병원선에 대하여 유해한 행위를 중지하도록 경고하고 그 경고가 무시된 경우에 유예기간이 만료된 후 병원선을 나포하거나 공격해야 한다. 이때 경고의 시간적 기한은 '합리적'(reasonable)인 것이 아니면 안 된다. 경고의 목적을 생각하면 이것은 병원선이 불법행위를 중지하거나 또는 근거없는 비난에 대

---

44) 대한적십자사 인도법연구소(역), *op. cit*, pp.223－224.
45) *Ibid.*, p.223.

하여 자기를 변명할 충분한 여유가 있어야 한다. 그러나 경고가 무시된 경우에는 상황이 달라진다. 예를 들면, 병원선을 임검이나 검색하기 위하여 전급한 군함에 대하여 병원선의 승무원이 발포하는 경우에는 즉시 병원선을 공격할 수 있으며, 임검 및 검색 결과 병원선이 부상자를 이송하지 않고 탄약을 운반하고 있을 경우에는 이를 나포할 수 있다.[46]

적절한 경고 후에도 병원선이 면제 조건을 계속해서 위반하는 경우 복종을 강제하기 위하여 나포 또는 기타 필요한 조치를 취할 수 있다. 그렇지만 병원선이 직접적인 공격 이외의 행위를 하는 경우 적국은 그러한 용인할 수 없는 행동을 정지시키기 위하여 공격보다는 덜 격렬한 조치를 취하는 것을 목적으로 하여야 한다. 즉, 공격을 개시하기 전에 가능한 한 승선하고 있는 부상자의 안전을 위한 적당한 조치를 취하여야 한다.[47]

그러나 다음의 경우에 최후수단으로 병원선을 공격할 수 있다. 첫째, 침로변경 또는 나포가 불가능한 경우이다. 따라서 분쟁당사국은 보호의 지위를 잃거나 또한 경고에 대하여 적극적으로 반응하지 않는 병원선이더라도, 그것을 나포하거나 또는 간단히 침로를 변경시킬 수 있으면 공격할 수 없다.[48]

둘째, 군사적으로 통제하기 위한 여타의 방법이나 수단을 사용

---

46) *Ibid.*, pp.224 - 225.

47) *Ibid.*

48) L. Doswald - Beck(ed.), *op. cit.*, p.140. 나포나 침로변경 방법은 상선에 대한 나포나 침로 변경에 적용되는 것과 같다. 병원선을 나포한 경우 그 나포 후에 해상에서 파괴해서는 안 된다. 왜냐하면 그것은 선내의 환자에게 거의 틀림없이 치명적이기 때문이다. 이러한 이유로 해상에서 나포된 여객선에도 동일한 규칙이 적용될 수 있을 것이다. 즉, 그러한 선박은 선내의 사람이 안전하게 상륙할 수 있는 항구에 인치되지 않으면 안 된다. *Ibid.*, footnote 140 참조.

할 수 없는 경우이다. 교전국 부대는 병원선을 통제하기 위해서 이용 가능한 모든 수단을 다하지 않으면 안 된다. 그러한 수단에는 특히 시각신호, 조난신호용 무선주파수의 반복 사용, 전통적 방법의 선수 전방에의 경고사격, 안전한 장소로의 호송 및 병원선의 통제를 위한 병원선에의 승선 등이 포함된다. 공격에 이르지 않는 어떠한 조치로도 통제할 수 없는 예외적 상황에서 교전국 부대는 병원선을 항행 불능으로 만들기 위해 공격할 수 있지만 침몰시켜서는 안 된다. 매우 드물겠지만 모든 통제 시도가 실패하거나 다른 모든 기준이 충족되고 있으면 교전국 부대는 정당하게 그 선박을 격침시킬 수도 있을 것이다.[49]

셋째, 병원선이 군사목표가 되었거나 또는 합리적으로 그렇게 추정할 수 있을 정도로 비준수의 상황이 매우 중대한 경우이다. 이는 군사목표만이 공격된다고 하는 기본원칙과 일치하고 있다. 그러므로 병원선이 면제 조건을 준수하지 않은 상황은 그 병원선이 적국의 군사활동에 공헌하고 있거나 또는 합리적으로 그와 같이 추정할 수 있거나 그 파괴가 특정한 상황하에서 공격자에게 명확한 군사적 이익이 되는 것이 아니면 안 된다.[50]

넷째, 부수적 사상 또는 피해가 이미 획득되었거나 기대되는 군사적 이익에 비례할 경우이다. 병원선은 통상 대형으로 많은 환자를 수용하고 있기 때문에 공격을 받을 경우 많은 사상자가 생기기 쉽다. 그러한 공격으로부터 생존할 수 없거나 구명보트나 구명정으로는 자연에 노출되기 때문에 대부분의 환자가 사망하는 것은 실

---

49) *Ibid.*
50) *Ibid.*

제로 피할 수 없다. 그러므로 비례성 규칙에 대한 위반이 생기지 않기 위해서는 면제의 지위를 상실한 병원선을 공격하는 군사적 이익은 대단히 큰 것이 아니면 안 될 것이다.[51]

이상의 조건들은 전부 충족되어야 하며, 하나의 조건이라도 충족되지 않은 경우 적대자는 면제의 지위를 잃은 병원선을 공격할 수 없다. 병원선에 대한 공격에 부과되는 엄격한 제한은 부상자, 병자 및 난선자에게 부여되어야 할 특별한 존중을 강조하는 또 다른 표현의 하나이다.

2. 기타 선박

공격이 면제되는 기타 종류의 선박이 면제 조건을 위반하면 침로변경 또는 나포가 불가능한 경우, 군사적 통제를 행사하기 위한 다른 방법이 없는 경우, 선박이 군사목표물이 되었거나 될 것으로 합리적으로 추정할 수 있는 비준수 상황이 매우 중대한 경우 및 부수적 사상 또는 손해가 획득되었거나 기대되는 군사적 이익에 비례할 경우 공격할 수 있다.[52]

공격으로부터의 면제를 상실하는 그 밖의 선박의 경우 적대국은 병원선에 적용되는 절차를 따를 필요가 없다. 왜냐하면 이 경우에는 그러한 절차를 요구하는 어떠한 관습 규칙이나 조약 규칙도 존재하지 않기 때문이다. 그러나 적대국은 위에서 열거한 기준이 충

---

51) *Ibid.*, p.141.

52) San Remo Manual on International Law Applicable to Armed conflicts at Sea, 1994, para.52.

족되고 있는지 어떤지를 확인하는 하나의 수단으로서 합리적인 시간적 기한을 정하여 경고할 수 있다. 부수적 사상 또는 손해가 획득되었거나 기대되는 군사적 이익에 비례할 경우와 관련하여 기대되는 군사적 이익과 부수적 사상이 불균형인지 아닌지는 면제 조건에 대한 위반의 성질과 발생될 가능성이 있는 사상자의 수에 의한다. 여객선이 군대나 군용화물을 수송할 경우 보호를 상실한다. 이러한 경우 그 선박은 군사목표가 되는 것은 분명하지만, 적대국은 공격에 앞서 대단히 주의 깊게 비례성 규칙의 함의를 고려하지 않으면 안 된다.

제4절   결언

해전에서 적선 중 적 군함 및 보조선박은 합법적 군사목표둘로서 공격할 수 있다. 교전국 군함은 공해 또는 교전국의 영수 내에서 조우하는 적국 군함 또는 공선을 즉시 공격할 수 있으며, 이를 나포할 경우 이는 전리품으로서 나포한 국가에 귀속되며 승두원은 포로가 된다. 그렇지만 적선이지만 안전통항권이 부여된 선박, 항복선 또는 병원선, 의료 수송선 또는 오로지 해양오염사고에 대처하도록 건조 또는 개조된 선박, 학술·종교·박애의 임무를 띤 선박, 연안어업 및 지방적 항해에 종사하는 선박 또는 카르텔선 등은 공격으로부터 면제된다.

공격이 면제되는 적국 선박의 종류는 항공기에 비해 매우 다양하다. 왜냐하면 선박은 항공기보다도 매우 천천히 이동하기 때문에 선박의 위협에 대한 평가에 많은 시간을 사용할 수 있기 때문이다. 게다가 역사적으로도 접근하고 있는 항공기는 위협적이라는 추정이 존재해 왔다.

그러나 이들 적선도 항상 공격이 면제되는 것은 아니다. 분쟁당사국 어느 일방의 선박이 무력분쟁에서 적의 공격으로부터 면제되기 위해서는 통상적 임무에 무해하게 종사해야 하며, 식별 및 검색요구에 응해야 하고, 전투원의 이동을 고의적으로 방해하지 않아야 하며 그리고 정선 및 퇴거요구가 있을 시 이를 준수해야 한다. 공격면제 선박은 이러한 조건을 모두 준수하는 경우에만 공격으로부터 면제된다. 이들 선박이 이러한 조건의 비준수로 군사목표로 인정될 경우 공격 대상이 되는 여타 선박과 동일한 지위를 같게 되어 공격이 가능하다.

또한 공격면제 선박이 면제 조건들 중 어느 하나를 위반하여 보호를 상실하더라도 자동적으로 당해 선박이 공격을 받는 것은 아니다. 비록 요구되는 조건을 준수하지 않더라도 즉각적으로 또한 자동적으로 공격해서는 안 되며, 공격 전에 희생을 최소화하기 위하여 요구되는 절차 및 고려 요소를 존중하여야 한다. 이들 선박을 나포 또는 공격할 경우에는 일정한 절차와 기준이 충족되어야 하는바, 침로변경 또는 나포가 불가능한 경우, 군사적 통제를 행사하기 위한 다른 방법이 없는 경우, 선박이 군사목표물이 되었거나 될 것으로 합리적으로 추정할 수 있는 비준수 상황이 매우 중대한 경우 및 부수적 사상 또는 손해의 정도가 기대되는 군사적 이익에 비례하여야 한다.

≪무력분쟁에서의 적선의 공격면제≫

구분	내용
면제선박	■ 병원선 - 의의 · 특별히 그리고 오로지 군인 및 민간인 상병자 또는 조난자에 대한 원조제공을 유일한 목적으로 건조되었거나 설비된 선박 · 각국 적십자사나 적신월사 및 공식적으로 승인된 구호단체나 사인(私人)에 의해 사용되는 동일한 성질을 갖는 선박 · 중립국, 중립국 적십자사나 적신월사, 공식적으로 승인된 구호단체, 중립국의 사인 또는 공평한 국제적 인도단체에 의해 사용되는 동일한 성질을 갖는 선박 - 외부표시 · 모든 외면을 백색, 최대한 가시성 확보토록 크고 짙은 적십자 표시 · 메인마스트에는 백색의 적십자기를 가능한 한 높이 게양 · 모든 병원선은 게양된 국기로 식별되며, 병원선이 중립국에 속할 경우 지휘를 받는 분쟁 당사국 기 게양 - 지위 · 공격으로부터의 면제 및 나포, 복구 금지 · 적 권력 내의 항구에 있는 경우 출항 허용 · 국적 차별 없이 부상자, 병자 및 난선자 구조 · 병원선으로 개조된 분쟁 당사국 상선은 적대행위 중 다른 용도에 충당되어서는 안 됨 ■ 연안구조활동에 사용되는 소주정(small craft) 및 기타 의료 수송선 - 의의 · 연안구조용 소주정은 상병자 또는 조난자 구조를 위해 국가나 공식 인정 구호단체에 의해 사용되는 연안을 기지로 하는 주정 · 기타 의료 수송선은 군용이든 민용이든, 영구적이든 일시적이든 분쟁 당사국의 권한 있는 당국의 통제하에 있고, 의료 수송에 전적으로 할당된 모든 수송수단 - 증명서 구비 · 지위 확인을 위해 의장 중 및 항해 시에 그 감독하에 있다는 취지를 기재할 책임 있는 당국이 발급하는 증명서 구비 - 지위 · 공격 또는 나포로부터 면제 및 복구 금지 ■ 교전국 간 합의에 의해 안전통항권(safe conduct)이 부여된 선박 - 유형 · 포로수송에 지정 또는 포로수송 등에 종사하는 카르텔선, 민간주민의 생존에 불가결한 물자 수송 선박 및 구호활동과 구조활동 종사 등 인도적 임무에 종사하는 선박 등 - 지위 · 안전통항권의 수령자가 부과된 조건에 따르고 안전통항권이 교전국 또는 교전국과 중립국 간의 합의의 결과인 한, 안전통항권은 당해 선박에 대한 공격이나 나포로부터 면제 부여 · 카르텔선은 포로나 통신문을 수송하고 있는 기간뿐만 아니라 항해 또는 포로들을 수송한 후 귀환 중일 때에도 나포 및 공격면제 · 난민수송이나 공격받고 있는 민간인 구출에 사용되는 선박은 '민간여객의 수송에 오로지 종사하는 여객선'의 카테고리에 해당할 경우 안전통항권이 없어도 공격으로부터 면제 · 어떤 통상에도 종사하거나 또는 어떠한 화물이나 기타 공문서를 수송하거나 무기를 수송해서도 안 되지만 순수한 방어무기(회피 시스템 및 승조원의 방어용 개인 경화기)는 휴대 가능

구분	내용
면제선박	■ 특별보호하에 있는 문화재를 수송하는 선박 - 오로지 문화재를 수송하는 일에 종사하는 수송선박 - 지위 · 문화재 수송에 대한 공격 및 나포 금지 · 문화재의 이동이 긴급하게 필요하고 요구되는 절차에 따를 시간이 충분하지 않을 경우 식별표장을 게시하여 수송할 수 있으며, 이 경우 가능한 한 적대국에 통고. 분쟁 당사국은 이러한 수송에 대해 적대행위가 행해지지 않게 가능한 한 필요한 예방조치 강구 ■ 민간인 수송 여객선 - 전통관습법하에서 군사목표의 정의에 합치되는 경우가 아니면 공격면제 - 공격면제 근거 · 여객선은 적국 교통망의 일부를 구성하는 경우 통상적으로 군사목표가 되지만 민간인의 사망이 그 공격에서 예상되는 군사적 이익에 비례하지 않음 · 징용된 민간수송선이 후에 군사목적을 위해 징용될 수 있다고 단지 추정될 뿐, 오로지 민간인 수송에 사용되는 경우 그것은 군사목표의 정의를 충족하지 않음 ■ 종교, 비군사적 학술 또는 박애임무를 수행하는 선박 - 군사적으로 전용될 수 있는 임무에 종사하는 학술선박은 이러한 면제로부터 제외되며, 종교목적을 위하여 무력을 행사하거나 무력 사용을 고취시키는 임무에 대해서는 당연히 면제가 부여되지 않음 - 안전통항권이 없어도 나포 및 공격으로부터 면제 ■ 연안어업용 어선 및 지방적 연안무역에 종사하는 소형 선박 - 어업 자체의 보호가 아니라 지방적 어업 종사자와 그에 의존하는 주민 보호 - 공격면제는 선박의 성실한(*bona fide*) 사용에 달려 있는바, 외관상 평화적이어야 하고 군사목적에 사용되어서는 안 됨 - 작전 중인 교전국 해군지휘관에 의한 규제와 임검에 따라야 함. 이러한 규제는 필요한 범위에 한정되어야 하며 공격과 나포 면제를 인정한 규칙의 목적을 훼손할 정도로 선박 활동을 방해해서는 안 됨 ■ 항복선 - 항복선은 조명(助命)을 부여해야 할 관습법상의 의무에 따라 공격으로부터 보호 - 항복의 의도를 확인하는 하나의 합의된 방법은 없지만 일반적으로 승인된 방법으로는 기의 강하, 백기 게양, 잠수함의 부상, 기관 정지 및 공격자 신호에 대한 응답, 구명보트에 이승 및 야간의 경우 정선과 등화의 점화 등이 있음 ■ 구명정 및 구명보트 - 확립된 관습 규칙에 따라 공격으로부터 보호 - 난선자를 보호해야 할 의무는 군인이든 민간인이든 재난의 결과 해상에서 위험에 처해 있는 모든 자 또는 난선자를 수송하고 있는 선박이나 항공기에 적용 - 난선자 공격은 전쟁범죄 대상임. 난선자가 건강 회복 후 다시 적대행위에 참가할 가능성이 있다는 이유로 보호 거부 금지. 적대행위를 재개할 경우 보호 종료 ■ 해양오염사고 처리 선박 - 해양오염사고에 대처하기 위해 전적으로 건조되거나 개조된 선박 - 현재 각국 군 매뉴얼은 피보호 선박 리스트에 이들 선박 불포함. 관습법에 의해서도 특별히 보호되지도 않고 있음 - 해양오염사고 처리 민간선박은 통상 적국의 군사활동에 공헌하는 것으로 분류되지 않으며, 따라서 군사목표로 인정되지 않기 때문에 공격으로부터 면제되는 것이 일반적임

구분	내용
면제요건	■ 통상적 임무에 무해하게 종사할 것 – '통상적 임무'에 종사한다는 것은 항행의 형태가 통상의 방법으로 행해진다는 것을 의미. 안전통항권을 발행받은 선박은 지정된 항로나 날짜 등 합의된 특정 사항에 따라야 함 – '무해'하게 종사한다는 것은 본질적으로 선박이 공격에 가담하거나 또는 방어적 수단으로만 사용되지 않는 군사물자의 수송 및 정보수집 등과 같은 적대행위를 행하지 않음을 의미 ■ 식별 및 검색 요구에 따를 것 – 공격면제 대상 선박이 군사적 목적에의 이용 여부가 의심되는 경우 교전자로 하여금 그러한 선박이 실제로 통상의 임무에 종사하고 있다는 것을 확인할 수 있게 하여 군사목적에 이용되지 않는 선박에 대한 공격을 사전에 예방하는 기능 담당 – 식별에 따를 의무는 식별 요구시 자기를 명확하게 하는 것을 의미하며, 검색에 따라야 할 의무는 검사관이 승선하여 선박을 수색하는 것을 인정해야 한다는 것을 의미 – 이 외에도 적국 검사관은 선박의 안전한 수색, 장비와 보급품의 조사, 환자리스트 확인 및 승조원의 신원 확인 등 실시. 그러나 검사관을 영구적으로 승선시킬 수는 없으며, 검색 및 침로변경 등의 명령 이행을 확인하기 위하여 일시적으로 승선할 수 있음 – 검색은 언제든지 가능하지만, 당사국은 항행 전에 실시하고 검색으로 야기될 수 있는 선박의 임무중단을 가능한 한 제한 ■ 전투원의 이동을 고의적으로 방해하지 않을 것 – 교전국의 군사행동에 중대한 문제를 일으키는 것을 방지하기 위한 것임. – 공격면제 선박이 공격 대상이 되는 것은 전투원의 이동을 '고의적으로' 방해할 경우임. 이는 이들 선박이 통상의 임무에 무해하게 종사하는 동안 의도하지는 않았지만 전투원의 이동을 방해하는 경우가 발생 가능한데, 그 때문에 면제 대상 선박이 보호를 상실하지는 않으며 처벌을 받거나 공격 대상이 되어서는 안 된다는 것을 강조한 것임 ■ 정선 및 퇴거 요구에 따를 것 – 공격 면제 선박은 적국의 정선 또는 퇴거 요구가 있을 경우 이에 따라야 함 – 면제선박의 보호는 합리적 기간의 정당한 경고 이후 정지됨. 교전자가 필요로 하는 군사행동의 실행을 확보하기 위한 것임
면제 상실	■ 병원선 – 병원선 공격면제 조건을 위반한 경우 그 원인을 제거할 수 있는 합리적 기한을 정하여 경고하고 그 경고기간이 종료된 이후 나포 또는 기타 필요한 조치 가능. 행동을 취하기 전에 가능한 한 승선하고 있는 부상자의 안전을 위한 적당한 조치 강구 – 경고의 목적은 병원선의 승조원에게 그 상황을 수정할 기회와 만약 병원선이 보호조건을 위반하지 않았다고 확신하면 그것을 설명할 기회를 주기 위함 – 경고의 시간적 기한은 '합리적'이어야 하는바, 경고의 목적을 생각하면 이것은 행동을 정지시키기 위해서 충분한 시간을 부여하지 않으면 안 된다는 것을 의미. – 병원선은 다음 조건을 전부 충족하는 경우 최후수단으로 공격 · 침로변경 또는 나포가 불가능한 경우 · 군사적 통제를 행사하기 위한 다른 방법을 사용할 수 없는 경우. · 병원선이 군사목표가 되었거나 또는 합리적으로 그렇게 추정할 수 있을 정도로 비준수의 상황이 매우 중대한 경우 · 부수적 사상 또는 피해가 획득되었거나 기대되는 군사적 이익에 비례할 경우 ■ 기타 선박 – 면제 조건을 위반하였을 시 침로변경 또는 나포가 불가능한 경우, 군사적 통제를 행사하기 위한 다른 방법이 없는 경우, 선박이 군사목표물이 되었거나 될 것으로 합리적으로 추정할 수 있는 비준수 상황이 매우 중대한 경우 및 부수적 사상 또는 손해가 획득되었거나 기대되는 군사적 이익에 비례할 경우 공격 가능

제4장

적 상선 및 그 적재화물의 법적 지위

해상무력분쟁에서 적국의 상선은 어떤

법적 지위를 갖는가? 상선[1]은 비록 직접적인 교전자 역할을 하지는 않지만 무력분쟁의 경제전적 특성이 보다 중요해지고 있는 현실을 감안 합법적 군사목표로 인정되어 공격의 대상이 되는가 아니면 적의 군사적 능력을 직접적으로 증강시키지 않기 때문에 군사목표로 볼 수 없으며 따라서 공격 대상이 되지 않는가?

중립국 상선은 원칙적으로 비군사목표물로서 공격 대상이 되지 않으며, 적 상선도 비록 적성이 인정되긴 하지만 즉각적인 공격이 허용되지 않고 군사목표물의 정의에 합치되는 경우에만 공격 대상이 된다. 즉, 해전에서의 무력공격은 군사목표에 대하여 또는 군사목표인 적선에 의해 수행되는 것과 기능상 구별되지 않는 군사적 임무에 종사하는 제한된 중립국 선박을 목표로 한다.

이처럼 적 상선은 합법적인 군사목표가 아니면 일정한 경우 나포는 될 수 있지만 공격으로부터는 면제된다. 이는 적 상선이 상선으로서의 고유한 기능을 수행하고 있다면 군사목표가 아니므로

---

1) 현재 국제법은 무력분쟁 시에 적용될 수 있는 '상선'에 관한 만족할 만한 상세한 개념을 확립하고 있지 못하다. 다만 무력분쟁법에 있어서 장기간에 걸쳐 형성된 관행에 따라 선박은 통상 4개 범주, 즉 (1) 병원선, 연안구조용 주정 기타 의료 수송선, (2) 군함, (3) 보조 선박 및 (4) 상선으로 구분할 수 있으며, 어떤 선박이 앞의 3개 범주에 해당되지 않으면 '상선'으로 간주할 수 있다. 개인 요트나 유람선과 같은 사적 역무에 사용되는 선박도 '상선'에 포함된다. 상선은 일국의 기를 게양한 채 항행하고 그 기를 게양할 권리가 있는 국가의 국적을 갖는다(유엔해양법협약 제91조~제92조).

공격이 면제되지만, 특정의 경우에는 군사목표로 인정되어 공격으로부터 제외되지 않는다는 것을 의미한다. 그렇다면 적 상선은 어떤 경우에 군사목표물로 인정되는가? 이러한 경우는 대체로 적 상선이 무력분쟁에 직접 연루되는 상황을 의미하는 것이지만, 불필요한 희생방지와 국제통상의 안전 확보 및 합법적 무력 사용의 보장을 위해 보다 구체적이고 명확하게 할 필요가 있다.

이하에서는 해상무력분쟁에서의 적 상선에 대한 무력공격 이전의 적대적 조치인 적 상선 및 그 적재화물의 나포(임검과 수색, 나포 대상, 심검과 파괴 및 나포 적 상선 승무원의 법적 지위)와 적 상선에 대한 직접적인 공격과 파괴 및 그 제한 등을 살펴보고자 한다.

제1절 　나포

1. 임검 및 수색

임검 및 수색이란 교전국의 군함 또는 군용기가 중립국 영역 밖에서 조우한 상선의 진정한 성격 및 적재화물의 성질, 상선의 고용방법, 기타 무력분쟁에 관계되는 사실을 결정하기 위해 행사하는 수단이다.[2]

해상무력분쟁에서 교전국 군함[3] 및 군용기는 나포할 수 있는 것

---

2) 해군본부, 해군작전법규, 2004, p.3 - 36.

3) 종래의 관행으로서는 교전국은 사선에 대하여 적선을 나포할 수 있는 허가증을 주고 이 허가

으로 의심되는 합리적인 이유가 있는 경우 중립국 영수 밖에서 상
선을 임검 및 수색할 권리가 있다.[4] 향후 고도로 발달된 방법과
기술적 수단에 힘입어 전 해양을 감시하고 통제할 수 있게 되어
명확한 적성 결정이 가능해진다면 임검과 수색이 필요하지 않을
수도 있을 것이나 아직은 그러한 단계에 이르지 못했다.

걸프전에서 다국적군은 레이더 탐지범위를 훨씬 능가하는 거리
에서도 중립국 선박과 적국 선박을 식별할 수 있는 능력과 수단을
보여 주기도 했었지만, 이라크에 대한 금수조치를 집행하기 위해 7
개월의 분쟁기간 동안 다국적 19개국의 165척 함정을 동원하여
7,500척 이상의 상선 중 964척에 승선하여 적화목록과 화물 창고
를 검사하여 국제연합 안전보장이사회의 제재에 위반하는 100만
톤을 넘는 화물 수송선 51척의 침로를 변경시켰다.[5] 이는 앞으로
당분간 임검과 수색이 여전히 필요할 뿐만 아니라 그것이 교전국
의 권리로 간주되어야 함을 보여 준 의미있는 사례이다. 그렇지
않으면 교전국은 전시금제품 수송금지나 봉쇄제도를 효과적으로
통제하거나 시행할 수 없게 될 것이다. 이러한 교전국 군함의 권
리는 중립국 상선에도 행사 가능하며, 나포 및 몰수가 면제되는

사선이 무장하고 교전국 상선 및 전시금제품을 적재한 중립국 선박에 대하여 전쟁수행상의
국권을 미칠 수 있는 권능을 부여하였다. 이러한 종류의 사선은 교전국 해군의 감독 아래 해
군기를 게양하고 포획권 행사가 인정되었다. 그러나 교전국 함대에 편입되는 것은 인정되지
않았다. 그 포획물에 대해서는 분배나 보수가 인정되었다. 그러나 오랫동안 해전상의 관행이
었던 이러한 제도는 1856년의 '해상법의 의의를 확립하는 선언'(파리선언)에서 금지되었다.
이중범, 전쟁과 평화, 단대출판사, 1983, p.31.

4) 임검 및 수색 대상은 상선이므로 군함 및 중립국 정부의 비상업적 활동에 종사하는 선박은
임검과 수색을 받지 않는다. 또한 임검 및 수색권을 행사할 수 있는 공간적 범위에는 중립국
영해, 국제해협 및 군도항로대를 제외한다. 해군본부, *op. cit.*, p.3 - 36.

5) US Department of Defense, Conduct of the Persian Gulf War, Final Report to
Congress, April 1992, pp.76ff.

적 선박일지라도 면제 지위를 상실하였다고 간주할 수 있는 합리적인 근거가 존재하는 경우에도 마찬가지다.

그러나 이러한 임검 및 수색은 자의적으로 행사되어서는 안 된다. 무제한적인 임검과 수색은 국제법에 합치되지 않는다. 임검과 수색은 나포 대상이 된다고 의심되는 '합리적인 이유'가 있는 경우에라야 가능하다.

또한 해상에서의 임검 및 수색이 불가능하거나 위험한 경우 교전국 군함 및 군용기는 안전한 장소에서 임검 및 수색권을 행사하기 위해 적당한 해역 또는 항구로 상선의 침로를 변경시킬 수 있다.

한국 해군은 작전법규에서 가능한 한 모든 조건을 고려하여 임검 및 수색을 행사하여야 한다면서 다음과 같이 그 절차를 규정하고 있다. 먼저 군함이 먼저 자국 국기를 게양한 후 공포, 국제기류신호 및 기타 인정된 방법을 사용하여 정선명령을 발한다. 이때 정선명령을 받은 선박이 도주하면 추적하고, 필요하면 강제적 수단으로 정선시킨다. 선박이 정선하면 군함은 장교가 승선한 단정을 보내 임검 및 수색을 하는데, 임검 장교는 동 선박의 성격과 출항항, 목적지 항, 화물의 성질, 고용방법 및 기타 적절한 사항을 확인하기 위하여 먼저 서류를 조사하고, 그래도 의문이 있으면 선박과 화물을 검색할 수 있다. 만일 해상 임검 및 수색이 위험하거나 기타 이유로 실행할 수 없으면 다른 곳으로 호송하여 실시한다. 군사보안상 금지되지 않으면 임검장교는 피임검 선박의 항해일지에 임검일시와 장소를 포함하여 임검 및 수색에 관한 사실을 기재할 수 있다. 그 기재는 임검 장교의 서명과 계급에 의해 인증되어야 하며 임검 군함의 선명이나 지휘관의 신분을 밝혀서는 안 된다.[6]

2. 나포 대상

국제법에 따라서 어떠한 카테고리의 적국 선박(요트와 같은 사선 포함) 및 그 화물(화물의 성격 및 목적지에 관계없이)도 특별히 보호되는 경우를 제외하고는 중립국 영수 밖에서 나포의 대상이 된다. 적국 상선에 있는 적화(敵貨)는 포획물로 항상 나포할 수 있지만,[7] 적국 상선 내에 있는 중립국 화물은 그것이 전시금제품인 경우, 당해 선박이 봉쇄를 침파하는 경우 또는 적국의 호위하에 항행하거나 임검 및 수색에 대해 적극적으로 저항하는 경우에만 나포할 수 있다.[8]

적선이라 하더라도 모든 선박이 나포의 대상이 되는 것이 아니다. (a) 병원선 및 연안구조작업에 종사하는 소형 선박, (b) 부상자, 병자 및 난선자를 위해 필요한 의료 수송선, (c) 교전당사자 간의 합의에 의해 안전통항권(safe conduct)이 발행된 (i) 포로의 수송에 지정되었거나 포로수송에 종사하고 있는 선박(카르텔선), (ii) 민간 주민의 생존에 불가결한 물자를 수송하는 선박 및 구호활동 및 구조작업에 종사하는 선박과 같은 인도적 임무에 종사하는 선박, (d) 특별한 보호하에 문화재를 수송하는 선박, (e) 종교, 비군사적 학술 또는 자선임무에 종사하는 선박(군사적 목적에 적용될 수 있는 과학적 자료를 수집 중인 선박은 보호되지 않음), (f) 소형 연안어선

---

6) 해군본부, *op. cit.*, p.3 - 36.

7) 파리선언 제2항 및 3항; US Department of the Navy, *The Commander's Handbook on the Law of Naval Operations*(이후 NWP9A), 1989, para.8.2.2.1.

8) W. Heintschel von Heinegg, 「Visit, Search, Diversion and Capture in Naval Warfare: Part I, The Traditional Law」, 29 *Canadian Yearbook of International Law*, 1991, p.316 참조.

과 연안무역에 종사하는 선박(그 해역에서 작전하고 있는 교전국의 해군지휘관이 정한 규정과 검색에 따라야 함) 및 (g) 해양환경의 오염사고에 종사토록 건조 또는 개조된 선박으로 실제로 이러한 임무에 종사하는 선박은 나포가 면제된다.[9]

하지만 이러한 선박들도 절대적인 피보호 지위를 갖는 것은 아니기 때문에 항상 나포가 면제되는 것이 아니라 (a) 통상적인 임무에 무해하게 종사할 경우, (b) 적국에 유해한 행위를 하지 않을 경우, (c) 타 교전국 군함의 식별 및 검색 요구에 즉시 따를 경우 및 (d) 교전자의 이동을 고의적으로 방해하지 않으며, 요구되는 경우 정선 또는 퇴거 명령에 따를 경우에 면제된다.[10]

한편 나포(및 공격)로부터의 면제가 임검, 수색 및 침로변경을 받지 않는다는 것을 의미하는 것은 아니다. 적국에 유해한 행위에 종사하면 그 선박은 군사목표가 되어 공격과 나포의 대상이 되며, 의도적으로 전투원의 행동을 방해할 경우 그 선박은 퇴거명령을 받을 수 있다. 그러나 정선이나 퇴거명령은 자의적으로 행하여져서는 안 되며, 특히 선박의 안전에 타당한 고려가 우선적으로 행해져야 한다.

---

9) 이들 선박의 나포 면제에 대한 자세한 설명은 제3장 참조. 초기의 조약에 규정되었으면서도 나포가 면제되는 적국 선박에 포함하기에는 적절치 못한 것이 적대행위 개시 시에 항내에 있는 선박과 우편선이다. 전자는 헤이그 제6조약이 이미 폐기되었다고 볼 수 있기 때문에 포함하는 것이 다소 부절절하며, 후자는 단발적으로 나포로부터 면제되곤 했지만 많은 국가들에 의해 일반적으로 나포가 면제되는 것으로 받아들여지지 않고 있다. 또한 이들 선박들의 나포 면제는 국제관습법으로 구체화된 것도 아니다. L. Oppenheim, *International Law*(7th. ed.), vol.Ⅱ, Longmans, 1952, p.480.

10) San Remo Manual on International Law Applicable to Armed conflicts at Sea, 1994, para.48.

무력분쟁의 개시와 적 영역 내의 상선의 지위

전통국제법은 무력분쟁 발발 시 비록 선원들은 개전 사실을 모르고 있다 하더라도 적국 상선을 나포, 압류할 목적으로 출항을 금지시키고 해상에서 적국의 상선을 나포, 압류하는 것을 인정하였다.[11] 즉, 교전 당사자의 항구 내에 있거나 해상에 있는 적 상선은 일반 재산과는 달리 전쟁목적에 이용될 가능성이 높기 때문에 몰수된다는 것이 국제관습법상의 원칙이었던 것이다.

그러나 1854년 크리미아 전쟁 이후 국제해운의 안전을 위해 몰수조치를 부과하지 않고 일정한 은혜기간(days of grace)을 주어 출항을 허용하거나 무력분쟁이 발발하기 전에 자국 항을 떠나 무력분쟁 발발 사실을 알지 못하고 적국 항에 입항해 있는 경우 압류를 면제해 주는 관행이 형성되었다. 그러나 이러한 합의에도 불구하고 각국들의 관행은 일관되지 못했다.[12]

이에 불의의 무력분쟁 발발에 대한 국제상업의 안전을 보장하고 또 분쟁 이전에 선의로 개시되어 이행 중에 있는 상거래를 보호하기 위한 목적으로 체결된 1907년 '개전 시의 적 상선의 취급에 관한 협약'에서 무력분쟁 개전 시의 적 상선의 법적 지위가 명문화되었다.[13]

---

11) 해군본부(역), 전쟁법규집, 1988, p.83.

12) *Ibid.*

13) 협약은 전문에서 "전쟁 발발 시 국제통상의 안전 확보를 갈망하고 현대적 국제관행에 따라 적대행위 개시 이전부터 거래되어 온 통상행위가 신의칙에 따라 이행되도록 가능한 한 이를 확보하기 위하여 협약을 체결키로 결의하였다."고 협약의 체결 목적을 밝히고 있다.

무력분쟁 시 상선의 법적 지위에 관한 최초의 성문법규인 동 협약에 따르면 자국 항구 내에 있는 적 상선은 개전 즉시 또는 상당한 은혜기간 동안 자유롭게 그 항구를 출항하여 통행증을 받아서 목적 항 또는 다른 지정된 항으로 출항할 수 있으며, 무력분쟁이 개시되기 전에 최종의 기항지(출항 항)를 떠나 개전 사실을 알지 못하고 입항한 적 상선도 마찬가지다(개전 시의 적 상선의 취급에 관한 협약 제1조). 출항을 허가하지 않거나 또는 불가항력으로 출항하지 못한 상선에 대해서도 이를 억류 및 징발은 할 수는 있어도 몰수할 수 없으며, 선내의 화물에 대하여서도 역시 마찬가지다. 교전자는 전후에 보상을 지급하고 억류한 상선을 취득하거나 반환하여야 한다(동 제2조). 그리고 이 몰수면제는 자국 항 내에 있던 상선에 대하여서뿐만 아니라 개전 사실을 알지 못하고, 최종 기항지를 떠나 해상에서 적 군함과 조우하는 상선이나 화물에도 적용된다(동 제3조 및 제4조 2항).[14]

그러나 오늘날 각국들의 관행을 볼 때 개전 시 적국 항구에 있는 교전국 상선의 우호적 취급은 국제법상 확립되지 못했다. 실제로 1차 대전 개전 시 상기 협약은 준수되지 않았다. 상호호혜와 통일된 관행의 확립이 필수적인 것이라면서 영국은 1925년에, 프랑스는 1939년에 각각 상기 협약으로부터 탈퇴했고, 양국은 물론 많은 국가들이 2차 대전 개전 시에도 적국 상선에 은혜기간을 부여하지 않고 항구나 공해에서 포획했다. 협약의 타당성의 감소는

---

14) 독일과 러시아는 서명 시 제3조 및 제4조를 유보하였다. 양국이 이들 조항들에 따른다면 항구에 억류해 둔 선박을 차지할 수 없을 뿐만 아니라 어쩔 수 없이 파괴해야만 되는 입장에 놓이게 되어 그렇지 않아도 타국에 건설되어 있는 해군기지가 부족한 양국에 재정적인 부담을 주는 불균형을 초래할 것으로 여겼기 때문이다. *Ibid.*, p.90 참조.

모든 상선은 군함으로의 전환이 용이하고, 군함으로 전환되지 않더라도 군사상 용역을 제공함으로써 전투행위에 참가할 가능성이 커졌으며, 통신기술의 발달로 개전을 알지 못했다고 주장할 근거가 약화되었고, 오늘날의 무력분쟁은 총력전의 양상을 띠고 있기 때문이다.15)

이러한 사실은 제2차 세계대전 중의 로마나호(독일 선적) 사건(The Romana Case)에서 확인되고 있다. 동 사건에서 영국의 포획재판소는 개전 직전 자국 항 내에 있던 同船의 출항금지조치, 선전 후의 억류 및 그 몰수를 합법적이라고 판결하였다. 독일 변호인 측은 출항금지가 동선의 출항을 불가능케 한 불가항력 때문이었다며 동 협약상의 이익을 주장하였다. 그러나 재판소는 영국이 1925년 11월 14일 동 협약을 폐기한 사실 및 협약의 총가입조항(제6조)을 원용하면서 동 협약이 국제법상의 원칙을 선언한 것이라는 변호인의 주장을 인정하지 않았다.16)

3. 심검 및 파괴

적 상선의 나포는 그것이 포획자의 관리하에 들어갔을 때 완료되는 것이 아니라,17) 포획국의 포획재판소에서 몰수결정이 있을

---

15) 이병조·이중범, 국제법신강, 일조각, 1999, pp.984-985.

16) 이한기, 국제법강의, 박영사, 2006, p.738.

17) L. Oppenheim, *op. cit.*, p.474. 포획물은 자신의 승조원에 의해 탈환된 경우, 포획자가 의도적으로 그것을 포기하는 경우 또는 재포획된 경우 상실된다. *Ibid.*, p.494 참조.

때까지는 포획자에게 이전되지 않는다.[18] 포획재판소에 의한 몰수 결정에 의해 유효하고도 완전한 권원이 생기는 것이다. 따라서 포획된 적 상선은 심검을 위해 적당한 항구로 이송되지 않으면 안 된다.[19] 이 규칙에 따른 행위의 합법성 또는 필요성은 '사인의 재산은 적법수단에 의하지 아니하고 이전되어서는 안 된다.'고 하는 원칙에 기초를 두고 있다.[20] 선박의 나포를 포획재판소가 무효라고 결정하였거나 심검에 회부하지 않고 포획물을 석방할 경우 관련 당사자는 손해를 배상받을 권리를 갖는다(런던선언 제64조). 하지만 적국 군함 또는 기타 군사목표의 나포는 그 즉시 포획자에게 이전된다.[21]

그러나 상황이 이러한 절차를 불가능하게 하는 경우에는 포획물을 파괴할 수 있다.[22] 학설과 마찬가지로 국가관행에 있어서도 대개 모든 경우에 파괴를 인정되고 있다.[23]

군사적 상황 때문에 나포된 적 상선을 인치할 수 없는 경우에는 (a) 승객 및 승조원의 안전이 제공되고, (b) 포획물에 관한 문서와 서류들이 안전하게 확보되며, (c) 가능한 한 승객과 승조원의 개인

---

18) *Ibid.*, pp.476ff.; 1913년 옥스퍼드 매뉴얼 제112조.

19) L. Doswald – Beck(ed.), *San Remo Manual on International Law applicable to Armed conflicts at Sea*, Cambridge University Press, 1995, p.208. 나포 후 적 상선의 파괴에 대해서는 Y. Dinstein, *The Conflict of Hostilities under the Law of International Armed Conflict*, Cambridge University Press, 2004, pp.104 – 105 참조.

20) P. Guttinger, 「Réflexions sur la jurisprudence des prises maritimes de la Seconde Guerre Mondiale」, 25 *RGDIP*, 1975, pp.54ff 참조.

21) L. Oppenheim, *op. cit.*, pp.474ff.; W. G. Downey Jr., 「Captured Enemy Property, Booty of War and Seized Enemy Property」, 44 *AJIL*, 1950, pp.488ff. 동일한 규칙이 선박 내에 있는 적국 재산인 경우에도 적용된다. 그러한 선박 내에 있는 사유재산은 포획법에 따른다.

22) L. Doswald – Beck(ed.), op. cit., p.209.

23) L. Oppenheim, op. cit., p.487 참조.

용품이 안전하게 확보된 경우에는 예외적으로 파괴할 수 있다. 그러나 오로지 민간인을 수송하는 적 여객선의 해상에서의 파괴는 금지된다. 나포된 선박의 파괴에 관한 적법성은 포획재판소의 판결에 의한다.[24]

실제 1936년의 '잠수함의 전투행위 규칙에 관한 의정서'(1936 London Procès-Verbal relating to the Rules of Submarine Warfare)의 조문에 따라 상선의 파괴는 승객, 승조원 및 선박서류를 안전한 장소에 둘 경우 합법적이라고 간주된다. 이 경우 만약 승객 및 승조원의 안전이 당시의 해상 및 기상조건상 육지에 인접해 있거나 그들을 선내에 수용할 수 있는 선박이 확보되지 않으면 선박의 단정은 안전한 장소로 간주되지 않는다.[25]

그렇지만 일반적으로 비례성을 엄격하게 고려하지 않더라도 상선의 파괴는 제한적으로 행해져야 한다.[26] 나포 군함은 안전한 장소라고 간주할 수 없을 뿐만 아니라 적 상선은 전시금제품에 해당되지 않는 중립국의 화물을 수송하고 있을 수도 있다. 그러므로 적 상선의 파괴는 예외적 조치로서 취급하지 않으면 안 되고, 엄격하게 제한되지 않으면 안 된다.[27] 단지 군사적 긴급성의 이유만

---

24) W. Heintschel von Heinegg, 「Visit, Search, Diversion and Capture in Naval Warfare: Part I, The Traditional Law」, 29 *CYIL*, 1991, p.309.

25) N. Ronzitti(ed.), *The Law of Naval Warfare: A collection of Agreements and Documents with Commentaries*, Martinus Nijhoff Publishers, 1988, p.352.

26) 해상작전에 있어 무력은 교전규칙에 의해 인정된 것만 사용하여야 하며 또한 전체적인 임무를 완수하는 데 필요한 최고한의 무력을 사용하여야 한다. 행사하는 무력은 위협에 대해 균형이 맞아야 하며, 그 무력이 사용되는 목적을 달성하기 위해 필요한 만큼의 정도, 강도 및 지속으로 한정해야 한다. 세력의 단계적 증강은 허용되는 한에서만 적용되어야 한다. 살상능력을 사용하기 전에 비살상능력의 사용을 반드시 고려하여야 한다. 해군본부(역), 해군임검작전지침(캐나다 전술교범 01-4), 2001, p.3-21.

27) L. Oppenheim, *op. cit.*, p.487.

으로 파괴를 정당화하는 것은 충분하지 않다. 적국 상선은 원칙적으로 합법적 군사목표가 아니기 때문이다. 적 상선은 군사적 필요성이 존재하는 경우에 승객과 승조원의 안전이 제공되었을 경우에만 나포한 후에 파괴할 수 있다. 포획물에 관한 문서와 서류는 보호되지 않으면 안 되고, 실행 가능한 경우에는 승객의 개인용품도 보전되지 않으면 안 된다. 포획재판소는 파괴가 합법적인지에 대해 심검하여야 하며, 파괴가 위법이면 선박 소유자는 정당한 배상을 받을 권리를 당연히 갖는다.[28]

4. 나포 적 상선 승조원의 법적 지위

선장, 수로안내인 및 견습선원을 포함하는 분쟁당사국의 상선의 승조원(민간 항공기의 승조원 포함)으로서 국제법의 다른 어떠한 규정에 의하여서도 더 유리한 대우의 혜택을 향유하지 아니하는 자는 1949년 제네바 제2협약의 적용 대상이다(제네바 제2협약 제13조).[29]

포로의 대우에 관한 1949년 제네바 제3협약에 그 기원을 두고 있는 본 조항은 제네바 제2협약의 인적 적용범위(피보호자)를 규정하고 있는 것이지만, 이러한 피보호자들은 적국에 체포될 경우 포로로 인정되는 범위를 규정한 것이기도 하다.

---

28) *Ibid.*, p.488.

29) '승조원'이라는 말은 승선의 소집을 받은 상선의 승조원만을 의미하며 근무기간을 만료하고 승객으로 승선 중인 자(그러나 휴가 중인 자는 제외)는 포함하지 않으며, '선장'이라는 말은 계급을 의미하는 것이 아니라 선박의 지휘하는 직위에 있는 자를 지칭하는 것으로 이해하여야 한다. 대한적십자사 인도법연구소(역), 제네바협약 해설 II, 1985, p.113.

따라서 포획된 적 상선의 승조원은 국제법의 다른 어떠한 규정에 의하여서도 더 유리한 대우의 혜택을 향유하지 아니하는 경우 포로가 된다. 포획된 적 상선 승조원의 포로지위가 처음부터 반대 없이 인정된 것은 아니다. 19세기 후반까지는 나포된 적 상선의 승조원을 포로로 하는 것이 통상적인 관행이었다. 이러한 관행은 각국의 포획심검 규칙 및 학설에 의하여 확인되고 있었다. 그러나 1870년 이후 이와는 다른 경향이 생성되기 시작했는데, 독일과 프랑스는 무력분쟁에서 이들이 포획된다 하더라도 포로로 하지 않는다는 입장을 취하였다. 이러한 입장은 나폴레옹 Ⅰ세가 최초로 선언한 것으로, 1898년 美西戰爭 중 미국에 의하여 또 1904~1905년 노일전쟁 중 일본에 의하여 적 상선의 승조원은 통례적으로 석방되었다.[30]

나포된 적 상선의 승조원을 석방하는 이러한 새로운 경향은 1907년 제2차 국제평화회의에서 채택된 '해전에서의 포획권 행사의 제한에 관한 조약(제11조약)' 제6조에서 다음과 같이 명문화되었다.

> 적국민인 선장, 직원 및 선원은 전쟁계속 중 작전행동에 관계가 있는 어떠한 근무에도 종사하지 아니할 것을 서면으로써 정식으로 서약할 때에는 이를 포로로 할 수 없다.[31]

---

30) *Ibid.*, p.110.

31) 동 규정의 개정에 대해 국제사회의 논의가 없었던 것은 아니다. 1929년 외교회의가 포로조약을 작성할 때 포로의 지위를 인정할 자에 상선 승무원을 포함시킬 것인가에 대하여 검토하였다. 회의는 그와 같은 확대 규정은 1907년 제4헤이그협약 부속서인 육전법규 및 관례를 개정해야 가능하다는 것이 인정되었으나 외교회의는 자신은 그러한 권한이 없었기 때문에 이 문제에 대한 권한이 없다고 선언하였다. 외교회의 제2위원회의 보고자는 채택할 예정이었던 본 조약은 상선의 승조원에게는 적용되지 않는다고 강조하였다. 이로써 1907년 규정은 변경 없이 그대로 유지되었다.

그러나 동 규정은 포획된 적 상선 승조원을 포로로 하던 기존의 원칙을 그대로 유지하고 있는 것으로도 볼 수 있다. 왜냐하면 만약에 역설적으로 적 상선의 승조원이 동 규정의 조건을 준수하지 않을 경우에는 포로로 할 수 있는 것으로 해석 가능하기 때문이다.[32]

그러나 2차례의 세계대전의 경험에 따르면 1907년 규정은 실제로 적용되지 않았다. 제1차 세계대전에서 대다수 교전국들은 포획한 적 상선의 승조원을 본국으로 송환하지 않고 기존의 억류할 수 있다는 원칙을 원용하여 이들을 억류하였다.[33]

따라서 이론상으로는 제2차 세계대전 시에도 1907년 규칙이 유효한 것이었으나 실제로는 동 규칙 이전의 관행(나포된 적 상선 승조원의 억류 관행)이 변경되지 않은 채 계속되었다. 이는 대다수 교전국에 있어 상선이 정부에 동원되고 그 승조원들도 군대의 일부로 편입되는 경우가 허다하였으며 또한 상선들도 적 군함(잠수함 포함)의 공격에 대비하여 무장하곤 했었기 때문이다.[34]

이처럼 제2차 세계대전까지의 관행은 포획심검을 받은 적 상선의 승조원은 일반적으로 적국에 억류되었다. 그렇지만 이들에 대한 대우는 일정하지 않았는데 일부 국가들은 이들에게 민간인 피억류자와 동일하게 대우했으나 다른 일부 국가들은 포로와 동일한 대우

---

32) 동 규정은 형성 중에 있던 새로운 경향을 고려하여 기존의 원칙을 너무 제한적으로 해석 또는 운용되지 않도록 하는 것으로 이해된다. 오펜하임은 동 규정은 단지 현행 국제법상 포로가 되는 일정 부류의 자에 적용될 조건을 완화하는 것이라고 보았다. L. Oppemheim, *op. cit.*, p.266 참조.

33) *Ibid.*, p.267.

34) 제2차 세계대전에서 무장 상선은 적 잠수함을 발견하는 즉시 무기를 사용하도록 지시받기도 했다. 이에 따라 무장 상선이 선제공격하는 경우도 있었다. 이는 상선에 의한 적 군함(잠수함 포함)에의 불법적 공격이 발생했었다는 것을 의미한다. R. W. Tucker, *The Law of War and Neutrality at Sea*, US Naval War College, 50 International Law Series, 1955, p.58, note 30 참조.

를 부여했다. 독일, 이탈리아, 미국, 브라질 및 남아공이 전자에 해당하는 반면 영국, 캐나다, 호주 및 뉴질랜드는 후자의 입장을 취한 국가였다. 그러나 후자에 해당하는 국가들도 포획 승조원의 봉급 및 노동에 관해서는 1929년의 포로협약을 적용하지 않음으로써 일부 사항에 대해서는 민간인 피억류자와 동일하게 대우하였다.[35]

그러나 이러한 규칙 및 관행은 해전에서의 법적 이익의 보호 대상자로서 한 축인 중립국의 이익을 극히 제한할 우려가 있고 무력분쟁을 무분별하게 확대할 수도 있으며 억류 승무원들의 인도적 보호에도 문제가 있어 이에 대한 새로운 규칙 및 관행의 필요성이 대두되었다. 이에 따라 제2차 세계대전 후 제네바협약의 개정작업이 시작되자마자 전문가들은 적 상선 승조원에게 포로지위를 명확하게 부여해야 한다는 것을 만장일치로 권고하였으며, 1949년 외교회의에서 이 제안이 수용되어 1949년 제네바 제2협약 제13조로 명문화되었다.[36]

이로써 해전에서 포획된 적 상선 승조원의 법적 지위 문제는 1907년 헤이그협약에서 기존의 관행을 변경한 이래 2차례의 세계대전을 경험한 후 약 40년 만에 재확인되기에 이르렀다. 즉, 포획된 적 상선의 승조원은 국제법의 다른 어떠한 규정에 의하여서도 더 유리한 대우의 혜택을 향유하지 아니하는 경우 포로가 된다.[37]

---

35) *Report of the International Committee of the Red Cross on its activities during the Second World War*, Vol. I, pp.552－554 참조. 대한적십자사 인도법연구소(역), *op. cit.*, p.112 참조.

36) 외교회의는 정부전문가들과 마찬가지로 적 상선 승조원에게 만간인 피억류자의 지위를 부여하는 것보다 포로지위를 부여하는 것이 소망스러우며 또한 실제로 그것이 교전국 상선 승조원의 임무의 성질에 부합된다고 보았기 때문이다. 대한적십자사 인도법연구소(역), *op. cit.*, p.112.

37) 이 경우 승조원의 지위는 상선의 무장에 따라 결정되지 않는다. 과거 수 세기에 걸쳐 또는

군함으로 변경된 상선의 법적 지위

교전자는 상선을 군함으로 변경할 수 있다. 1907년 제2차 국제평화회의(헤이그)에서 참가국들은 무력분쟁 시에 상선을 전투함대에 편입하기 위한 조건을 규정하였다(헤이그 제7조약). 동 조약에서 규정하고 있는 조건은 6개로 다음과 같으며, 이러한 상기 조건을 충족하는 경우 변경된 상선은 군함으로서의 법적 지위를 향유한다.

첫째, 군함으로 변경된 상선은 그 게양하는 국기의 소속국의 직접관리, 직접감독 및 책임하에 있지 아니하면 군함에 속하는 권리 및 의무를 향유할 수 없다(제1조).

둘째, 군함으로 변경된 상선은 그 국가의 군함 외부의 특수휘장을 부착하여야 한다(제2조).

셋째, 지휘관은 국가의 근무에 복무하며 또한 당해 관헌에 의하여 정식으로 임명되고 그 성명은 함대의 장교명부에 기재되어야 한다(제3조).

넷째, 승무원은 군기에 복종하여야 한다(제4조).

다섯째, 군함으로 변경된 일체의 상선은 전쟁의 법규관례를 준수하여야 한다(제5조).

여섯째, 교전국은 상선을 군함으로 변경한 것을 가급적 속히 그 변경을 군함목록에 기입하여야 한다(제6조).

그러나 동 조약은 2가지 점에서 명확하지 못하다. 첫째는 시간

제2차 세계대전 중에도 다수 국가의 관습으로 되어 있었던 자위를 위한 상선의 무장상태를 불문하고 포획된 적 상선 승조원은 포로가 된다. *Ibid.,* p.113.

과 장소에 관계없이 상선을 군함으로 변경할 수 있느냐 하는 점이다. 조약 전문에서도 체약국들이 군함으로의 변경을 공해에서 행할 수 있느냐에 대하여 합의할 수 없어 변경장소는 문제 외로 한다는 것을 밝히고 있다. 둘째는 변경된 선박이 분쟁 종료 이전 다시 상선으로 재변경 가능하느냐 하는 점이다. 변경 장소 및 시기를 제한하지 않을 경우 이러한 권한을 남용하게 되어 배신행위가 증가하게 될 것이며, 이는 결국 더 큰 희생을 낳을 수도 있다는 비판이 제기될 수도 있을 것이다. 그러나 군함으로의 변경은 교전국과 그 동맹국의 관할지역 내에서 가능하며(중립국 관할지역 제외), 적대행위 도중 어떠한 재변경은 금지되어야 마땅하겠지만 교전 직후 바로 보호를 받게 되는 비전투선으로 지위를 변경할 수 있다고 보는 것이 타당하다.38)

---

38) G. Venturini, 「1907 Hague Convention Ⅶ Relating to the Conversion of Merchant Ships into Warships」, N. Ronzitti(ed.), *The Law of Naval Warfare*, Martinus Nijhoff Publisher, 1988, pp.122 - 124 참조.

1. 공격 및 파괴의 요건

가. 공격 요건

무력분쟁 시 적 상선을 공격하기 위해서는 적 상선이 일정한 요건을 충족하고 있어야 하는바, 이러한 요건으로는 적을 대신하여 적대행위를 할 것, 적 군대의 보조세력으로 행동할 것, 적의 정보수집체계로 편입 또는 이를 원조할 것, 적 군함(잠수함 포함) 및 군용기의 호위하에 항행할 것, 정선명령을 거부하거나 적극적으로 승선, 검색 또는 나포를 거부할 것, 군함에 위해를 가할 수 있을 정도로 무장할 것 및 기타 군사활동에 효과적으로 기여할 것 등이 있다. 이하에서는 이들 요건들의 구체적 내용에 대해 살펴보고자 한다.[39]

(1) 적을 대신하여 적대행위를 할 것

적 상선은 기뢰부설 및 소해, 해저 전선 및 관선 절단, 중립국 선박에 대한 승선 및 검색 또는 기타 선박들에 대한 공격 등 적을 대신하여 적대행위를 하는 경우 합법적 군사목표물이 된다.

---

39) San Remo Manual on International Law applicable to Armed conflicts at Sea, 1994, para.60. 프랑스 전쟁법규의 적용에 관한 지침(Instructions sur Papplication de droit international en cas de guerre, 1963년)은 적국과 중립국의 상선을 공격할 수 있는 경우를 정당하게 지시된 정선명령 거부, 검색에 대한 적극적인 저항, 적대행위, 정보 송신 등에 의한 적 작전에의 동참, 침로변경 지시 불복종, 지시에 반하는 교신 및 적 군함에 의한 호송 등을 열거하고 있다.

적선이 타방 교전국의 무력공격으로부터 면제되기 위해서는 적
선의 나포 면제와 마찬가지로 통상적 임무에 무해하게 종사하고
있어야 한다. '통상적 임무'와 '무해'의 구체적 의미는 앞(제3장)에
서 살펴본 바와 같이, '통상적 임무'에 종사한다는 것은 항행의 형
태가 통상의 방법으로 행해진다는 것을 의미하며, '무해'하게 종사
한다는 것은 본질적으로 선박이 공격에 가담하거나 또는 방어적
수단으로만 사용되지 않는 군사물자의 수송 및 정보수집 등과 같
은 적대행위를 행하지 않는다는 것을 의미한다.[40] 안전통항권을
발행받은 선박은 지정된 항로나 날짜 등 합의된 특정 사항에 따르
는 것이 무엇보다 중요하다. 이는 분쟁 당사국이 피보호 선박을
군사목적에 사용하는 것을 명시적으로 금지하고 있는 1949년 제네
바 제2협약(제30조)에서도 확인되고 있다.

따라서 이들 선박은 어떠한 방법에 의하던 무력분쟁에 가담해서
는 안 되며, 이를 위반할 경우 보호받을 권리를 상실한다. 러일전
쟁 중 러시아의 병원선 Orel호는 일본 포획재판소에서 건강에 이
상이 없는 포로 및 군용장비를 수송 중이라는 이유로, 제1차 세계
대전 중 독일 병원선 Ophelia호는 영국심검소에서 정당한 이유 없
이 신호기기(신호등 및 로켓)를 탑재하고 있었다는 이유로 각각 나
포되었다. Ophelia호는 임검 직전에 선내 서류를 바다에 투하하고
암호로 송신하기도 했다.[41]

---

40) 제네바 제2협약은 제35조에서 적대행위로 볼 수 없는, 따라서 병원선이나 구조용 주정의
   면제의 지위를 상실하는 것으로 간주되지 않는 활동을 열거하고 있다. 그러한 활동에는 특
   히 질서유지를 위하여 또는 자위나 환자의 방위를 위하여 무장하거나 항해나 통신을 용이
   하게 하는 장치를 갖고 있거나 환자로부터 수거한 휴대용 무기나 탄약을 적당한 기관에 인
   도하지 않은 것 등이 포함된다.

41) 대한적십자사 인도법연구소(역), *op. cit.*, p.209 참조.

한편 여객선으로 수송되고 있는 민간인의 보호는 동 선박이 그 당시 군사목적에 사용되고 있지 않을 경우에만 보장된다는 것은 의심의 여지가 없다. 민간 여객선이라 할지라도 그것이 군사목적에 사용될 경우 공격 대상이 된다. 제2차 세계대전 중 독일은 정보수집에 사용되고 있다는 이유로 영국 여객선을 공격하였는데, Dönitz는 영국 상선을 공격했다는 이유로 기소되었으나 이와 관련된 혐의에 대해서는 무죄판결을 받았다. 왜냐하면 영국 상선도 보트를 공격하거나 독일 잠수함을 발견하는 즉시 보고토록 명령받았었다는 것이 법정에서 사실로 인정되었기 때문이었다.[42]

(2) 적 군대의 보조세력으로 행동할 것

적 상선은 군대의 수송 또는 전투함에의 보급 지원 등과 같은 적군의 보조세력의 역할을 하는 경우 공격 대상이 된다. 적군의 보조세력으로 활동하는 하나의 예로 전투원의 이동을 고의적으로 방해하는 경우를 들 수 있는데, 민간인 등 비군사목표가 전투원의 행동을 의도적으로 방해하지 않을 의무는 오래전부터 관습법적으로 확립되어 있다. 공격면제 대상 선박에 전투원의 이동을 고의적으로 방해하지 않을 것을 요구하는 것은 이러한 선박들이 교전국의 군사행동에 중대한 문제를 일으키는 것을 방지하기 위한 것으로, 선박이 본래의 역할에 무해하게 사용되어야 한다는 조건과 연결되어 있다(제네바 제2협약 제30조 2항 및 3항).

그런데 적 상선이 공격 대상이 되는 것은 전투원의 이동을 '고의적'으로 방해할 경우이다. 이는 이들 선박이 통상의 임무에 무해

---

42) *Judgement of the International Military Tribunal for the Trial of German War Criminals*, 108 – 109.

하게 종사하는 동안 의도하지는 않았지만 때때로 전투원의 이동을 방해하는 경우가 발생될 수 있는데, 이 경우 적 상선이 보호를 상실하는 것은 아니며 따라서 처벌을 받거나 공격 대상이 되는 것은 아니라는 것을 의미한다.

(3) 적의 정보수집체계로 편입 또는 이를 원조할 것

적 상선이 정찰, 조기경보, 탐색 또는 통제 및 통신임무에의 종사 등 적의 정보수집체계로 편입되거나 또는 적의 정보수집을 원조하는 경우 공격 대상이 된다. 교전국은 피보호선박을 군사목적에 사용하여서는 안 된다. 물론 상선은 병원선과 마찬가지로 항행 또는 통신을 용이하게 하는 것을 전적인 목적으로 하는 장치를 설치할 수는 있다. 그러나 상선 자체가 적의 정보체계 내에 편입되어 상대 교전국의 정보를 탐지하고 획득 정보를 적극적으로 자국 군대에 제공하는 것은 적 군대의 지원세력으로 인정된다.

(4) 적 군함 및 군용기의 호위하에 항행할 것

적 군함이나 군용기의 호위하에 항행하는 적 상선은 적 군함이나 군용기가 군사목표이기 때문에 전투지역 인근에 있는 경우 위험에 처하게 된다. 타 교전국은 이러한 적 상선이 적 군대의 보조선박으로 행동하고 있는 것으로 추정하거나 적군의 전쟁수행능력을 지속시키거나 또는 강화시키기 위한 전쟁물자를 수송하고 있는 것으로 생각할 수도 있을 것이며, 실제 적 군함이나 군용기의 호위하에 항행하고 있는 상선은 대개의 경우 그러한 활동에 종사하고 있을 가능성이 매우 높다.

1949년 제네바 제2협약은 군용병원선, 분쟁당사국의 구호단체 및 개인이 사용하는 병원선, 중립국의 구호단체 및 개인이 사용하는 병원선, 연안구조정은 전투 중 및 전투 후에 그들 스스로가 위험을 부담하며 행동하여야 한다고 규정하고 있다(제2협약 제30조 4항).

이는 전투 중이건 전투 후이건 불문하고 병원선 및 구조정은 스스로 위험을 부담하면서 행동할 것을 명시한 것이다. 여기서 '행동한다' 함은 분쟁희생자에게 원조를 제공하기 위하여 전투지역에 진입하는 것을 의미하며, '전투 후'라는 것은 '직후'를 말하는 것으로 특히, 적이 부설한 기뢰가 제거되지 않고 있는 경우에는 위험이 상존하고 있을 수 있다. 하지만 병원선은 임무수행 중 부득이하게 군함에 접근할 수밖에 없는데, 이 경우 병원선이 군함에 수반되고 있는지 아니면 호위를 받고 있는지 객관적으로 결정하기는 곤란하고, 병원선이 군함에 호위 중인 경우 정선 및 수색을 하는 것이 불가능하므로 이러한 경우 병원선은 보호를 상실한다고 보는 입장도 제기되었었다.[43]

실제로 제2차 세계대전 중 1943년 6월 6일 마리아나 해역을 항행 중인 병원선 아메리카호가 미국 잠수함 Nautilus의 공격을 받아 침몰했다. Nautilus는 동 병원선이 정규의 표시를 부착한 병원선이라는 것을 확인하였으나 선단 중에 있었기 때문에 병원선이 보호를 받는 것은 단독 항행중의 것에 한한다는 견해로서 선단 중에 있는 병원선은 합법적인 공격목표물이 된다는 판단으로 공격했다.[44]

인도적 임무에 종사하는 병원선의 경우가 이러할진대 상업적 목적에 활용되고 있으며 적의 전쟁지속능력을 증강시킬 수도 있는

---

43) 대한적십자사 인도법연구소(역), *op. cit.*, pp.208-209.
44) *Ibid.*, pp.210.

물자를 수송할 능력을 갖추고 있고, 실제 그러한 활동에 종사하고 있을 가능성이 훨씬 높은 상선이 적 군함 및 군용기의 호위하에 항행하고 있는 경우에는 일응 공격면제 지위를 상실한다고 보는 것이 보다 합리적일 것이다.

(5) 정선명령을 거부하거나 적극적으로 승선, 검색 또는 나포를 거부할 것

해전에서 적 상선이 공격으로부터 면제되기 위해서는 적국의 정선 요구가 있을 경우 이에 따라야 하며, 중대한 사정이 있는 경우 정선을 명한 때부터 7일을 초과하지 않는 기간 동안 억류할 수도 있다(제네바 제2협약 제31조 1항). 또한 공격 대상에서 제외되는 적 상선은 적군의 승선, 검색 또는 나포 요구가 있을 경우 이에 응하여야 한다. 만약 이에 저항할 경우 공격하여 격침시킬 수 있다.[45]

이러한 의무는 교전자가 필요로 하는 군사행동의 실행을 확보하기 위한 것이기는 하지만 교전당사자는 진정으로 필요한 경우에만 그러한 명령을 발하여야 하고 가능한 한 이들 선박의 통상적 업무에 대한 간섭을 피하기 위하여 노력하여야 한다.

정선명령을 거부하거나 적극적으로 승선, 검색 또는 나포를 거부하는 적 상선을 공격할 수 있다는 것은 루시타니아 격침사건을 두고 벌어졌던 미국과 독일의 주장들에서도 확인 가능하다.

미국은 1915년 독일의 영국 여객선 루시타니아 격침사건과 관련하여 독일에 보낸 문서에서 어떤 의심스러운 상선이 실제로 적국 선박인가 또는 중립국 선박이지만 금제품을 수송 중인가를 확인하기 위해 검색하고자 할 때 교전국은 통상 사전에 경고해야 할 의

---

45) L. Doswald-Beck, 「The International Law of Naval Armed Conflict: The Need for Reform」, 7 *Italian Yearbook of International Law*, 1986/1987, p.252.

무가 있다고 항의하였으며, 이에 대해 독일은 루시타니아를 격침한 것은 동 선박이 적재하고 있던 무기를 파괴하기 위한 자위조치였음을 강변하였다. 그러자 미국은 독일의 자위행위 주장을 배척하면서 루시타니아가 나포에 저항하거나 검색을 위한 정선명령을 거부할 때에만 여객선에 승선하고 있는 많은 인명을 위험에 처하게 할 수 있음을 주장하였다. 이러한 상호 서신교환 후에 독일 잠수함 부대는 중립국 선박과 모든 정기여객선 격침 금지를 지시하였다.[46]

(6) 군함(잠수함 포함)에 위해를 가할 수 있을 정도로 무장할 것

무장 상선의 법적 지위는 일찍이 제1차 세계대전에서 영국과 독일 간 주요 논쟁 대상이었다. 1913년 영국 해군성은 일부 상선에 대해 무장을 지시했다. 영국은 이를 방어적 목적이라 했는데,[47] 1916년 5월까지 약 1,000여 척이 함미에 4인치 포를 장착하였다.[48] 그러나 독일은 영국선원 우드필드로부터 미국으로 가는 비밀지령을 입수하였는데, 동 지령은 영국이 자국 무장 상선에 만약 잠수함이 명백하게 선박을 추적하고 적대의도를 가지고 있다고 판단될 경우 자위 차원에서 잠수함이 발포나 어뢰발사와 같은 명백한 적대행위를 개시하기 전에라도 발포할 것을 지시하고 있었다.[49] 이러한 영국의 정책은 독일로 하여금 잠수함을 이용한 무경고 공격정책으로

---

46) Green H. Hackworth, *Ⅵ Digest of International law*, US Department of State, pub. No.1961, Washington, D.C., 1943, pp.471 - 472 참조.

47) L. Oppenheim, *op. cit.*, p.468. 이와 관련하여 영국은 미국에 영국 상선은 결코 공격적인 목적으로 사용되지 않을 것이며, 선제공격을 받지 않는 한 어떠한 경우에도 타 선박을 공격하지 않을 것을 보장한다고 하였다.

48) D. P. O'Conell, 「International Law and Contemporary Naval Operations」, 44 *BYIL*, 1970, p.47.

49) Green H. Hackworth, *op. cit.*, p.494.

선회하도록 하였다.

교착된 상황을 완화시키고 무장 상선의 검색 관련 규정 준수를 확보하기 위하여 미국은 상선에 포를 탑재하는 것은 적 군함(잠수함 포함)의 경고 및 검색을 피하기 위한 것으로서 상선에 탑재하는 어떤 무장도 공격적 성질을 갖는 것으로 보아야 한다면서 군함(잠수함)에는 "상선을 정선시켜 검색하여 그 국적을 식별, 격침시키기 전에 승조원과 승객들을 안전한 곳으로 이송하는 등 국제법 규정을 엄격히 준수하여야 한다."는 것을 그리고 상선에는 "어떤 종류의 무장이든 장착해서는 안 된다."는 지침을 제안했다.[50]

영국은 독일의 법규 준수를 신뢰할 수 없다면서 동 제안을 거부하였다. 또한 미국이 동 제안을 계속 주장한다면 '비우호적 간섭'으로 간주할 것임을 천명했다. 한편 독일은 영국의 무장 상선을 호전적인 것으로 취급할 것이라고 미국에 통보하였다.

그러나 오늘날 상선의 무장과 관련하여서는 방어용 무장은 할 수 있지만 공격용 무장을 하고 있는 경우에는 발견되는 즉시 공격에 처해진다는 전통적으로 인정되어 온 규칙이 여전히 유효하다. 하지만 현대전에서 공격무기와 방어무기를 구별한다는 것은 매우 어렵다. 따라서 공격면제 지위를 향유하기 위한 적 상선의 무장은 매우 제한적으로 인정되어야 한다. 오늘날과 같이 고도로 발달된 현대무기체계에서 볼 때 상선의 무장이 공격용으로 사용될 것인지, 아니면 단지 방어용으로 사용될 것인지를 결정하는 것은 불가능에 가까우며, 무장의 용도에 대해 적이 판단할 수 있을 것이라고 기대하는 것도 거의 불가능하기 때문이다.

---

50) *Ibid.,* p.492.

선상의 질서유지나 해적이 자주 출몰하는 해역에서는 소총이나 권총 같은 개인용 화기로 무장할 수 있고, 챠프(chaff)와 같은 회피 시스템을 장착하고 있는 경우 이는 무장으로 간주되지 않지만, 군함(잠수함 포함)에 피해를 줄 수 있을 정도로 무장하고 있는 적 상선은 발견되면 공격할 수가 있다.[51]

(7) 기타 군사활동에 효과적으로 기여할 것

적 상선이 군사물자[52]를 수송하는 경우 등 군사활동에 효과적으로 기여하는 경우에는 군사목표물로 간주되기 때문에 발견되면 공격 대상이 된다. 이러한 활동에 해당하는 것으로는 사전경고나 차단 및 교전자의 명령에 대한 복종을 의도적으로 그리고 분명하게 거부하는 것을 들 수 있을 것이다.

반대로 적 상선이 자국 군대의 군사활동에 효과적인 기여를 하지 않으면 군사목표가 되지 않으며, 따라서 공격해서도 안 된다. 적의 군사활동에 효과적인 기여를 하는지가 확실하지 않을 경우 공격면제권을 갖는다고 추정해야 한다. 이러한 '의심스러울 경우에는 처벌하지 않는다.'(rules of doubt)는 규칙은 민간물자의 보호를 강화하기 위한 것으로 공격을 개시하기 전에 분쟁당사국에 관련 정보를 수집하여 평가할 의무를 부과한다. 하지만 이러한 추정은 반증을 통해 뒤집을 수 있다.

---

51) L. Doswald-Beck(ed.), *op. cit.*, p.151 참조

52) 이러한 물자는 수출될 수 없다. 정선명령 거부, 나포에의 저항, 봉쇄침파의 경우는 예외로 하고 수출에서 생기는 금전적 이익이 전쟁노력 지원에 필수적이라 하더라도 일반 유조선이 교전산유국에서 수출되는 석유를 수송할 경우 군사목표로 인정하여 공격할 수 없다. M. Bothe, 「Neutrality in Naval Warfare What Is Left of Traditional International Law?」, A. J. M. Delissen and G. J. Tanja(eds.), *Humanitarian Law of Armed Conflicts: Challenges Ahead Essays in Honour of Frits Kalshoven*, 1991, p.401 참조.

나. 파괴 요건

제1차 세계대전에서 독일이 잠수함으로 상선을 공격하는 등 전투함과 비전투함의 구별원칙을 심각하게 위반하자 영국은 상선의 무장으로 대응하였다. 타 교전국들도 이러한 관행에 따르게 되자 해전에서 상선을 공격으로부터 보호하기란 매우 어려웠다.[53]

당시의 관습법과 전통국제법상 승객 및 승조원의 안전이 먼저 보장되지 않는 한 군함이 적 상선을 파괴하는 것은 금지되었으나 상선이 포획에 적극적으로 저항하거나 정지명령에 불응하면 이러한 원칙의 적용은 문제가 된다.

특히 2차 세계대전 교전국 거의 대부분이 조인한 1936년 런던의 정서는 "특히 적법하게 소환받고 완강히 정지하지 않거나 임검과 수색에 능동적으로 대항하는 경우를 제외하고는 수상함이나 잠수함을 불문하고 군함은 승객, 승조원 및 선박서류를 안전한 곳으로 먼저 대피시키지 아니하고 상선을 침몰시키거나 항해 불능상태로 만들어서는 안 된다. 그 당시 해양 및 기상 상태에서 인근에 육지가 있거나 승선할 수 있는 다른 선박이 있어 여객 및 승무원의 안전이 보장되지 않는 한 선박의 구명정은 안전한 장소로 간주되지 않는다."라고 규정하고 있다.

그러나 제2차 세계대전 중 교전국 수상함 및 잠수함이 여객과

---

53) 이에 국제사회는 전후 1922년 워싱턴 해군군비제한조약 및 1930년 런던협정을 통해 해군 군비경쟁을 중지하려고 하였으나 이들 합의의 결과 영미 양국의 해군력은 거의 대등해졌으며 군축조약을 준수하려는 열정과 군축이 전쟁을 막을 것이라는 희망하에 두 나라는 군비증강을 등한시하였다. 그러나 일본과 독일은 국수주의, 민족주의 및 군국주의의 분위기로 군비증강을 하여 해군력의 격차가 상대적으로 줄어들어 해군력의 균형변화를 가져왔다. 김현기, 「양차 세계대전 간의 해군군축조약과과 그 영향」, Strategy 21, Vol.2, No.1, 1999, p.23.

승무원의 안전을 위한 조치나 사전경고 없이 적국 상선을 공격하거나 침몰시키는 행위가 관행적으로 행해졌다. 1939년 9월 4일 영독 간 선전포고 12시간 만에 독일 잠수함 U-30이 영국 여객선 아데니아(Athenia)호를 어뢰로 격침시키자(미국인 28명 포함 112명 사망), 영국은 상선에 무장할 것과 15노트 이하의 속력을 가진 상선은 군함의 호송하에 항행하고 15노트 이상의 상선은 단독으로 항행할 것을 명령했다. 이러한 명령으로 1939년 말 영국 해군은 단 12척의 손실로 5,800여 척의 상선을 호송했다.[54]

이는 소련의 잠수함도 마찬가지였다. 소련 잠수함 S-13은 1945년 1월 30일 6,500명 이상의 민간피난민을 수송 중이던 독일 정기여객선 구스트로프(Wilhelm Gustloff)를 어뢰로 공격하였는데 단지 98명만이 구조되었으며, 2월 10일에는 또 다른 정기여객선 제너럴 폰 스투벤(General von Steuben)을 격침시켜 2,700명을 사망시켰다. 그리고 4월 16일에는 L-3가 고야(Goya)를 격침시켜 피난민 6,200명 이상의 살상이라는 역대 최악의 사태를 초래했다.[55]

제2차 세계대전에서 적 상선을 공격하는 이러한 관행은 타방 교전국의 불법적 행위에 대한 보복행위로 정당화되었다.[56] 또한 무력분쟁이 진행됨에 따라 상선들도 정규적으로 무장 선박에 의해 호송되고 정보수집에 참여하는 등 적국의 전투수행 능력 강화 및

---

54) *Ibid.*, p.24; 이정수, 제2차 세계대전사, 남영출판사, 1973, p.39 참조.

55) Charles E. Rousseau, *Le Droit des Conflits Armés*, Éditions A. Pedone, Paris, 1983, p.254 참조.

56) 독일의 연합국 상선에 대한 무차별적 잠수함전과 항공전은 1936년 런던의정서와 의정서상의 관례 원칙을 위반한 것으로 간주되었는데, 독일은 의정서가 규정하고 있는 의무를 인정하면서도 자국이 취한 조치는 보복행위로서 정당하며, 영국의 상선 무장화가 독일의 의무이행을 방해하고 있다고 주장했다. 이에 대해 영국과 프랑스는 보복수단을 강구하면서 이는 독일의 런던의정서 위반 때문이라고 주장했다. 해군본부(역), 전쟁법규집, 1988, p.173.

지속에 직·간접적으로 협조하게 되자 적국 상선도 발견되면 파괴할 수 있는 합법적인 군사목표물로 간주되어야 한다는 주장이 강하게 제기되었을 뿐만 아니라 실제 그렇게 다루어졌다.[57]

이러한 관행은 최근 약간의 변화를 보이고 있다. 걸프전의 '사막의 폭풍 해상작전'(Desert Storm at Sea) 당시 미 중부사령관은 이라크 상선은 어디에 있든지(예멘의 항구 내에 있는 이라크 선박 포함) 불문하고 격침시킬 수 있다는 것을 Richard B. Cheney 국방장관과 Collin Powell 합참의장에게 브리핑할 것을 중부사해군사령관인 Arthur에게 지시했었다. 이러한 조치는 법적인 문제가 있다고 생각한 Arthur는 자신의 법무참모였던 Thomas Connelly 중령에게 모든 이라크 선박을 공격하라는 중부사령관의 명령과 관련된 법적 사안을 검토할 것을 지시했다. 이를 검토한 Connelly 중령은 중부사 해군전력은 중립항에 있는 이라크 선박을 공격할 수 없다고 결론 내렸다. 그러나 이라크가 통제하는 가운데 전쟁노력을 위해 사용될 수 있는 유류와 같은 물자를 적재한 이라크가 통제하는 항구에 있는 이라크 민간선박은 중부사 교전규칙에 의해서 군사작전을 지원하는 민간선박으로 간주될 수 있다고 판단하였다. 중립국 외해에 있는 공해에서 적 민간선박이 무장을 했거나 적의 정보체계를

---

57) 1940년 한 달만 해도 잠수함에 의한 공격으로 침몰된 영국의 상선이 60만 톤이 넘자 영국은 서태평양과 카리브 해의 해군기지에 대해 99년간 임대조건으로 미국에 구축함 50척을 요청하였다. 1940년 6월 프랑스가 항복해서 독일해군이 프랑스의 서해안에 면한 항구를 잠수함 기지로 활용하고 그해 말부터 독일의 되니츠 제독 지휘하에 '이리떼 작전'(Wolf - Pack Operations)을 전개함에 따라 상선의 손실량은 격증하였다. 1941년 말부터 미국이 참전함에 따라 독일 잠수함은 미국 상선도 격침시키기 시작하여 1942년에는 가장 많은 상선을 격침시켰다. 김현기, *op. cit.*, p.24. '이리떼 작전'이란 10여 척의 잠수함이 상선이 지나갈 만한 해역 일대에 잠재해 있다가 호송선단을 발견하는 즉시 공격하지 않고 이를 사령부 되니츠 제독에게 보고하면, 사령부가 각 잠수함을 동 지역에 결집시키고 야간에 집중 공격하는 전술이다. 이정수, *op. cit.*, pp.197 - 199 참조.

지원하거나 적의 해군 혹은 군사보조를 위한 어떠한 행위를 할 경우에는 경고 또는 무경고하에 공격할 수 있다고 하였다. 유조선이 적의 전투행위에 통합되거나 적의 전쟁지속 노력의 일부가 된다면 유조선도 합법적인 표적이 된다고 보았다.[58]

그러나 걸프전에서 대부분의 이라크 선박은 해상저지활동에 참가한 다국적군의 정선 명령에 따르지 않았으나 다국적군 군함은 이를 적극적으로 공격하거나 파괴하지 않고 경고사격을 실시해 정선토록 하였다. 1991년 9월 14일 미국과 호주 함정은 이라크 선박에 대하여 최초로 공동 해상저지활동을 실시했다. 24시간 동안 무전으로 설득했지만 선장은 최후까지 정선을 거부했다. 그래서 선박의 전방에 경고사격을 실시해 간신히 속도를 저하시킨 다음 연안경비대원으로 구성된 13명의 팀이 승선하여 검색하였다. 그러나 화물을 적재하고 있지 않아 바스라로 항행을 허가했다. 그리고 9월 27일 미국 및 스페인 함정이 아카바항에서 출항한 이라크 민간선박에 대하여 정선을 명했지만 따르지 않았다. 마찬가지로 경고사격을 실시해 정선시킨 후 검색하였으나 마찬가지로 화물을 적재하지 않은 빈 배였다. 이 선박은 다국적군의 해상저지활동 방법과 경제금수조치 활동에 대한 결의 정도를 탐색하기 위해 출항했던 것이었다. 이 외에도 다수의 이라크 상선에 대해 해상저지활동을 실시하였으며, 정선을 거부하는 선박을 공격하거나 파괴하지 않았다.[59]

해상무력분쟁에 적용될 국제법에 관한 산레모 매뉴얼은 비례성원칙과 인도주의 원칙을 고려하여, "예외적으로 나포된 적 상선은

---

58) 해군본부(역), 걸프전 해상작전, 2004, pp.4-87~4-88.
59) 오정석(역), 걸프전쟁, 연경문화사, 2002, pp.539-544 참조.

146

포획심검에 회부하기 위해 항구로 인치하기 전에 (a) 승조원과 승객의 안전이 보장될 경우, (b) 나포 선박의 문서와 서류가 안전하게 될 경우, (c) 가능한 한 승무원과 승객의 개인 사물이 보존된 경우 격침시킬 수 있다."는 조항을 두고 있다.

동 매뉴얼은 다음과 같이 이를 해설하고 있다. "원칙적으로 나포된 적 상선은 군사목표로 나포된 것이 아니라면 심검에 회부하기 위해 항구로 인치하여야 한다. 법적 자료에 의하면 각국의 관행은 거의 모든 경우에 격침을 허용하는 경향이 있다. 실제로 1936년 런던의정서에 따르면 승조원과 승객 그리고 선박 서류가 안전한 곳으로 이송되는 한 상선의 격침은 합법적이라고 주장할 수 있다. 그러나 일반적인 비례의 법칙에 대한 고려 외에도 상선의 격침이 제한되어야 하는 많은 이유가 있다. 이와 관련해서 나포 군함은 안전한 장소로 간주되지 않고 있다는 사실을 고려해야 한다. 더욱이 적국 상선은 금제품으로 분류될 수 없는 중립국 화물을 운반 중일 수도 있다. 이러한 이유 때문에 적 상선의 격침은 예외적인 것으로 다루어야 하며 엄격히 제한되어야 한다. 따라서 단순히 군사적인 긴박성에 입각하여 격침을 정당화하는 것은 충분치 않다."[60] "민간인만을 이송 중인 적국 여객선을 해상에서 격침하는 것은 금지되어 있다. 여객선은 나포로부터 제외되는 어떠한 적국 선박의 범주에도 들어 있지 않으므로 통상 적 상선과 동일한 대우를 받고 있다. 그러나 만약 여객선이 민간여객 이송에만 종사하고 있다면 인도주의에 입각하여 해상에서 절대적인 격침금지가 요구된다. 비례규정에 따른 격침금지는 여객선이 군인이나 군용물

---

60) L. Doswald-Beck(ed.), *op. cit.*, pp.209-210.

자를 수송하지 않을 때에만 적용된다."[61]

이상과 같은 각국의 관행과 법규의 발달 및 위성통신, 장거리 무기, 대함 미사일 체계를 포함한 현대기술의 발전이라는 관점에서 볼 때 적 상선은 비록 적국에 소속되어 있긴 하지만, 무조건적인 파괴의 대상으로 인정해서는 안 되며 실제 분쟁과정에서 담당하는 기능 및 역할을 고려하여 제한적으로 인정해야할 것이다. 구체적으로는 (1) 임검, 수색 또는 포획에 적극적으로 저항할 때, (2) 정선명령을 받고도 계속해서 정선을 거절할 때, (3) 적의 군함이나 군용기의 호송을 받으면서 항해하고 있을 때, (4) 무장되어 있을 때, (5) 적군의 정보체계에 편입되어 있거나 혹은 어떠한 방법으로든지 적 정보체제를 원조할 때, (6) 어떤 자격으로든지 적군의 해군으로 활동하거나 혹은 군사적 보조함으로서 활동할 때 및 (7) 적 상선이 적국의 전투수행능력이나 지속력에 통합되어 있고 특별 조우 상황에서 1936년 런던의정서를 준수하는 것이 군함에 급박한 위기를 초래하거나 혹은 임무완수에 방해가 될 때 사전경고하에서 또는 사전경고 없이 수상함에 의하여 파괴될 수 있다.

개전 시 적 군함의 일반적 지위

일반적으로 군함은 중립국의 영역을 벗어난 해상에서 적국의 해상, 공중의 표적을 공격, 포획 및 파괴하기 위하여 금지되지 않은 전

---

61) *Ibid.*, p.210.

투수단과 방법을 사용할 수 있다. 따라서 보조함을 포함한 적 군함은 중립국의 영역 외에서 공격, 파괴 및 포획의 대상이 된다. 이러한 공격은 무경고로, 적 승무원의 안전에 관계없이 행해질 수 있다.[62]

그리고 특별한 경우 적 군함은 중립국 영역에서도 공격의 대상이 된다. 국제법상 일반원칙으로 중립국의 영토, 영해 및 영공을 포함한 중립 영역에서 전투행위는 금지된다. 중립국은 교전국이 중립 영역을 군사작전기지 또는 피난처로 사용하지 못하게 할 의무가 있다. 만일 중립국이 불가침의 권리를 효과적으로 행사할 수 없거나 하지 않을 때에는 권리를 침해당한 교전국은 군함 및 군용기를 포함한 적군의 불법적인 중립 영역 사용에 대하여 중립 영역에서의 교전행위에 호소할 수 있다. 교전국은 중립 영역에 있는 동안 공격받거나 공격의 위협이 있을 때 또는 중립 영역으로부터 공격 또는 위협받았을 때 자위행동이 허용된다.[63]

교전국은 중립국의 주권적 권리를 존중하고 중립국 영토 및 영수에서 중립 위반을 구성하는 일체의 행위를 삼가야 하며(해전중립협약 제1조), 교전국 군함이 중립국 영수에서 포획, 임검, 수색 기타 일체의 적대행위를 행하는 것은 중립 위반이다(동 제2조). 그리고 교전국은 중립국의 영토 내뿐만 아니라 영해에 있는 선박 내에도 포획재판소를 설치할 수 없으며(동 제4조), 교전국은 중립국

---

62) W. J. Fenrick, 「Legal Aspets of Targeting in the Law of Naval Warfare」, 29 *CYIL*, 1991, p.269.

63) 교전국은 만약 중립국 영토 및 영수에서 개시된 무력공격의 희생자가 되는 경우가 아니면, 중립국 영수를 불법적으로 이용하는 적국에 대하여 적대행위를 취하는 것이 허용되지 않는다. N. Ronzitti(ed.), *The Law of Naval Warfare*, Martinus Nijhoff Publishers, 1988, p.218.

의 항구 및 영수를 작전근거지로 삼거나 무선전신국이나 교전국 병력과의 통신에 사용되는 장비를 설치할 수 없다(동 제5조).

중립국은 교전국의 군함 또는 그가 포획한 선박의 단순한 중립 영수의 통과는 허용할 수 있으며(제10조), 중립국은 그의 도선사를 교전국 군함에서 사용함을 임의로 결정할 수 있고(동 제11조), 중립국이 협약에 규정된 권리를 이행하는 것은 이를 승인한 교전자의 일방 또는 타방에 대하여 우의에 위반하는 행위로 간주되지 않는다(동 제26조).

교전국 군함이 중립국 영수 내에서 선박을 포획한 경우 중립국은 그것을 석방하기 위하여 가능한 일체의 수단을 강구하지 않으면 안 된다(동 제3조).

또한 중립국은 자국 영수 내에서 교전국 선박이 무장하는 것을 방지하여야 한다. 중립국은 교전국의 일방에 대하여 순라의 용도에 제공되고 또는 적대행위에 참가하리라고 믿을 만한 상당한 이유가 있는 선박이 자국의 관할 내에서 장비, 의장 또는 무장하는 것을 방지하지 않으면 안 되며, 또 교전국의 일방에 대하여 그러한 의도로 어느 선박이 자기의 관할 외로 출발하는 것을 방지하기 위하여 동일한 형태의 감시를 하지 않으면 안 된다(동 제8조).

다음으로 중립국은 교전국 군함이 예외적인 경우를 제외하고 중립국 항 및 영수에 정박하는 것을 방지하여야 한다. 정박은 허용할 수 있으나 교전국 쌍방에 대해 공평하게 적용한다는 전제하에서 이를 금지 또는 제한할 수 있으며(동 10조), 정박은 파손 또는 해난 상태의 경우를 제외하고는 원칙적으로 24시간을 초과할 수 없다(동 제12조). 동일한 항에 동시에 정박할 수 있는 교전국 군함의 수는 각각 3척을 초과할 수 없으며(동 제15조), 교전국 쌍방의 군함이 동시에 동일한 항에 정박하는 경우에는 일방의 군함의 출발과 타방의 군함의 출발과의 간에는 적어도 24시간의 간격을 두어야 하고(동 제16조), 교전국 군함은 중립국 항에서 항해의 안전에 필요한 정도 이상으로 그 파손을 수리하거나 또는 어떠한 방법에 의하든 간에 그 전투력을 증강할 수 없으며(동 제17조), 교전국 군함은 군수품이나 무장을 변경 또는 증강시키거나 승무원을 보충하기 위하여 중립국의 항구, 정박지 또는 영수를 이용할 수 없다(동 제18조). 교전국 군함은 원칙적으로 가장 가까운 본국 항에 도달하는 데 필요한 한도 이상의 연료를 중립국의 항에서 적재하거나 또는 중립국의 같은 항에서 3개월 이내에 재차 연료를 적재할 수 없으며(동 제19조 및 제20조), 교전국 군함이 중립국 관헌의 통고가 있음에도 불구하고 퇴거치 아니할 때에는 중립국은 당해 군함을 전쟁 계속 중에 출항할 수 없도록 억류할 수 있다(동 제24조).

그리고 중립국은 포획물을 중립국 항으로 인치하는 것을 방지하여야 한다. 불가항력의 경우와 억류의 경우를 제외하고 교전국 군함은 포획한 선박을 중립국의 항에 인치할 수 없으며(동 제21조), 포획된 선박이 이러한 조건에 의하지 않고 인치된 경우 중립국은 이를 석방하여야 한다(동 제22조).

한편 항복한 적 군함에 대한 공격은 금지된다. 군함이 일단 그 기를 내리거나 백기를 게양하거나 잠수함의 경우 부상하거나 엔진을 정지하고 공격자의 신호에 따르거나 구명정에 의지하면서 명백하게 항복할 의사를 나타내면 공격행위를 중단하여야 한다.

파괴되거나 포획된 적 군함의 장교 및 승무원은 전쟁포로가 되

며, 군사적 긴박사태가 허용하는 한 교전 후에는 지체 없이 조난
자를 수색하여 구조하고, 사망자를 발견하기 위해 가능한 한 모든
조치를 다 취하여야 한다. 포획된 군함과 해군 보조선은 포획과
동시에 포획국 정부에 소유권이 이전되며, 포획심판 절차를 적용하
지 않는다. 왜냐하면 이들에 대한 소유권은 포획이라는 사실에 의
하여 즉시 포획국 정부에 소속되기 때문이다.

2. 공격 및 파괴의 제한

가. 전투수단 및 방법의 제한

(1) 전투수단과 방법의 선택권 제한

무력분쟁에 있어 전투수단 및 전투방법을 선택할 분쟁당사국의
권리는 무제한적이지 않다. 동 원칙의 기원은 19세기에 개최된 여
러 회의와 논의들에서 확인되고 있는바, 1874년 브뤼셀 회의에서
의 무력분쟁에 관한 문서(브뤼셀선언) 제12조에 처음으로 반영되었
고, 그 후 1907년의 Hague 육전규칙에서 제22조로 조문화되었으
며, 1977년 제1추가의정서 제35조 1항 및 1980년 특정재래식무기
협약 서문에서 재확인되었다.[64]

헤이그 육전규칙 제22조는 전통 전쟁법상의 '군사필요원칙' 및
'인도주의원칙'과 관련하여 논의되어야 할 것이다. '군사필요원칙'

---

64) 이민효, 「해상무력분쟁에서의 전투수단과 방법의 제한에 관한 연구」, 해양연구논총, 제30
    집, 2003. 6, p.7.

은 정당한 전쟁목표의 신속한 달성을 위해 필요한 군사력의 사용을 허용한다는 원칙이고, '인도주의원칙'은 교전당사자에게는 군사목표를 달성하기 위한 모든 전투수단과 방법이 허용되는 것이 아니고 문명과 인도주의(civilization and humanity)에 따른 제한이 부과된다는 것이다. 양 원칙은 상호 제한적인 원칙하에서 조화되어야 한다. 이러한 양 원칙의 조화로서 전투수단 특히 무기에 관해서 전통 전쟁법 원칙으로 표현된 것이 "교전자는 해적수단(害敵手段)의 선택에 관하여 무제한적인 권리를 갖는 것은 아니다."라고 규정하고 있는 헤이그 육전규칙 제22조라고 볼 수 있다.[65]

그러나 전투에 관한 인도적 기본규칙의 핵심인 동 원칙은 전투수단과 방법의 규제에 있어 기초를 구성하지만,[66] 실제 상황에서 선택할 수 없는(또는 있는) 전투수단과 방법에 대해 아무런 언급도 하고 있지 않기 때문에 구체성과 명확성을 결한 추상적·일반적인 성격을 갖는다.

신무기 및 전투수단과 방법의 연구·개발·획득 및 채택에 있어서 체약국에 동 무기 및 전투수단의 사용이 제1추가의정서 및 체약국이 적용할 수 있는 국제법의 여타 규칙에 의하여 금지되는지의 여부를 결정할 의무를 부과하고 있는 동 의정서 제36조는 본 항의 실효적인 이행과 관계가 깊다. 무력분쟁법에 의해 분쟁당사국이 부담하는 의무와 관련하여 새로운 전투수단과 방법을 평가하여야 할 의무는 본 항에서 언급된 선택의 자유가 없다는 것으로부터

---

65) *Ibid.*

66) D. Fleck(ed.), *The Handbook of Humanitarian Law in Armed Conflicts*, Oxford University Press, 1995, p.112.

논리적으로 도출된다.[67]

그리고 이 원칙은 이론 및 국가의 사후관행 면에서 다음과 같은 역할을 행하였다. 이론 면에서 볼 때 이 원칙은 '교전자에게 잔인하거나 배신적인 행위를 억지하여야 할 일반적 의무를 과하는' 역할을 행하여 왔으며,[68] 관행 면에서 볼 때 (1) 헤이그 육전규칙에 의하여 금지되지 않는 무기는 그 사용이 허용된다는 추론을 배제하며,[69] (2) 특정무기 사용의 규제를 위한 기본적 전제[70]로서의 역할을 담당해 왔다.[71]

위 원칙은 해전에 있어서의 전투수단과 방법의 선택에도 마찬가지로 적용할 수 있을 것이다. 물론 육상 무력분쟁에 적용되는 일반원칙이 해상에서의 적대행위에도 관련 있는지 명확하게 언급하고 있는 조약규정은 현재 존재하지 않는다. 그러나 이러한 일반원칙이 해상무력분쟁법에 확실히 정착되었다는 것은 전체 법체계에

---

67) Y. Sandoz, C. Swinarski and B. Zimmermann(eds.), ICRC Commentary to Additional Protocol Ⅰ, *Commentary on the Additional Protocols of 8 June 1977 to the Geneva Conventions of 12 August 1949*, 1987, pp.390-399 참조.

68) D. Bindschedler-Robert, *A Reconsideration of the Law of Armed Conflicts*, 1971, p.28.

69) A. Cassese, 「Means of warfare: The Traditional and the New Law」, A. Cassese (ed.), *The Humanitarian Law of Armed Conflict*, 1979, p.161. 이는 전투수단은 국제법의 다른 규정, 즉 전쟁에 관한 법규 및 선언에 의한 금지 또는 허용 여부에 따라 결정된다는 것을 의미한다.

70) 1974년부터 1977년에 걸쳐 개최된 '무력분쟁에 적용될 국제인도법의 재확인 및 발전에 관한 외교관회의'에서 동 기본원칙을 전제로 하여, 특정재래식무기를 규제하기 위한 일반적 기준으로 불필요한 고통 및 과다한 상해를 일으키거나 무차별적 효과를 초래하거나 배신적 효과를 갖는 무기사용의 금지라는 3개 원칙을 채택하였다. Report of the Ad Hoc Com. on Conventional Weapons of the Diplomatic Conf., 1st Sess.(CDDH/47/Rev.1, 1977), pars.21-25.

71) UN. Doc. A/9215(Existing rule of international law concerning the prohibition or restriction of use of specific weapons, Respect for Human Rights in Armed Conflicts), vol.1, 1973, p.17.

서 볼 때 당연하다. 게다가 국제연합 총회는 1968년 12월 19일의 결의 2444(XXⅢ)[72]에서 '무력분쟁에 있어서 전투수단 및 방법을 선택할 분쟁 당사국의 무제한적 권리 불인정'을 포함한 무력분쟁법의 기초가 되는 여러 원칙들을 만장일치로 확인한 바 있다.

(2) 과도한 상해 및 불필요한 고통을 야기하는 무기 사용 금지

과도한 상해 및 불필요한 고통을 야기하는 무기 사용 금지 원칙은 간접적인 표현 형식이기는 하지만 1868년의 세인트ㆍ피터스버그선언(St. Petersburg Declaration) 전문에서 처음으로 규정되었다. 즉, "국가가 전쟁기간 중에 달성하고자 노력하여야 할 정당한 목적은 적의 군사력(military forces)을 약화시키는 것이며, 이를 위하여서는 가능한 한 다수의 자를 무능력화하는 것으로 충분하며, 따라서 이미 무능력하게 된 자의 고통을 소용없이 증대하거나 또는 죽음을 불가피하게 하는 무기의 사용은 전쟁법의 목적 범위를 넘어선다."고 하였다.

동 원칙을 보다 명확하게 표현한 것은 헤이그 규칙과 제1추가의정서이다. 헤이그 규칙 제23(e)항에 의하면 불필요한 고통을 일으키는 무기, 발사물 및 기타의 물질의 사용을 금지하고 있으며,[73]

---

72) 국제연합의 후원하에 1968년 4월 22일부터 5월 13일까지 테헤란에서 개최된 국제인권회의(International Conference of Human Rights)는 인권과 국제인도법 간의 관계를 확립함으로써 중요한 전환점을 이루었는데, 동 회의는 국제연합 총회로 하여금 사무총장에게 (1) 모든 무력분쟁에서 국제인도법의 보다 나은 적용을 확보하기 위한 조치, (2) 모든 무력분쟁에서 민간주민, 포로 및 전투원의 보호 및 특정 전투방법을 금지시키기 위한 국제인도법의 개정 또는 보완을 연구토록 요구할 것을 요청했다. 이러한 요청을 받아들인 국제연합 총회가 사무총장에게 국제적십자위원회 등과 협력하여 이를 행할 것을 요청한 결의가 총회 결의 2444(XXⅢ)였다.
73) 동 원칙은 400그램 이하의 작렬탄, 덤덤탄, 질식성 또는 유독성 가스 등 몇 가지 전투수단의 특수한 사용 금지를 자동적인 규칙으로 만들고자 하는 것을 목적으로 하고 있다.

제1추가의정서 제35조 2항에서도 '필요 이상의 상해 또는 불필요한 고통'을 일으키는 성질의 무기, 발사물 및 전투물질과 그러한 방법을 사용함을 금지한다고 규정하고 있다.

여기서 상해나 고통이 '과도'하거나 '불필요'하다는 것은 '국제법상 군사적 이익을 증대시키지 못하고 고통만을 증대시키는 무기의 사용은 금지한다.'라는 것을 의미하며, 그 판단기준은 '합법적 군사목적 달성 시 야기되는 불가피한 피해가 아닌 그 이상의 피해'이다.[74]

동 원칙은 세계여론이 교전국 행위의 정당 여부를 평가함으로써 도덕적, 정치적 규범으로서 역할을 할 수 있다. 이 원칙의 초법적인 평가는 여론이 대중매체를 통해 정부에 영향을 주기 때문에 단순한 법적인 평가보다도 더 중요하게 나타날 수 있으므로 과소평가되어서는 안 된다. 무엇보다도 동 원칙은 각 국가가 새로운 무기를 개발하는 것을 억제하거나 그 사용을 금지하고자 할 때 일반적인 인도주의적 근거의 하나로 설명하기 때문에 대단히 중요한 교시 자료로서 제공된다고 본다.[75]

그러나 동 원칙은 그 개념이 애매하고 객관성이 결여되어 있어 실질적으로 존중되지 않았으며, 각국은 편의적으로 해석하는 경향이 강하였다. 그 결과 잔인한 특성이 명백하기 때문에 누구도 그것을 부인할 수 없다거나, 동 원칙을 반복적·대규모적으로 위반한 증거가 있는 경우와 같은 극단적인 경우에만 교범적인 역할을

---

74) Y. Dinstein, *The Conduct of Hostilities under the Law of International Armed Conflict*, Cambridge University Press, 2004, p.59.

75) 임덕규, 「전투수단의 법적 규제」, 육사논문집, 제21집, 1981, p.297.

하고 있다.[76] 법제 형식 면에서도 동 원칙의 구체화를 위한 어떠한 대책이 전혀 따르지 못한 형식적인 표현에 불과한 듯한 면이 없지 않다. 무기 사용자 스스로 군사적 필요와 인도적 요청 간의 균형을 판단할 수밖에 없다는 내재적 난점이나 모순도 그러려니와 다양한 무기체계 속에 각기 다른 성능들을 획일적 기준으로 검정하기도 어려운 것이므로 '불필요한 고통'의 한계를 설정한다는 것은 결코 용이하지 않은 측면도 있다.[77]

(3) 전멸명령 금지

생존자에 대한 전멸명령과 그러한 명령으로 적을 위협하는 행위 및 생존자를 전멸시킬 목적으로 행하는 적대행위는 금지된다. 1907년의 헤이그 육전규칙 제23조(d) 및 제1추가의정서 제40조에 명시적으로 규정된 동 원칙은 상당히 오랜 역사적 과정을 거쳐 발전되었다. 다만 어떠한 助命도 허용하지 않는다고 선언하는 것을 확고하게 반대하는 입장이 확립된 것은 19세기 이후이다. 이러한 원칙은 분명히 해상에서의 부상자, 병자 및 난선자의 존중 및 보호와 밀접히 결부되어 있다. 먼저 불필요한 고통에 관한 규칙의 설명에 비추어 실제 이것은 전투원으로보다는 물자에 대하여 주로 영향을 미치는 성질 때문에 해상작전의 수행에 직접 적용되는 원칙이라기보다는 병자 및 난선자를 보호하는 의무의 일부로 보아야 한다. 이러한 접근은 항복하는 적의 살상을 금지하고 있는 제17조에서 조명거부를 첨부하고 있는 1913년의 해전에 관한 옥스퍼드

---

76) A. Cassese, *op. cit.*, p.163.

77) 김정균, 「전쟁법·인도법에 있어서의 무기사용규제」, 인도법논총, 제14호, 1994, p.13.

매뉴얼에 반영되어 있다. 해상에서의 적대행위에서 동 원칙은 제2차 세계대전 후에 열린 몇몇 주요한 재판의 판결에서 그 유효성이 지속되고 있다는 것이 확인된 바 있다.[78]

(4) 배신행위의 금지

배신행위(perfidy)는 적의 신뢰를 배반하려는 의도를 갖고 무력분쟁에 적용되는 국제법의 규칙들하에서 보호받을 권리가 있거나 보호할 의무가 있는 것처럼 적의 신뢰를 유발하는 행위이다.[79]

이러한 배신행위는 금지되는바, 이에는 (a) 면제되는 지위, 민간인의 지위, 중립국의 지위 또는 국제연합의 지위 및 (b) 항복 또는 조난(조난신호의 송신 또는 승무원을 구명정에 옮기는 것)을 가장한 공격,[80] (c) 군사기·적기·적군장·적군복·휴전기·적십자기장의 부당 사용(육전규칙 제23조 1항(f)), (d) 휴전기하 또는 투항기하에서의 협상의도의 가장, 부상 또는 질병에 의한 무능화의 가장, 유엔 또는 중립국이나 기타 비충돌 당사국의 표식·표장 또는 복장의 착용에 의한 피보호 지위의 가장(제1추가의정서 제37조 1항) 등이 해당된다. 이 외에 적국의 국가원수, 지휘관, 군인 등의 암살행위도 배신행위로 보는 견해가 있다.[81]

---

78) Wolff Heintschel v. Heinegg(ed.), *The Military Objective and the Principle of Distinction in the Law of Naval Warfare*, pp.11－17 참조.

79) Y. Sandoz, C. Swinarski and B. Zimmermann(eds.), *op. cit.*, pp.434ff 참조.

80) (a)와 (b)에 규정된 예는 당연한 것으로 그 결정적 요소는 군함이나 군용기가 보호되는 지위를 위장하고 있는 동안에 적대행위를 준비하여 실행하는 것이다. 그러므로 해상무력분쟁에 적용될 국제법에 관한 산레모 매뉴얼 채택을 위한 라운드 테이블은 과거 영국의 Q－Ships의 관행(제1차 세계대전 중 영국에서는 외견상은 비무장 또는 경무장의 상선－대개 소형의 연안항행선－이 실제로는 위장된 갑판실에 통상 4inch포를 숨기고 있었다. Q－Ship의 Prince charles호는 1915년 7월 헤브리데스제도(諸島)에서 독일 잠수함 U36을 격침시켰다.)은 오늘날에는 인정되지 않는다는 입장을 보였다. L. Doswald－Beck(ed.), *op. cit.*, p.186.

배신행위의 예로는 적십자표식을 단 구급차에서 교전지역 내에 있는 미군에게 총격을 가한 사실에 대해 피고에게 유죄판결을 내린 1946년의 미군사법원의 '하겐더프사건'(The Hagenderf Case)을 들 수 있다.[82]

(5) 고의적인 대규모 환경파괴 금지

전투수단 및 방법은 국제법의 관련 규칙을 고려하여 자연환경에 타당한 고려를 해야 한다. 군사적 필요성에 의해 정당화되지 않고 또한 자의적으로 행하여지는 자연환경에 대한 손해 또는 파괴는 금지된다.

자연환경에 대하여 광범위하고 극심한 손상을 야기하려는 의도를 갖거나 그렇게 될 것으로 예상되는 전투방법 및 수단의 사용은 금지되며(제1추가의정서 제35조 3항), 전투 중 광범위하고 장기간의 극심한 손상으로부터 자연환경을 보호하기 위한 조치를 취하여야 하며 주민의 건강 및 생존을 침해할 것이 예상되는 전투수단 및 방법의 사용과 복구에 의한 자연환경에 대한 공격은 금지된다(동 제55조).

무력분쟁은 일반적으로 군사적, 경제적 목적을 위한 삼림의 파괴, 식수의 고의적 오염과 같은 직접적, 계획적인 환경파괴 및 환경에 유해한 화학물질 배출시설에 대한 공격, 부정확한 표적 선택 및 대량파괴무기에서 발생되는 의도하지 않았던 경미한 환경파괴와 같은 간접적, 부수적으로 영향을 미친다.[83]

---

81) M. Greenspan, *The Modern Law of Land Warfare*, 1959, p.317.

82) L. Oppenheim, *op. cit.*, 1952, p.362 참조. 이병조·이중범, 국제법신강, 일조각, 1999, p.992에서 재인용.

해상무력분쟁에서의 환경문제는 새로운 해전 기술과 방법, 무력분쟁법과 해양법의 새로운 전개 및 해상무력분쟁의 결과로서 환경에 대한 중대한 손해가 발생할 가능성의 증대로 주목받기 시작하였으며, '해상무력분쟁에 적용될 국제법에 관한 산레모 선언'의 채택을 위하여 1991년에 개최된 베르겐(Bergen) 회기와 1992년의 오타와(Ottawa) 회기에서의 예비논의를 거쳐서 1993년 제네바 회기 라운드 테이블을 위한 합의의제로 삽입되면서부터 공식적으로 논의되기 시작하였다.

제네바 회기 중 무력분쟁 중의 환경보호에 관한 특별보고자는 보고서에서 평시에 해양환경을 해하지 않을 의무가 국가에 존재한다고 하였는데, 걸프전쟁(1991년)의 경험[84]에 비추어 볼 때 적어도 해상무력분쟁 중에 전투의 수단으로서 해양환경을 이용하는 것 또는 그것을 공격목표로 하는 것을 금지하는 규칙이 출현했다는 것은 매우 명백하다고 강조하였다. 제네바 회기에서 논의 결과 "군사적 필요성에 의하여 정당화되지 않고 또한 자의적으로 행하여지는 자연환경에 대한 손해 또는 파괴는 금지한다."라는 조항을 채택하기로 합의되었다. 이는 많은 참가자들이 표명한 관심사, 즉 '군사

---

83) J. Leggett, 「The Environmental Impact of War: a Scientific Analysis and Greenpeace's Reaction」, G. Plant(ed.), *Environmental Protection and the Law of War: A Fifth Geneva Convention on the Protection of the Environment in Time of Armed Conflict*, Belhaven Press, 1992, p.68.

84) 걸프전에서 이라크는 쿠웨이트에서 철수하기 직전 쿠웨이트의 전후경제를 파괴하기 위해 700개 이상의 유정에 방화하고, 약 2백50만 내지 3백만 배럴의 석유를 걸프 만에 유출시켜 돌고래, 해우, 물고기 및 거북 등의 생존을 불가능하게 했을 뿐만 아니라 인간의 생존을 유지하는 생태계에도 엄청난 악영향을 미쳤다. *Ibid.*, p.70. 걸프전에서의 환경파괴에 대한 설명은 A. Roberts, 「Environmental Destruction in the 1991 Gulf War」, 291 *International Review of the Red Cross*, 1992, pp.538 - 553, 특히 다국적군에 의한 환경파괴는 *Ibid.*, pp.545 - 547.

적 필요 원칙'의 범위 내에서 해상무력분쟁의 전투수단 또는 공격
의 직접목표 또는 대상으로서 해양환경을 이용하는 것을 위법화해
야 한다는 것을 수용한 것이었다.

제네바 회기에서 합의된 안은 리보르노(Livorno) 최종 회기에서
'전투수단 및 방법은 그 법원의 여하에 관계없이 무력분쟁에 적용
되는 자연환경의 보호와 보전에 관한 국제법 규칙에 따라서 사용
되지 않으면 안 된다.'라고 수정할 것이 제안되었는데, 이는 보다
명확하고 직설적이었다. 특히 무력분쟁 시의 환경보호에 적용되는
법규의 향후 발전에 길을 여는 것이었다. 그러나 다른 참가자들은
본 항에 '국제법의 관련 규칙을 고려하여'를 언급하는 것은 무력분
쟁에 적용되는 그러한 규칙을 존중하지 않으면 안 된다는 것을 적
절히 규정하고 있고, 또한 그것에 '타당한 고려'의 기준을 추가하
는 것은 보다 효과적인 환경보호에 기여한다고 생각하였다. 그 이
유는 오늘날 무력분쟁 중의 환경보호를 직접 언급하는 규칙은 매
우 한정되어 있고, 또한 '타당한 고려'라는 표현은 개개의 특정 경
우에 대립되는 이해를 평가하는 데 유연성을 부여한다고 보았기
때문이었다.

나. 군사목표 구별원칙 준수

분쟁당사국은 민간인 또는 피보호자와 전투원, 민간물자 또는
공격면제물자와 군사목표를 항상 구분하지 않으면 안 된다. 무력공
격은 엄격하게 군사목표에 한정되어야 하는바, 공격은 군사목표에
대하여 또는 군사목표인 적선 및 적 항공기에 의해 수행되는 것과

기능상 구별되지 않는 임무에 종사하는 제한된 중립국 선박과 항공기를 목표로 하여야 한다.

　군사목표물은 그 성질, 위치, 용도 또는 사용이 군사활동에 효과적으로 공헌하는 것으로 그 전면적 또는 부분적 파괴, 포획 또는 무력화가 당시 상황하에서 명확한 군사적 이익을 가져오는 것이다. 이러한 정의하에서 군사목표로 분류되는 것은 예컨대 군함, 군용차량, 무기, 탄약, 연료 저장소 및 요새와 같은 엄밀한 군사목표 외에도 가정의 미래 시점이 아닌 그 당시 상황에서 이러한 기준을 충족하는 경우, 예컨대 수송과 통신체계, 철도, 비행장, 항만시설 및 무력분쟁에 있어서 기본적인 중요성을 갖는 산업과 같은 군사작전에 대하여 행정 및 후방지원을 제공하는 활동도 군사목표에 포함된다. 또한 군사목표가 '군사활동에 효과적으로 공헌'하는 것이어야 한다는 것이 전투행위와의 직접적인 관계를 요구하는 것은 아니기 때문에 민간물자가 전투행위와 단지 간접적으로 결부되더라도, 분쟁당사국의 전체적인 전쟁 수행능력 중의 군사적 부분에 효과적으로 공헌하도록 사용되면 군사목표가 되어 공격으로부터 면제되지 않는다.

　오늘날 교전자(전투원)와 비교전자(민간인) 및 군사목표와 비군사목표(민간물자)는 엄격하게 구별되고 있다(구별의 원칙, Principle of Distinction). 동 원칙은 오늘날에 이르기까지 헤이그법의 가장 기본적인 원칙으로서 확립되어 있으며, 제1추가의정서 제48조에 의해서도 재확인되고 있고, 국제연합 총회도 일반적인 무력분쟁법 전체의 기초가 되는 약간의 원칙을 만장일치로 확인하면서 "가능한 한 민간주민을 보호하기 위하여 적대행위에 참가하는 자와 민간주민의

구성원은 항상 구별되지 않으면 안 된다."고 결의한 바 있다.[85]

이 원칙은 모든 전투행위를 오직 교전자와 군사목표에 대해서만 지향하고 민간인에게는 원칙적으로 교전 자격을 인정하지 않는 반면에, 민간인 및 민간물자는 최대한도로 공격 대상으로부터 면제하고, 이들을 가능한 한 보호하려는 데 그 목적이 있다.[86]

그러나 군사목표에 대한 공격이 군사목표를 오인하거나 군사목표에 명중했지만 그 영향이 군사목표에 한정되지 않고 확대되어 다른 사람이나 물건에 부수적인 사상이나 손해를 야기하였다고 해서 무조건 동 원칙을 위반한 것은 아니다. 왜냐하면 어떠한 전투 방법이나 수단도 100퍼센트 정확히 기능하는 것은 아니며, 일반적으로 발사체가 표적에 명중할 확률은 꽤 낮다. 그러므로 부수적 손해가 일어날 가능성이 있다고 해서 무력공격을 불법적인 것으로 만드는 것은 아니다.

구별원칙이 해전법규에 적용된다고 명확하게 언급하고 있는 조약 규정은 현재 존재하지 않는다. 그러나 실제로 해상작전을 규율하는 무력분쟁법은 비록 불완전하기는 하지만 공격할 수 있는 자와 없는 자, 공격할 수 있는 물자와 없는 물자 간에는 식별원칙이라고도 불리는 구별원칙을 그 법체계의 본질적인 요소로 하고 있다. 현대 무력분쟁에서 모든 희생자 중 민간인 희생자의 비율이 증가하고 있는바, 오늘날 구별원칙이 모호해졌다고 볼 수도 있겠지만 이러한 구별원칙이 강조되고 강화되어야 하는 것은 자명한 일이다.

---

85) U.N., G.A., Res.2444(XXⅢ)(1968. 12. 19.)
86) 정운장, 국제인도법, 영남대학교 출판부, 1994, pp.256-257.

병원선으로 개조된 상선의 법적 지위

【규정】 병원선으로 개조된 상선은 적대행위의 기간을 통하여 다른 어떠한 용도에도 사용되지 못한다(제네바 제2협약 제33조).

【해설】 이 규정은 새로운 규정으로 1937년에 전문가가 작성한 권고에 따라 삽입되었다. 종전에는 명확하지 않던 원칙을 규정한 것이다. 선박이 병원선의 임무에 충당되어 상대국이 이에 대한 통고를 받은 경우에는 무력분쟁 全期間을 통하여 그 지위를 변경해서는 안 된다.

이 규정이 도입은 것은 두 가지 이유 때문이다. 첫째, 상선이 위험지대를 횡단하고 혹은 봉쇄를 통과하여 안전하게 당초의 항로에 복귀할 목적으로 또는 보조선박이나 군대수송선으로 사용할 목적으로 상선을 병원선으로 가장하는 일이 없도록 하기 위하여 설정된 것이다.

둘째, 병원선에 모든 소망스러운 안전성과 항구성을 부여하기 위한 것이다. 즉, 적대행위가 한창일 때도 적선에 부여된 면제에 대하여 지불해야 할 대가인 것이다. 병원선이 반복하여 개조된다면 상당한 혼란이 발생할 것이다. 병원선의 안전이 확보되기 위해서는 그것이 잘 주지되어야 하고 또 승인되어 있어야 한다. 개조된 선박이 적의 전력을 보충하기 위하여 결코 사용되는 것이 아니라는 것을 교전국이 알고 있으면, 교전국은 그것을 더욱 존중하고 그 사용을 장려하게 될 것이다. 더욱이 대우를 필요로 하는 자의 입장에서 보면 성급하고 불필요한 改裝은 결코 바람직하지 못하다.

어느 경우에나 교전자는 모든 성실을 다하여 행동하고 진실한 필요에 충당하기 위하여 적당한 장비를 갖춘 병원선의 취역을 방해해서는 안 되며 또한 상선은 奇計를 은폐하기 위하여 제네바표장을 사용해서도 안 된다(대한적십자사 인도법연구소(역), 제네바협약해설서Ⅱ, 1985, pp.220 – 221 참조).

✈

<table><tr><td>제3절</td><td>결언</td></tr></table>

결언

해전에서 적 군함 및 그 보조선박은 합법적 군사목표물로 인정되는바, 교전국 군함은 공해 또는 교전국의 영수 내에서 조우하는 이들 선박을 즉시 공격할 수 있으며, 이를 나포할 경우 전리품으로서 나포한 국가에 귀속되며 승무원은 포로가 된다.

그러나 적 상선은 적대행위에 직접적으로 참여하고 있지 않는 한 적 군함이나 그 보조선박과는 달리 취급되어야 한다. 물론 상선은 군함으로의 전환이 용이하고, 군함으로 전환되지 않더라도 군사상 용역을 제공함으로써 전쟁행위에 참가할 가능성이 있으며, 통신기술의 발달로 개전 사실을 알지 못했다고 주장할 근거가 약화긴 하지만, 무력분쟁의 불의의 발발에 대한 국제상업의 안전을 보장하고 또 전쟁 개시 전에 선의로 개시되어 이행 중에 있는 상거래의 보호를 위해 무력분쟁 발발 시 적국 항구 내에 있는 타방 상선 및 무력분쟁이 개시되기 전에 최종의 기항지(출항 항)를 떠나 그 사실을 알지 못하고 적국에 입항한 상선은 개전 즉시 또는 상당한 은혜기간 동안 자유롭게 그 항구를 출항하는 것이 허용되어야 한다.

그러나 교전국 군함은 나포할 수 있다고 의심되는 합리적인 이유가 있는 경우 중립국 영수 밖에서 상선을 임검 및 수색할 권리가 있다. 이러한 교전국 군함의 권리는 중립국 상선에도 행사 가능하며, 나포 및 몰수가 면제되는 적 선박일지라도 면제 지위를 상실하였다고 간주할 수 있는 합리적인 근거가 존재하는 경우에도 가능하다. 그러나 이러한 임검 및 수색은 자의적으로 행사되어서는 안 된다. 무제한적인 임검과 수색은 국제법과 합치되지 않으며, 나포 대상이 된다고 의심되는 '합리적인 이유'가 있는 경우라야만 가능하다.

적선은 병원선, 안전통항권이 발행된 선박, 문화재 수송선박, 종교·비군사적 학술 또는 자선임무에 종사하는 선박, 소형 연안어선과 연안무역에 종사하는 선박 등 특별히 보호되는 경우를 제외하고는 중립국 영수 밖에서 나포의 대상이 된다. 적국 상선에 있는 敵貨는 포획물로 항상 나포할 수 있지만, 적국 상선 내에 있는 중립국 화물은 그것이 전시금제품인 경우, 당해 선박이 봉쇄를 침파하는 경우 또는 적국의 호위하에 항행하거나 임검 및 수색에 대해 적극적으로 저항하는 경우에만 나포할 수 있다. 적 상선을 나포할 수 있는 해역은 분쟁 당사자 간 해전을 할 수 있는 수역(해전수역)으로, 유엔해양법협약 질서하에 있는 오늘날 해전수역은 교전국의 영해 및 내수·배타적 경제수역·대륙붕 및 군도수역, 공해 및 일정한 제한하의 중립국의 배타적 경제수역 및 대륙붕의 수중·수상 및 상공이다.

그렇지만 교전국은 중립국이 주권적 권리, 관할권 및 기타 일반 국제법에 기초한 권리를 향유하는 수역에서 작전을 수행하는 경우에는 당해 중립국의 정당한 권리에 타당한 고려를 하지 않으면 안 되며, 희귀하거나 소멸되기 쉬운 생태계 및 멸종위협이나 위험에 처해 있는 종(species) 또는 기타 해양생물의 서식지를 포함하는 해역에서는 적대행위가 제한되도록 노력하여야 한다.

적 군함 또는 기타 군사목표의 나포는 그 즉시 포획자에게 이전되지만 적 상선의 나포는 포획자의 포획재판소에서 몰수결정이 있을 때까지는 포획자에게 이전되지 않는다. 이처럼 원칙적으로 나포된 적국 상선은 그 심검을 위해 항구에 인치되지 않으면 안 되지만, 그러나 상황이 이러한 절차를 불가능하게 하는 경우에는 포획물을 파괴할 수 있다. 군사적 상황 때문에 나포된 적 상선을 인치할 수 없는 경우에는 승객 및 승조원의 안전이 제공되고, 포획물에 관한 문서와 서류들이 안전하게 확보되며, 가능한 한 승객과 승조원의 개인용품이 안전하게 확보된 경우에는 예외적으로 파괴할 수 있다. 적 상선의 파괴는 예외적 조치로서 취급하지 않으면 안 되고, 엄격하게 제한되어야 한다.

적 상선에 대한 즉각적인 공격은 허용되지 않으며, 동 선박이 군사목표물의 정의에 합치되는 경우에만 공격할 수 있다. 이처럼 적 상선은 합법적인 군사목표가 되지 않는 한 일정한 경우 나포는 될 수 있지만 공격으로부터는 면제된다. 그러나 직접적인 공격은 받지 않더라도 합법적 군사목표에 대한 공격의 결과 부수적 피해는 입더라도 이를 이유로 그 무력공격을 위법으로 하지는 못한다.

적 상선은 일정한 경우, 즉 (1) 기뢰부설 및 소해, 해저 전선 및 관선 절단, 중립국 선박에 대한 승선 및 검색 또는 기타 선박들에 대한 공격 등 적을 대신하여 적대행위 행사, (2) 군대의 수송 또는 전투함에의 보급 지원 등의 적 군대의 보조세력으로 활동, (3) 정찰·조기경보·탐색 또는 통제 및 통신임무에의 종사 등 적의 정보수집체계에의 편입 또는 이의 원조, (4) 적 군함 및 군용기 호위하의 항행, (5) 정선명령을 거부하거나 적극적으로 승선·검색 또는 나포 거부, (6) 군함(잠수함 포함)에 위해를 가할 수 있을 정도의 무장(해적 등으로부터 승조원의 방위를 위한 개인용 경무기와 챠프와 같은 순수한 회피기능만 갖는 무기는 제외), 및 (7) 군사물자의 수송 등의 군사행위에 효과적으로 기여하는 경우에는 공격대상이 된다.

그러나 공격면제 선박이 면제 조건들 중 어느 하나를 위반하여 보호를 상실하더라도 자동적으로 당해 선박이 공격을 받는 것은 아니다. 이들 선박을 나포 또는 공격하기 위해서는 일정한 절차와 기준이 충족되어야 하는바, 침로변경 또는 나포가 불가능한 경우, 군사적 통제를 행사하기 위한 다른 방법이 없는 경우, 선박이 군사목표물이 되었거나 될 것으로 합리적으로 추정할 수 있을 정도로 상황이 매우 중대하거나 부수적 사상 또는 손해의 정도가 기대되는 군사적 이익에 비례하여야 한다.

이는 비록 공격면제 선박이 면제 조건을 상실하여 합법적 군사목표가 되더라도 가능한 한 무력공격으로부터 보호하여 그 피해를 최소화하기 위함이다. 왜냐하면 무력분쟁에서 적 재산의 파괴 및 몰수는 군사적 필요에 따라 불가피하게 요구되지 않는 한 금지되며, 군사적 필요는 최소한의 비용으로 적을 완전히 굴복시키기 위하여 교전국이 무력분쟁법에 따라 일정한 종류 또는 일정한 정도의 무력 사용만을 허가하기 때문이다.

≪해전에서의 적 상선의 나포 및 공격≫

구분		내 용
임검 및 수색	의의	• 교전국의 군함 또는 군용기가 중립국 영역 밖에서 조우한 상선의 진정한 성격 및 적재화물의 성질, 상선의 고용방법, 기타 무력분쟁에 관계되는 사실을 결정하기 위해 행사하는 수단 • 해상무력분쟁에서 교전국 군함 및 군용기는 나포할 수 있다고 의심되는 합리적인 이유가 있는 경우 중립국 영수 밖에서 상선을 임검 및 수색할 권리가 있음 ※ 걸프전에서의 다국적군에 의한 임검 및 수색 걸프전에서 다국적군은 이라크에 대한 금수조치를 집행하기 위해 7개월의 분쟁기간 동안 다국적 19개국의 165척 함정을 동원하여 7,500척 이상의 상선 중 964척에 승선하여 적화목록과 화물창고를 검사하여 유엔 안전보장이사회의 제재에 위반하는 100만 톤이 넘는 화물 수송선 51척의 침로를 변경시켰음
	제한	• 임검 및 수색은 자의적으로 행사되어서는 안 되며, 나포 대상이 된다고 의심되는 '합리적인 이유'가 있는 경우에라야 가능 – 무제한적인 임검과 수색은 국제법에 불합치됨 • 해상에서의 임검 및 수색이 불가능하거나 위험한 경우 교전국 군함 및 군용기는 안전한 장소에서 임검 및 수색권을 행사하기 위해 적당한 해역 또는 항구로 상선의 침로를 변경시킬 수 있음
	절차	• 군함이 먼저 자국 국기를 게양한 후 공포, 국제기류신호 및 기타 인정된 방법을 사용하여 정선 명령 • 정선명령을 받은 선박이 도주하면 추적하고, 필요하면 강제적 수단으로 정선 • 선박이 정선하면 군함은 장교가 승선한 단정을 보내 임검 및 수색 – 임검 장교는 동 선박의 성격과 출항 항, 목적지 항, 화물의 성질, 고용방법 및 기타 적절한 사항을 확인하기 위하여 먼저 서류를 조사하고, 그래도 의문이 있으면 선박과 화물 검색 • 만일 해상 임검 및 수색이 위험하거나 기타 이유로 실행할 수 없으면 다른 곳으로 호송하여 실시 • 군사보안상 금지되지 않으면 임검장교는 피임검 선박의 항해일지에 임검일시와 장소를 포함하여 임검 및 수색에 관한 사실 기재. 그 기재는 임검 장교의 서명과 계급에 의해 인증되어야 하며 임검 군함의 선명이나 지휘관의 신분을 밝혀서는 안 됨

구분		내용
나 포	대상	• 적국 선박(요트와 같은 사선 포함) 및 그 화물(화물의 성격 및 목적지에 관계없음) －이들은 특별히 보호되는 경우를 제외하고는 중립국 영수 밖에서 나포의 대상이 됨
	면제	• 대상 －병원선 및 연안구조작업에 종사하는 소형 선박 －부상자, 병자 및 난선자를 위해 필요한 의료 수송선 －교전 당사자 간의 합의에 의해 안전통항권이 발행된 카르텔선 －민간주민의 생존에 불가결한 물자를 수송하는 선박 및 구호활동－구조작업에 종사하는 선박과 같은 인도적 임무에 종사하는 선박 －특별한 보호하에 문화재를 수송하는 선박 －종교, 비군사적 학술 또는 자선임무에 종사하는 선박(군사적 목적에 활용 가능한 과학적 자료를 수집중인 선박 제외) －소형 연안어선과 연안무역에 종사하는 선박(교전국의 해군지휘관이 정한 규정과 검색에 따라야 함) －해양환경의 오염사고에 종사토록 건조 또는 개조된 선박으로 실제로 이러한 임무에 종사하는 선박 • 요건 －통상적인 임무에 무해하게 종사할 경우 －적국에 유해한 행위를 하지 않을 경우 －식별 및 검색이 요구되는 경우 즉시 따를 경우 －교전자의 이동을 고의적으로 방해하지 않을 경우 －요구되는 경우 정선 또는 퇴거 명령에 따를 경우
	완료	• 포획물이 포획자의 관리하에 들어갔을 때 완료 －포획물은 포획자의 포획재판소에서 몰수결정이 있을 때까지는 포획자에게 이전되지 않으며, 포획재판소에 의한 몰수결정에 의해 유효하고도 완전한 권원 발생
	심검 및 파괴	• 심검 －포획물로 간주되지 않는 적국 군함 또는 기타 군사목표의 나포는 그 즉시 포획자에게 이전되나 그 밖의 경우 포획물은 심검을 위해 적당한 항구로 이송되어야 함 ('사인의 재산은 적법수단에 의하지 아니하고 이전되어서는 안 된다') －선박의 나포를 포획재판소가 무효라고 결정하였거나 심검에 회부하지 않고 포획물을 석방할 경우 관련 당사자는 손해를 배상받을 권리를 가짐(런던선언 제64조) • 나포 선박의 파괴 －나포된 적 상선은 그 심검을 위해 항구에 인치되어야 함 －상황상 인치가 불가능할 경우 포획물 파괴 가능(학설 및 관행) ·승객/승조원과 포획물에 관한 문서/서류의 안전 확보 ·가능한 한 승객과 승조원의 개인용품이 안전하게 확보된 경우 －오로지 민간인을 수송하는 적 여객선의 해상에서의 파괴 금지 －파괴의 적법성 판단은 포획재판의 판결에 의함
	화물	• 적 상선 내의 적화(敵貨)는 포획물로 항상 나포 가능 • 적 상선 내의 중립화(中立貨) －전시금제품인 경우, 봉쇄 침파하는 경우, 적국의 호위하에 항행하는 경우, 임검 및 수색에 대해 적극적으로 저항하는 경우 나포
공격 및 파괴	요건	• 공격 요건 －적을 대신하여 적대행위를 할 것

구분		내 용
공격 및 파괴	요건	• 기뢰부설 및 소해, 해저 전선 및 관선 절단, 중립국 선박에 대한 승선 및 검색 또는 기타 선박들에 대한 공격 등의 경우 - 적 군대의 보조세력으로 행동할 것 • 적 전투원 이동의 고의적 방해, 군대의 수송 또는 전투함에의 보급 지원 등 적군의 보조세력의 역할을 하는 경우 - 적의 정보수집체계로 편입 또는 이를 원조할 것 • 정찰, 조기경보, 탐색, 통제 및 통신임무에 종사하는 경우 - 적 군함 및 군용기의 호위하에 항행할 것 - 정선명령을 거부하거나 적극적으로 승선, 검색 또는 나포를 거부할 것 - 군함(잠수함 포함)에 위해를 가할 수 있을 정도로 무장할 것 • 선상 질서유지나 빈번한 해적출몰 해역에서는 소총 등 개인용 화기로 무장할 수 있고, 차프(chaff)와 같은 회피시스템을 장착하고 있는 경우 무장으로 간주되지 않음. 방어적 무장은 가능. - 기타 군사활동에 효과적으로 기여할 것 • 군사물자 수송, 사전경고나 차단 및 교전자의 명령에 대한 복종을 의도적으로 그리고 분명하게 거부하는 경우(불명확 경우 공격면제권 보유 추정) ● 파괴 요건 - 실제 분쟁에서 담당하는 기능 및 역할을 고려하여 제한적으로 인정해야 함 - 구체적 요건 • 임검, 수색 또는 포획에 적극적으로 저항할 때 • 정선명령을 받고도 계속해서 정선을 거절할 때 • 적 군함이나 군용기의 호송을 받으면서 항해하고 있을 때 • 무장되어 있을 때 • 적군의 정보체계에 편입되어 있거나 적 정보체제를 원조할 때 • 어떤 자격으로든지 적군의 해군으로 활동하거나 혹은 군사적 보조함으로서 활동할 때 • 적 상선이 적국의 전투수행능력이나 지속력에 통합되어 있고 인명과 재산의 보호조치를 준수하는 것이 군함에 급박한 위기를 초래하거나 혹은 임무완수에 방해가 될 때 사전경고하에서 또는 사전경고 없이 파괴 가능
	제한	● 전투수단 및 방법의 제한 - 전투수단과 방법의 선택권 제한 - 과도한 상해 및 불필요한 고통을 야기하는 무기 사용 금지 - 전멸명령 금지 - 배신행위의 금지 • 배신행위(perfidy) • 의의: 적의 신뢰를 배반하려는 의도를 갖고 무력분쟁법의 규칙하에서 보호받을 권리가 있거나 보호할 의무가 있는 것처럼 적의 신뢰를 유발하는 행위 • 유형 (a) 면제 지위/민간인/중립국/국제연합의 지위를 가장한 공격 (b) 항복 또는 조난(조난신호의 송신 또는 승무원을 구명정에 옮기는 것)을 가장한 공격 (c) 군사기·적기·적군장·적군복·휴전기·적십자기장의 부당 사용 (d) 휴전기하 또는 투항기하에서의 협상의도의 가장, 부상 또는 질병에 의한 무능화의 가장, 유엔 또는 중립국이나 기타 비분쟁 당사국의 표식·표장 또는 복장의 착용에 의한 피보호 지위의 가장 - 고의적인 대규모 환경파괴 금지 ● 군사목표 구별원칙 준수

제5장
중립국 상선 및 그 재화물의 법적 지위

　　해전에서의 중립국 상선의 합법적 군사목표로서의 인정과 이들의 통상에 대해 각국들은 다양한 입장을 견지해 왔다. 해양력을 보유한 국가들은 자국 이익을 반영하고자 했는데, 강력한 해군력을 보유하고 있던 영국은 자유로이 적 상선을 파괴하고 중립국 지원하에 적국으로 이송되는 보급품을 차단할 수 있기를 원했으나, 해상통상을 주도하고자 했던 네덜란드는 교전국 물품을 이송하는 중립국 선박에 면책권을 부여하여야 하며 통상에 대한 해군작전은 최대한 자제되어야 한다고 주장하였다. 한편 경제성장에 주력하고 있던 중립국 미국은 중립국 선박에 대한 공격면제를 주장하였으며, 영국의 봉쇄로 어려움에 처해 있던 프랑스는 중립국 선박의 보호 외에도 합법적 봉쇄를 엄격히 규제해야 한다고 주장했다.[1]

　　이처럼 중립국 상선의 군사목표성은 각국의 해군(양)정책과 밀접한 상호 유기적 관계를 맺고 시대와 상황에 따라 그 내용이 변해 왔다. 그러나 무력분쟁에 있어 군사목표와 비군사목표는 엄격하게 구별되어야 하며, 모든 전투행위는 오로지 군사목표에 한정되어야 한다(군사목표 구별원칙)는 것은 어떠한 경우에서도 변함없이 요구되는 무력분쟁법상의 핵심가치이다.[2] 중립국 상선이 통상적 임무

---

1) James J. Busuttil, *Naval Weapons Systems and the contemporary Law of War*, Clarendon Press · Oxford, 1998, pp.109 – 110 참조.

2) 오늘날 파괴력이나 정확성에서 고도로 발달된 전투수단의 등장으로 군사목표와 비군사목표 간 구별원칙이 모호해졌다고 볼 수도 있겠지만, 현대 무력분쟁에서 분쟁과는 아무런 관련이

에 종사하고 있는 경우 군사목표가 아닌 것은 분명하다.

해상무력분쟁에서도 무력공격은 엄격하게 군사목표에 한정되어야 하는바, 공격은 원칙적으로 군사목표에 대하여 또는 군사목표인 적선을 대상으로 행하여져야 한다. 따라서 중립국 상선을 공격해서는 안 된다. 그렇지만 일정한 경우 중립국 상선도 공격할 수 있는바, 이들에 대한 공격은 매우 조심스럽게 검토되어야 한다. 왜냐하면 중립국 상선에 대한 공격은 자칫 중립국의 통상을 극도로 제한하여 무력분쟁에의 참여 의지가 없던 중립국을 분쟁에 끌어들이는 계기가 될 수 있을 뿐만 아니라 불필요한 파괴와 살상을 불러올 수도 있고, 무력 사용의 정당성과 합법성에 대한 국제사회의 의심과 비난을 야기할 수도 있기 때문이다. 이는 자국의 의사를 강제시키고자 하는 무력분쟁의 목적을 달성하는 데 중요한 장애가 될 수도 있다.

그렇다면 구체적으로 중립국 상선은 무력분쟁에서 어떠한 법적 지위를 향유하는가? 즉 교전국은 중립국 상선에 대해 어떠한 법적 조치를 취할 수 있는가? 해전에서 중립국 선박을 나포 및 공격하기 위해서는 어떠한 조건을 갖추어야 하고, 제한 사항은 무엇인가?

이하에서는 이러한 문제들을 간략하게 살펴보고자 한다. 이러한 문제들에 대한 법적 검토와 가이드라인의 확인은 무력분쟁의 희생자를 예방하고 불법적인 무력 사용으로 인한 국제적인 비난과 제재를 사전에 예방하는 데 매우 중요하다. 먼저 이들 문제의 이해를 위한 기초로서 해전중립법규에 대해 간략하게나마 이해한 후 구체적 문제들을 살펴보고자 한다.

없는 민간인 희생자가 급격하게 증가하고 있는 현실을 볼 때 이러한 구별원칙의 강조 및 강화는 매우 시급하다.

제1절　　**해전중립법규의 성립 및 내용**

1. 해전중립법규(협약)의 성립

17~18세기 들어 해전중립에 관한 일반원칙들은 구체적이지는 못했지만 각국들의 관행에 의해 일반적으로 승인된 일련의 공식적인 행위규칙으로 다듬어졌으며, 특히 알라바마호 사건을 계기로 체결된 워싱턴조약은 중립제도에 크게 기여하였으니, 전시 중립국은 자국 영해 내에서 무력분쟁에 참여할 것으로 믿어지는 선박들이 전비를 갖추어 출항하는 것을 금지해야 하며, 교전 당사국들은 자국 항구나 수역을 다른 교전 당사국에 대한 작전기지로 사용하거나 군시 장비나 무기의 교체 및 증강에 사용하도록 허용하면 안 된다는 원칙이 마련되었다.[3]

이러한 행위규칙 및 기본원칙들의 대다수는 1907년 제2차 헤이그 평화회의(the 2nd Hague Peace Conference)에서 '해전에서의 중립국의 권리 및 의무에 관한 협약(XIII)'(Convention(XIII) Concerning the Rights and Duties of Neutral Powers in Naval War, 이하 '해전중립협약')으로 성안되었다.

장차 발생될 모든 경우에 적용될 수 있는 종합적인 조치를 강구할 수는 없지만 전쟁이 발발할 경우 적용할 수 있는 일반적 규칙을 마련하기 위하여 체결된 '해전중립협약'은 영국을 비롯한 대다수 해양강국들의 일반적인 비준을 받지 못했음에도 불구하고, 그

---

3) 이석용, 「해양의 군사적 이용에 관한 연구」, Strategy 21, vol.3, no.2, 2000, p.96.

규정들의 대부분은 관습법을 선언한 것으로 간주되었으며,[4] 중립국의 '해상영토'(maritime territory) 즉, 내수 및 영해 내에서의 적대활동과 관련된 중립국과 교전국의 권리 및 의무를 규정한 조약으로 이러한 문제들에 대한 논의에 단초를 제공한 것으로 이해되고 있다.[5]

'해전중립협약'은 일부 규정을 제외하고 대부분이 국제관습법의 일부로 간주되고 있지만, 현 국제법에서 동 협약은 전체적으로 그 중요성에 있어 제한적이다. 동 협약은 단지 해전중립법규의 일부, 즉 중립국 영토 및 영수와 관련된 중립법규만을 다루고 있으며, 전통적인 엄격한 의미에서의 중립국을 구상(고안)하였을 뿐 현 국제법하에서 대부분의 경우 국가들이 비교전 상태(non-belligerency)를 취한다는 사실을 고려하지 않고 있고, 동 협약의 규정들은 1945년 이후 실질적으로 잘 적용되지 않고 있다.[6]

특히 집단적 안전보장제도와의 관계에서 교전 당사자에 대한 중립국의 公平不偏性(엄정 중립)의 원칙은 문제가 되게 되었다. 유엔헌장상의 회원국의 의무와 중립국으로서의 지위가 양립할 수 있는지의 여부에 관해서는 다툼이 있기 때문이다.[7]

---

4) D. Schindler, 「Commentary on Hague Convention XIII」, N. Ronzitti(ed.), *The Law of Naval Warfare: A Collection of Agreements and Documents with Commentaries*, Martinus Nijhoff Publishers, 1988, p.211.

5) '해전중립협약'은 제31조(발효규정)에 의해 1909년 11월 27일부터 60일 이전에 비준한 국가는 1910년 1월 26일자로, 기타 비준국 및 조인국들은 그 일자로부터 60일이 경과한 후 발효하였으며, 중국, 미국, 터키를 비롯한 일부 국가들은 서명, 및 비준 시에 일부 조항 및 그 해석과 관련하여 유보를 선언하기도 하였다. 동 협약에 관한 각국의 유보내용에 대해서는 J. B. Scott, *The Hague Conventions and Declarations of 1899 and 1907*, New York, 1915, pp.218-219 참조.

6) N. Ronzitti(ed.), *op. cit.*, p.221. 해상무력분쟁 시 중립법규의 적용에 관한 전반적인 내용에 대해서는 김현수, 「해상에서의 무력충돌 시 적용되는 중립법규에 관한 고찰」, 전투발전연구, 제10호, 2003, pp.473-504 참조.

2. '해전중립협약'의 내용

'해전중립협약'은 오로지 중립국 영역(중립국 항구 및 중립국 수역) 내에서의 중립국과 교전국의 권리의무를 다루고 있을 뿐, 공해에서의 그러한 내용을 다루지는 않고 있다. 그러므로 동 협약은 전시금제품, 봉쇄, 임검, 수색, 중립국 상선의 나포 및 파괴, 포획절차 등과 같은 중립무역에 관한 교전국의 제한에 관한 어떠한 규정도 포함하고 있지 않다. 이러한 문제들은 1907년 '상선의 군함으로의 변경에 관한 헤이그 제7협약', 1907년 '해전에서의 포획권 행사의 제한에 관한 헤이그 제11협약', 1907년 '전시 포획재판소의 설치에 관한 헤이그 제12협약' 및 1909년 '해전법규에 관한 런던 선언'에서 부분적으로 다루어지고 있다.

가. 중립국의 권리

'해전중립협약'에서의 중립국은 권리는 크게 중립국의 영역을 존중해야 할 교전국의 의무와 중립 위반을 구성하지 않는 중립국의 조치로 나누어 볼 수 있다. 먼저 전자와 관련하여 교전국은 중립국의 주권적 권리를 존중하고 중립국 영토 및 영수에서 중립 위반을 구성하는 일체의 행위를 삼가야 하며(해전중립협약 제1조), 교전국 군함이 중립국 영수에서 포획, 임검, 수색 기타 일체의 적대행위를 행하는 것은 중립 위반이다(동 제2조). 그리고 교전국은 중립국의 영토 내뿐만 아니라 영해에 있는 선박 내에도 포획재판소

---

7) 박배근(역), 국제법, 국제해양법학회, 1999, p.753.

를 설치할 수 없으며(동 제4조), 교전국은 중립국의 항구 및 영수를 작전근거지로 삼거나 무선전신국이나 교전국 병력과의 통신에 사용되는 장비를 설치할 수 없다(동 제5조).

다음으로 후자와 관련하여 중립국은 교전국의 일방 또는 타방을 위한 병기, 탄약, 기타 군용에 제공될 수 있는 일체의 물건의 수출 또는 통과를 방지해야 할 것이 요구되지 않으며(동 제7조), 중립국은 교전국의 군함 또는 그가 포획한 선박의 단순한 중립영수의 통과는 허용할 수 있으며(제10조), 중립국은 그의 도선사를 교전국 군함에서 사용함을 임의로 결정할 수 있고(동 제11조), 중립국이 협약에 규정된 권리를 이행하는 것은 이를 승인한 교전자의 일방 또는 타방에 대하여 우의에 위반하는 행위로 간주되지 않는다(동 제26조).

나. 중립국의 의무

중립의 개념은 중립을 취하는 국가가 쌍방 교전국에 대해서 공평과 무원조, 즉 군사적 지원을 회피하고 그의 영역이 교전국에 의해 사용되는 것을 방지하며 일방 교전국을 지원하는 중립인에 대한 타방 교전국의 일정한 제재를 묵인하는 등의 의무를 고무한다는 실질적 개념을 토대로 해서 이루어진다. 다시 말하면 중립이란 어느 국가가 전쟁에 참가하지 않는다는 것만을 의미하는 것이 아니고 중립국이 교전국에 대해서 일정한 권리 의무를 가지며 또 교전국도 중립국에 대해서 일정한 권리 의무를 갖는다고 하는 법률적인 관계를 의미하는 것이다.[8]

이러한 중립의 개념 및 중립의 법적 의의에 따라 중립국은 교전국이 중립법규에 의해 행한 행위를 용인하여야 한다. 교전국은 전쟁수행 중 중립국에 비록 고의가 아닐지라도 어떠한 해를 끼칠 수 있는데, 이것이 평시에는 용인될 수 없으나 전시에는 용인될 수밖에 없다. 이러한 '묵인의 의무'(duty of acquiescence)와 관련하여 중립국 영수에서의 권리의무를 다루는 '해전중립협약'은 묵인의무가 주로 관련되는 공해에서의 권리의무에 대해서는 아무런 언급이 없으며, 그 결과 중립국의 묵인의무에 관해서는 어떠한 규정도 포함하고 있지 않다.[9]

(1) 회피 의무(duty of abstention)

회피 의무는 중립국이 교전국의 일방에 대하여 직접 또는 간접으로 전쟁수행에 관계되는 원조를 제공하지 않을 의무이다. 따라서 중립국은 교전국으로부터 전쟁수행에 관계되는 원조를 요청받더라도 이를 회피하여야 한다.

'해전중립협약'에서 이러한 중립국의 회피 의무를 규정하고 있는 유일한 규정은 다음과 같은 제6조이다. "중립국은 어떠한 명의로 행하든 교전국에 대하여 직접 또는 간접으로 군함, 탄약 또는 일체의 군용재료를 교부할 수 없다." 이러한 금지는 중립국에만 적용되

---

8) 김정균, 「전쟁법과 인도법에 있어서의 중립 개념」, 인도법논총, 12호, 1992, pp.3 − 4.

9) N. Ronzitti(ed.), *op. cit.*, p.221. 중립국의 묵인 의무는 다음과 같다. 묵인의무는 교전국이 중립법에 의해서 행한 행위를 용인해야 할 의무이다. 즉 교전국은 전쟁수행 중 중립국에 비록 고의가 아니더라도 어떠한 해를 끼칠 수 있는데, 이것이 평시에는 용인될 수 없으나 전시에는 용인될 수밖에 없다(예, 중립선박 내의 병역연령자인 적국민은 포로로 할 수 있다). 교전국 일방은 타방 교전국의 군에 입대한 중립국 국민을 타방 교전국의 국민과 같이 다룰 수 있으며 이들은 중립인으로 취급되지 않는다. 또한 중립국 국민과 교전국과의 통상은 원칙적으로 자유이며 교전국은 이것을 방지할 수 없으나, 전시금제품에 한해서는 몰수할 수 있다. 이민효, 무력분쟁과 국제법, 연경문화사, 2008, p.255.

며, 중립국 영역 내에 있는 개인이나 법인에게는 적용되지 않는다.

(2) 방지 의무(duty of prevention)

중립국은 그 항구, 정박지 및 영수에서 일체의 중립 위반을 방지하기 위하여 시행할 수 있는 모든 수단으로 감시하여야 한다. 특히 중립국은 중립을 침해하는 교전국의 모든 행위를 방지하여야 한다. 중립국이 만약 '시행할 수 있는 수단'을 이용했다면, 그 조치가 반드시 효과적인 것이어야 할 필요는 없다. 그러한 경우 교전국은 만약 중립국 영토 및 영수에서 개시된 무력공격의 희생자가 되는 경우가 아니면, 중립국 영수를 불법적으로 이용하는 적국에 대하여 적대행위를 취하는 것이 허용되지 않는다.[10]

먼저 중립국은 교전국의 적대행위를 방지할 의무가 있다. 교전국은 중립국의 영수에서 적대행위를 행할 수 없으며, 중립국은 그러한 행위를 방지할 의무가 있으며(동 제25조), 교전국 군함이 중립국 영수 내에서 선박을 포획한 경우 중립국은 그것을 석방하기 위하여 가능한 일체의 수단을 강구하지 않으면 안 된다(동 제3조). 만일 중립국이 자신의 영토를 교전국이 사용하는 것을 묵인하거나 방관하면 이는 일종의 원조행위로 간주되어 중립국으로서의 지위를 상실하게 되므로 교전국은 자국 군함이나 전투기 등을 중립 영역 내로 전개하여 교전에 이용할 수 있게 된다.[11]

또한 중립국 자국 영수 내에서 교전국 선박이 무장하는 것을 방지하여야 한다. 중립국은 교전국의 일방에 대하여 순라의 용도에

---

10) *Ibid.*, p.218.

11) Harlow, 「UNCLOS Ⅲ and Conflict Management in Straits」, 15 *Ocean Development and International Law*, 1984, p.197.

제공되고 또는 적대행위에 참가하리라고 믿을 만한 상당한 이유가 있는 선박이 자국의 관할 내에서 장비, 의장 또는 무장하는 것을 방지하지 않으면 안 되며, 또 교전국의 일방에 대하여 그러한 의도로 어느 선박이 자기의 관할 외로 출발하는 것을 방지하기 위하여 동일한 형태의 감시를 하지 않으면 안 된다(동 제8조).

다음으로 중립국은 교전국 군함이 예외적인 경우를 제외하고 중립국 항 및 영수에 정박하는 것을 방지하여야 한다. 정박은 허용할 수 있으나 교전국 쌍방에 대해 공평하게 적용한다는 전제하에서 이를 금지 또는 제한할 수 있으며(동 10조), 정박은 파손 또는 해난 상태의 경우를 제외하고는 원칙적으로 24시간을 초과할 수 없다(동 제12조). 동일한 항에 동시에 정박할 수 있는 교전국 군함의 수는 각각 3척을 초과할 수 없으며(동 제15조), 교전국 쌍방의 군함이 동시에 동일한 항에 정박하는 경우에는 일방의 군함의 출발과 타방의 군함의 출발과의 간에는 적어도 24시간의 간격을 두어야 하고(동 제16조), 교전국 군함은 중립국 항에서 항해의 안전에 필요한 정도 이상으로 그 파손을 수리하거나 또는 어떠한 방법에 의하든 간에 그 전투력을 증강할 수 없으며(동 제17조), 교전국 군함은 군수품이나 무장을 변경 또는 증강시키거나 승무원을 보충하기 위하여 중립국의 항구, 정박지 또는 영수를 이용할 수 없다(동 제18조). 교전국 군함은 원칙적으로 가장 가까운 본국 항에 도달하는 데 필요한 한도 이상의 연료를 중립국의 항에서 적재하거나 또는 중립국의 동일의 항에서 3개월 이내에 재차 연료를 적재할 수 없으며(동 제19조 및 제20조), 교전국 군함이 중립국 관헌의 통고가 있음에도 불구하고 퇴거치 아니할 때에는 중립국은 당해 군함을 전쟁 계속 중에 출항할 수 없도록 억류할 수 있다(동 제24조).

그리고 중립국은 포획물을 중립국 항으로 인치하는 것을 방지하여야 한다. 불가항력의 경우와 억류의 경우를 제외하고 교전국 군함은 포획한 선박을 중립국의 항에 인치할 수 없으며(동 제21조), 포획된 선박이 이러한 조건에 의하지 않고 인치된 경우 중립국은 이를 석방하여야 한다(동 제22조).

영해 및 접속수역의 확대와 해전중립법규의 적용

1. 영해 범위의 확대

1982년 유엔해양법협약은 영해 범위를 12해리까지로 확대하였을 뿐만 아니라, 통상기선(normal baseline) 외에도 해안선의 굴곡이 심하거나 연안 까가이에 일련의 도서가 산재하는 경우 등에는 직선기선(straight baseline)을 인정하고 있어(협약 제7조), 많은 국가들이 영해의 최외측 범위를 연안으로부터 12해리를 넘을 수 있게 직선기선을 그음으로써 기선 내의 수역을 내수로 편입시킴은 물론 영해의 범위도 확장하였다.

영해 범위의 확대와 직선기선의 허용으로 연안국 주권에 속하는 영해의 범위는 과거 3해리 영해 때보다 4배 이상 넓어졌다. 따라서 기존의 3해리 영해시대에 적용되던 해전에서의 중립규칙이 보다 넓어진 오늘날의 영해에서도 계속하여 적용되는가 하는 문제가

야기되었다.[12)

그러나 영해 범위의 확대와는 무관하게 기본적으로 이에 적용되는 중립규칙은 본질적으로 변함이 없다. 즉 이전의 좁은 영해에서 적용되던 중립규칙은 현재의 확대된 영해에서도 마찬가지로 적용된다. 교전국은 중립국의 주권을 존중하여야 하며, 중립국의 영토 및 영수(영해 및 내수)에서는 일체의 전투행위를 삼가야 하고, 나포 및 임검권 행사를 포함하여 중립국 영수에서 교전국 군함에 의해 행해지는 일체의 적대행위는 중립을 위반하는 것으로 엄격히 금지된다.[13)

3해리 영해에 적용되던 중립규칙들이 12해리 영해에도 그대로 적용된다는 것은 주요 해양(군)강국들의 해군작전에 관한 매뉴얼에서도 확인되고 있다. 미 해군 작전법 매뉴얼은 "12해리 영해 그 자체는 중립법과 일치하지 않는 것은 아니다. 교전국은 중립국 수역에서 적대행위를 삼가야 할 의무가 있으며, 중립국 영해를 적으로부터의 도피처 또는 작전 근거지로 사용해서는 안 된다."고 규정하고 있다.[14) 이러한 입장은 독일도 마찬가지여서 이들 국가의 군사 매뉴얼도 중립국 영해에서의 일체의 적대행위가 금지된다는 것

---

12) Horace B. Robertson, Jr., *The 'New' Law of the Sea and The Armed Conflict at sea*, The Newport Paper #3, Naval War College, 1992, p.16.

13) E. Rauch, *The Protocol Additional to the Geneva Conventions for the Protection of Victims of International Armed Conflicts and the United Nations Convention on the Law of the Sea: Repercussions on the Law of Naval Warfare*, Duncker and Humbolt, 1984, p.32.

14) U.S. Department of the Navy, Office of the Chief of Naval Operations, The Commander's Handbook on the Law of Naval operations(이후 NWP9), 1989, para.7.3.4.2. 미국은 공해상뿐만 아니라 영해상에서 자행된 불법행위에 대해 전시 또는 평시에 관계없이 나포권을 행사할 수 있다고 하여, 국가방위를 위해 평시에도 전시를 대비하겠다는 것을 분명히 하였다.

을 확실히 하고 있다.[15]

이처럼 주요 해양강국들의 군사 매뉴얼은 3해리 영해에 적용되던 규칙들이 12해리 영해에서도 그대로 적용된다는 것을 인정하는바, 이는 이러한 규칙들의 기초를 이루는 원칙들이 국제관습법이 되었다는 것을 의미한다.[16]

그러나 영해 범위의 확대는 중립국의 중립의무 유지에 더 큰 부담을 안겨 주었다. 좁은 영해라 할지라도 중립국의 영해는 타방의 공격으로부터 안전한 도피처가 될 수 있으며, 기존에 비해 확대된 영해에서는 더욱 그러하다.[17] 또한 교전국 해군, 특히 잠수함은 자국 항에의 출입로 또는 재무장, 재보급을 위한 안전한 은신처 및 적대행위 구역으로의 출입을 위한 안전통로로서 중립 수역을 이용할 필요성과 욕구가 더욱 커지며, 따라서 중립국은 이의 감시 및 방지에 있어 더 큰 부담을 가질 수밖에 없다.[18]

---

15) German Federal Ministry of Defense, Humanitarian Law in Armed Conflicts – Manual(이후 German Manual), 1992, para.1119.

16) Horace B. Robertson, Jr., *op. cit.*, p.17.

17) 제2차 세계대전에서 Altmark호의 노르웨이 영해통과(B. MacChesney, 「The Altmark Accident and Modern Warfare – 'innocent passage' in Wartime and the Rights of belligerents to Use Force to Redress Neutrality Violations」, 52 *Northwestern University Law Review*, 1957, p.320 참조)와 독일 잠수함의 모항에서의 공해상의 작전지역까지의 통항로로 중립국의 영해를 이용하고 있다는 영국의 주장(Winston S. Churchill, *The Gathering Storm*, Houghton Mifflin Co., 1948, pp.531 – 532.)은 이러한 영향을 잘 보여 주는 사례들이다. Horace B. Robertson, Jr., op. cit., p.17에서 재인용.

18) 교전국이 중립국의 주권에 속하는 영해에서 적대행위를 행할 수 없다는 것은 중립법규의 기본적인 원칙인바, 중립국은 교전국이 자국의 중립을 침해하지 못하도록 보장하고, 만약 중립침해행위를 탐지했을 경우 침해방지, 원상회복 및 감시를 위하여 필요한 조치를 취할 의무가 있다(해전중립협약 제3조 및 제25조). 그러나 중립국이 그러한 활동을 방지해야 할 그들의 의무를 이행할 능력이 없거나 이행할 의지가 없다면, 교전국의 어느 일방은 타방이 중립국 영해를 불법적으로 사용하는 것을 방지하기 위하여 합법적으로 적대조치를 취할 수 있는바, 이러한 조치는 중립법규의 목적인 그러한 조치로부터 중립국을 보호하기보다는 중립국을 오히려 무력분쟁에 끌어들일 수도 있다. Horace B. Robertson, Jr., *op. cit.*, p.17.

평시 군함을 포함하여 모든 국가들의 선박은 타국의 영해에서 무해통항권을 향유하며, 전시에는 중립국은 그들의 중립적인 지위를 위태롭게 하지 않으면서 교전국 군함의 자국 영해에의 '단순한 통과'를 허용할 수도 있고(해전중립협약 제10조), 교전국 군함이 통과할 국제해협에 이르는 부분을 제외한 자국 영해를 폐쇄할 수도 있다.[19] 중립국이 자국 영해를 폐쇄할 경우 이를 통과해야 할 교전국의 필요성이 증대될수록 폐쇄된 해역을 통과하고자 하는 교전국의 욕구는 더욱 강해질 것이며, 이러한 교전국을 감독하고 이들의 통행을 금지시키기 위한 중립국의 강제는 충돌될 수밖에 없다. 이러한 교전국과 중립국의 갈등은 해양법협약에서 영해 범위가 확대됨에 따라 더욱 증가되었다. 교전국의 입장에서 보면 통항할 수 있는 해역의 범위가 넓어졌지만 중립국의 입장에서는 교전국의 통항을 금지 또는 제한하기 위하여 강제력을 행사해야 할 범위가 그만큼 확대된 것이다.[20]

2. 접속수역 범위의 확대

접속수역(contiguous zone)은 국제교통의 발달, 특히 선박의 고속화에 따라 종래의 좁은 영해로는 도저히 연안국의 이익과 안전을 효과적으로 확보하기가 어려웠기 때문에 여러 국가에 의하여 일찍부터 일방적으로 또는 조약에 의하여 채택되어 왔다.[21]

---

19) H. A. Smith, *The Law and Custom of the Sea*(2nd ed.), Frederick A. Praeger, 1950, p.153.

20) Horace B. Robertson, Jr., *op. cit.*, pp.17 - 18.

이처럼 접속수역제도는 다수 국가의 관행으로 실시되어 오다가 1930년 국제법전편찬회의 이후 약소국들의 영해 확장 주장과 해양 선진국들의 공해자유 주장과의 타협적 산물로 1958년 제1차 해양법회의에서 채택된 영해협약 제24조에서 처음으로 명문화되었으며, 1982년 해양법협약도 제33조에서 이를 명기하고 있다.[22] 동 수역에서는 연안국의 관할권이 제한적으로 인정되는바, 동 수역에서 연안국은 자국의 영토 및 영해 내에서의 관세, 재정, 출입국 및 위생에 관한 규정의 위반을 방지하기에 필요한 관할권을 행사한다.

접속수역은 그 내용과 목적에도 불구하고 교전국에 의한 적대행위와 관련 교전국 또는 중립국의 권리 및 의무의 행사에 관한 한 공해와 마찬가지다. 따라서 이전의 영해기선으로부터 12마일의 범위에서 1982년 해양법협약 제33조에 의해 규정된 바와 같이 24마일까지 접속수역의 외측한계의 확대는 동 수역에서의 해전중립법규의 적용에 있어 그다지 중요한 것이 아니다.[23]

그러나 접속수역의 확대는 영해 범위의 확대가 해전중립법규와 그 시행에 있어 중립국에 보다 큰 부담을 안겨 준 것과 동일한 효과를 가져왔다. 비록 24해리까지만이라 할지라도 중립국은 자국의

---

21) 접속수역의 기원은 주로 밀무역을 방지하기 위하여 1736년 배회법(Hovering Act)을 제정하여 5~300해리의 접속수역에서 외국화물의 전재를 금지하였던 영국에서 찾을 수 있다. 이것은 공해자유원칙의 예외로서 영국 영해 밖을 배회하면서 밀수를 하는 외국선박을 단속하고, 관세규칙을 효과적으로 적용하기 위하여 연안에서 일정한 범위의 수역에서 관세통제권을 행사하기 위하여 제정된 것이었다. 그 후 영국은 관세통합법(Customs Consolidation Act)을 새로 제정하여 접속수역 범위를 9해리로 축소하였다. 김현수·이민효, 현대국제법, 연경문화사, 2005, p.158.

22) 1958년 '영해협약' 및 1982년 '해양법협약'에 규정된 접속수역제도와 관련, 동 수역에서의 연안국의 관할권 내용은 유사하지만 그 범위는 차이가 있다. 1958년 '영해협약'에서는 영해기선으로부터 12해리를 초과할 수 없지만(제24조 2항), 1982년 '해양법협약'에서는 영해기선으로부터 24해리를 초과할 수 없다고(제32조 2항) 규정하고 있다.

23) Horace B. Robertson, *op. cit.*, pp.22 - 23.

접속수역에서 교전국이 적대행위 및 전투준비를 위한 수역으로 사용하는 것을 방지하고자 할 것이며, 반면에 교전국은 그러한 목적에서 중립국의 접속수역을 이용하고자 할 것이기 때문에 중립국은 이의 감시 및 방지에 있어 더 큰 부담을 가질 수밖에 없을 것이다. 또한 접속수역은 배타적 경제수역과 대륙붕과 중첩되기 때문에 배타적 경제수역과 대륙붕이 해전중립법규에 미친 영향은 마찬가지로 동 수역에도 미칠 것이다.

━━━━━━━━━━━━━━━━ ✈ ━━━━━━━━━━━━━━━━

<table><tr><td>제2절</td><td>

임검 및 수색

</td></tr></table>

1. 일반원칙

해상무력분쟁에서 교전국 군함 및 군용기는 원칙적으로 중립국 상선을 임검 및 수색할 수 없지만, 나포할 수 있다고 의심되는 합리적인 이유가 있을 경우에는 중립국 영수 밖에서 중립국 상선을 임검 및 수색할 수 있다.[24]

---

[24] San Remo Manual on International Law Applicable to Armed conflicts at Sea, 1994, para.118. 이라크 – 쿠웨이트전에서 다국적군은 정밀장비를 보유하고 있었지만 이라크에 대한 禁輸措置를 집행하기 위하여 임검과 검색을 실시하고 침로를 변경시켰다. 다국적군에 의한 임검과 검색에 대해서는 US Department of Defense, *Conduct of the Persian Gulf War*, Final Report to Congress, 1992, pp.76ff.; Wolff Heintschel von Heinegg, 「The current of International Prize Law」, Harry H. G. Post(ed.), *International Economic Law and Armed Conflicts*, Martinus Nijhoff Publishers, 1994, pp.6 – 7 참조.

그리고 임검 및 수색 대신 상선의 동의하에 중립국 상선을 선언된 본래의 목적지로부터 침로를 변경시킬 수 있다.[25] 전통적인 해전법규와 국가관행에 비추어 볼 때 중립국 상선의 침로를 변경시킬 교전국 권리는 예외적인 경우에 매우 제한적으로 인정되었다. 해상에서 조우하는 대다수 중립국 상선은 중립국 항구를 향해 항행 중이거나 중립국 수취인에게 운송되는 화물을 수송 중이기 때문에 이들 선박의 서류나 적재 화물의 성격을 검증하여 침로를 변경시킬 실질적이고 불가피한 이유 및 나포를 정당화하는 증거를 확보하거나 발견하기란 매우 어려울 뿐만 아니라 당해 화물의 진정한 최종 도착지를 보증하지 못하기 때문이다.[26] 제1차 세계대전에 참전하기 이전 당시 중립국이었던 미국은 중립국 선박을 검색하기 위해 목적지가 아닌 타 항구로 침로를 변경시킨 영국의 관행에 항의하였다.[27]

그러나 양차 세계대전을 겪으면서, 특히 총력전 경향이 점차 강화되면서 상선에 의한 적의 전쟁능력이 지속적으로 증강되는 경향이 나타나자 상선을 임검 및 수색할 필요성이 더욱 커졌으며, 필요한 경우 상선의 동의를 전제로 임검 및 수색을 하는 대신 침로를 변경시켜 예상되는 불필요한 오해를 사전에 차단할 교전국의 권리가 인정되었다.

---

25) San Remo Manual on International Law Applicable to Armed conflicts at Sea, 1994, para.119.

26) Robert W. Tucker, *The Law of War and Neutrality at Sea*, US Naval College, 50 International Law Series, 1955, p.340; L. Doswald-Beck(ed.), *San Remo Manual on International Law applicable to Armed conflicts at Sea*, Cambridge University Press, 1995, pp.196-197 footnote 172 참조.

27) 1914년 11월 7일자 국무성 서한 참조(9 *AJIL*, pp.55ff.(1915, Special Supplement)).

이러한 교전국 군함의 조치에 따라 중립국 상선은 군함 또는 전투수역에의 접근이 금지될 수도 있으며, 국제법에 의거 봉쇄가 설정된 경우 연안해역이나 특정 항구에의 진입 또는 그곳으로부터의 출항이 금지될 수도 있고, 특정 수역이나 항구로 향하도록 침로를 변경시켜 중립성 확인을 위한 임검 및 수색에 따라야 한다.28)

하지만 이러한 조치는 해당 상선에 금전적으로나 시간적으로 상당한 부정적인 영향을 미칠 수밖에 없다. 그리고 임검과 수색 및 임검과 수색을 위한 침로변경은 상선과 차단 군함 쌍방에 위험이 되기도 한다. 나포는 경제전의 한 수단, 즉 적국의 통상과 경제력의 제한에 관한 것이긴 하지만, 해당 상선을 몰수하는 것이 반드시 교전국의 이익이 되는 것은 아니다.

임검과 수색을 위해 상선을 교전국 항구나 해역으로 향하도록 침로를 변경시키는 것은 특정한 수역에서 상선을 배제하는 것만으로도 충분한 경우가 있다.

그렇지만 이러한 침로변경은 항행의 자유에 관한 중립국 권리를 침해할 가능성이 높다. 게다가 침로변경으로는 해당 중립국 상선이 금제품을 수송하고 있는지 또는 비중립적 역무에 해당되는 어떠한 행위를 하고 있는지 확인할 수 없다. 따라서 이러한 영향을 경감시킬 필요성이 제기되는데, 기본적으로는 중립국 상선과 교전국 쌍방의 이익에 합치되는 방향으로 조정되어야 할 것이다. 이를 담보하기 위한 첫 번째 요건이 중립국 상선(선장)의 침로변경에의 동의이다. 만약 교전국의 요청에 중립국 상선이 동의하지 않으면, 차단 군함의 지휘관은 임검과 수색의 권리를 행사하든지 상선을 당초의

---

28) L. Doswald-Beck(ed.), *op. cit.*, pp.196-197.

침로로 항행시켜야 할 것이다.[29]

그러나 해상에서의 임검 및 수색이 불가능 또는 위험한 경우, 교전국의 군함 또는 군용기는 임검 및 수색권을 행사하기 위해 적당한 해역 또는 항구로 상선의 침로를 변경시킬 수 있다. 이는 上述한 '임검 및 수색 대신' 상선의 동의하에 중립국 상선을 선언된 본래의 목적지로부터 침로를 변경시키는 것과는 구별되는 것으로, 해당 상선이 안전한 장소에서 임검과 수색을 받도록 하기 위해서 침로를 변경하는 것이다. 이 경우 중립국 상선은 침로변경 명령에 따르지 않으면 안 된다.

2. 임검 및 수색 면제 조건

적국 군함의 호송하에 있는 중립국 상선은 적국 상선과 동일한 취급을 받는다. 적국 호송하의 항행은 임검, 수색 및 나포의 권리를 갖는 외국군함에 대해 실력으로 저항하는 충분한 증거가 되기 때문에 이러한 상선은 무경고공격의 대상이 된다.[30]

그러나 전통 국제법하에서는 중립국 상선은 '합리적 이유'가 있는 경우 임검과 수색을 받게 되는바,[31] 중립국 상선이라 하더라도 군함의 호송하에서 항행하는 경우 교전국 군함은 이를 임검하여

---

29) *Ibid.*, p.197 참조.

30) 1909년의 London선언 제63조.

31) 1913년 France 우편선인 The Carthage호 사건에 관한 France와 Italia 간의 Hague 상설중재재판소 판결에서 "보편적으로 인정된 원칙에 의하면 교전국 군함은 특별한 경우를 제외하고 원칙적으로 공해상에서 중립국 상선을 정선시켜 특히, 전시금제품의 관점에서 중립규칙을 준수하고 있는가를 확인하기 위하여 임검할 권리를 갖는다."라고 판시하였다. *AJIL* 1913 pp.623－629.

수색할 수 있다. 하지만 임검과 수색의 권리는 자의적으로 행사되어서는 안 되며, '해당 선박이 나포 대상이 된다고 의심되는 합리적인 이유'가 있는 경우에만 실시되어야 한다. 따라서 이러한 '합리적 이유'가 없는 경우 임검과 수색은 면제된다.

임검과 수색이 면제되는 구체적인 경우로는 다음을 들 수 있다. 첫째, 중립국 항으로 향하고 있는 경우와 동일 국적의 중립국 군함 또는 호송 상선의 기국과 협정을 체결한 중립국 군함이 호송(convoy)[32]하고 있는 경우 면제된다.[33]

둘째, 중립국 기국의 군함이 당해 중립국 상선이 전시금제품을 수송하고 있지 않다는 것을 또는 중립국의 지위와 양립하지 않는 활동에 종사하고 있지 않다는 것을 보증하는 경우 및 차단하는 교전국 군함 또는 군용기의 지휘관이 요구하는 경우 중립국 군함 지휘관이 임검 및 수색을 통해 확인될 수 있는 상선과 그 화물의 성격에 관한 모든 정보를 제공하는 경우 임검과 수색은 면제된다. 따라서 별도의 기를 게양하는 중립국 군함의 기국과 해당 상선은 임검과 수색이 면제되지 않는다. 중립국 군함의 기국과 해당 상선

---

32) '호송'이라는 용어는 호송 군함이 상선 인근에서 항행해야 한다는 것을 의미하는 것은 아니다. 현대적 해상무력분쟁에서 탐색범위의 확대와 정밀무기의 발달로 상선을 보호하기 위해 군함이 상선을 인근에서 보호해야 할 필요성은 매우 감소되었다. 따라서 피호송 상선은 호송 군함과 보다 가까운 거리에 있어야 한다는 것을 의미하는 중립국 군함의 '운영통제'하에 있어야 하는 것이 아니라 '작전통제' 하고 있으면 충분하다. 그러나 실제로 호송이라고 볼 수 없을 정도로 너무 떨어져 항행해서는 호송이라고 볼 수 없을 것이다. 군함 지휘관은 상선과 화물의 성격에 관한 정보를 차단 군함의 지휘관에게 제공할 의무가 있기 때문에 중립국 군함은 호송 상선의 해당 상선의 인근에 있어야 한다. L. Doswald-Beck(ed.), *op. cit.*, p.198.

33) 동일 국적 군함의 호위하에 있는 중립국 상선에 대해 임검 및 수색권이 행사될 수 있는가 하는 것은 원래 해결되지 못한 문제였지만, 오늘날은 일반적으로 동일 국적 군함의 호위하에 있는 중립국 상선은 임검과 수색이 면제된다고 간주하고 있다. NWP9A, *op. cit.*, para.7.6 참조.

이 그 기를 게양하는 별도의 중립국과 협정을 체결하고 있는 경우에만 다국적의 호송은 임검과 수색을 면한다. 중립국 군함의 기국 및 호송하는 중립국 군함의 지휘관은 관계 기국 간에 그와 같은 협정이 없을 때에는 성실하게 자기의 임무를 이행하는 것으로 간주되지 않기 때문이다. 또한 중립국 군함의 지휘관이 차단 군함의 지휘관 요청을 충족시킬 의도가 없든지 또는 충족할 수 없는 경우 차단 군함은 상선을 임검하고 수색할 권리를 갖는다.[34]

3. 감독조치

전통 국제법상 중립국은 교전자의 일방 또는 타방을 위한 무기, 탄약, 기타 군용에 제공될 수 있는 물자의 수출 또는 통과를 방지하여야 하는 것은 아니며, 자국 국적을 갖는 선박내에 있는 화물을 보증하는 증명서의 발급의무를 지지도 않는다. 전시금제품 수송은 국제법에 의해 금지되는 것은 아니며, 그것은 중립국 상선의 권리로서 전시금제품을 나포할 수 있는 교전국 권리와의 충돌에 불과하다. 전시금제품을 수송하는 중립국 국민은 국제법을 위반하는 것이 아니라 자신들의 이익을 위해 위험을 무릅쓰고 있는 것이며, 만약 나포되면 그 결과를 받아들여야 한다. 교전국의 나포의 권리가 중립국의 전시금제품을 수송할 권리에 우선하는 것이다.[35]

그러나 임검과 수색은 항행상의 불편이나 재정적 손실을 발생시

---

34) L. Doswald-Beck(ed.), *op. cit.,* pp.198-199.

35) *Ibid.,* p.201.

킬 위험이 크다. 임검과 수색을 집행하기 위한 침로변경과 인치도 그 침로를 변경한 중립국 상선에 상당한 재정적 손실을 가져올 수 있다. 다른 한편 교전국은 '그 일부가 적의 손에 도착하는 것이 확실하더라도 적하의 중립국 항에의 입항을 허용할 것인지 그렇지 않으면 정당한 중립통상을 방해할 위험이 있더라도 이러한 통상에 엄격한 통제를 부과할 것인가'의 선택에 직면하게 된다.[36]

따라서 자국 상선이 전시금제품 수송에 종사하지 않을 것을 확보하도록 중립국에 일정한 조치를 취할 권리를 인정할 필요가 있다. 즉 임검 및 수색을 피하기 위하여 교전국은 중립국 상선 내에 적재된 화물의 검사 및 동 상선이 전시금제품을 수송하고 있지 않다는 것을 증명하기 위한 통제조치 및 증명절차 강화와 같은 합리적인 조치를 취할 수 있다.[37]

과거 세계대전에서 영국과 그 동맹국들이 사용한 봉쇄해역 통과허가증(Navicerts) 제도가 대표적인 사례이다. 이 제도는 중립국과 교전국의 마찰을 회피하는 유효한 방법이었으며, 오늘날에도 인정되고 있다.[38] 중립국 상선이 교전국에 의한 화물의 검사 및 비금제품 화물증명서의 제시와 같은 감독조치를 따른다는 사실은 타 교전국에 중립의무를 위반한 행위가 되는 것은 아니다.

---

36) Robert W. Tucker, *op. cit.*, p.280.

37) San Remo Manual on International Law Applicable to Armed conflicts at Sea, 1994, para.122.

38) NWP9A, *op. cit*, para.7.4.2. 한편 어느 일 교전국에 의해 발급된 봉쇄해역 통과허가증이나 봉쇄해역 상공 통과허가증은 그 상대방 교전국의 임검과 수색의 권리에 어떠한 영향도 미치지 않는다. 통과허가증 제도의 기원에 대해서는 H. Ritchie, *The 'Navicert' System during the World War*, Carnegie Endowment for International Peace, 1938, pp.4 - 7 참조.

1. 나 포

가. 중립국 상선

1973년 이전의 중동전쟁, 1965년부터 1971년까지의 인도－파키스탄전쟁 및 1980년부터 1988년까지의 이란－이라크전쟁에서 중립국 상선은 교전국으로부터의 심각한 도전에 직면했었다. 교전국들의 조치는 나포에 한정되지 않았다. 특히 이란－이라크전쟁에서 중립국 상선은 양 교전국에 의해 발견 즉시 공격을 받곤 했다(sink－on sight policy). 걸프 만에서 중립국 유조선에 대한 공격은 국제법에 반한다는 합의가 있긴 했지만 어떤 조건하에서 이들이 나포되는가 하는 것에 대한 논란이 있었다.[39]

중립국 상선은 원래 나포의 대상이 아니지만 예외적인 경우 즉, 적대행위에 직·간접적으로 관여하는 경우에는 나포할 수 있다. 이러한 경우를 살펴보면 다음과 같다.

첫째, 전시금제품의 수송에 종사하고 있는 또는 그와 같은 수송에 종사하고 있다는 것이 합리적으로 의심되는 중립국 상선은 나포의 대상이 된다(런던선언 제37조).[40] 중립국은 자국 상선이 교전국의 통상에 종사하는 것을 금지하여야 할 법적 의무는 없지만 만

---

39) Wolff Heintschel von Heinegg, *op. cit.*, pp.14－15.

40) L. Doswald－Beck(ed.), *op. cit.*, p.213.

약 적 상선이 전시금제품을 수송할 경우 나포 대상이 된다는 것을 인정하여야 한다. 전시금제품을 수송하는 선박이 적선이든 중립선이든 중립국 영수 이외의 수역에 있어서는 언제든지 나포될 수 있으며, 적국 영역, 적국 점령지 및 적군에 도달하기 전에 중간 항에 기항하려는 의사를 가진 때에도 또한 같다(동 37조). 또한 전시금제품이 가격, 중량, 용적 또는 운임상 전체 화물의 반을 넘을 경우에는 이를 수송하는 선박을 몰 수 있다(동 제40조).[41] 그러나 적 상선은 이전에 이행하였거나 또는 이미 종료된 전시금제품 수송을 이유로 나포되지 않는다(동 제38조).

둘째, 적군에 편입된 개인을 수송하기 위한 목적으로 항행하거나 적의 직접적인 통제, 명령, 용선, 사용 또는 지시하에서 항행하는 경우 나포할 수 있다. 교전국은 중립국 선박이 적군을 수송하는 것을 방지할 권리가 있다. 그러나 군대의 구성원인 적국 국민 또는 병력에 동원될 예정인 적국민이 우연히 승선하고 있다는 것이 나포를 정당화하지는 않는다.[42]

셋째, 비정규 또는 허위문서의 제시, 필요한 문서의 결여, 문서를 파기·손상·은닉하는 경우 나포의 대상이 된다. 이러한 행위들은 당해 선박이 적성을 갖는다는 것을 확인하는 유효한 증거가 되며, 따라서 나포 대상이 된다는 충분한 근거를 제공한다.[43]

---

41) 전시금제품을 수송하는 중립국 선박의 포획에는 영국주의와 대륙주의 입장이 대립하였는데, 영국주의는 선박 소유자가 전시금제품의 소유자와 동일한 경우나 선박 소유자가 전시금제품 수송에 악의를 가진 경우에 그 선박을 포획한다고 본 반면에, 대륙주의는 선박에 적재된 화물 중에 전시금제품이 타 화물과 비교하여 다량인 경우에 한하여 선박을 몰수할 수 있다고 보았다. 런던선언은 후자, 즉 대륙주의 입장을 취하고 있다.

42) L. Doswald-Beck(ed.), *op. cit.*, p.214.

43) *Ibid.*; NWP9A, *op. cit.*, para.7.9 참조.

넷째, 해상작전 인근 수역 내에서 교전국이 정한 규제를 위반하는 경우 나포할 수 있다. 중립국 상선은 통상적으로 교전국 일방의 어떠한 명령에 복종해야 할 의무가 없다. 그러나 해상작전의 인근구역, 예를 들면 해군부대 근처에서는 안전에 관한 교전국의 이익이 중립국의 상업목적을 위한 항행의 자유보다 중대하다. 중립국 상선이 이러한 명령에 따르지 않는 경우 명령을 내린 교전국은 이러한 중립국 상선을 적성을 갖는 것으로 또는 적대의도를 가진 것으로 추정할 수 있다는 것은 합리적 해석이라 판단된다. 따라서 명령이 자의적으로 부여된 것이 아닌 한, 이를 무시하는 상선은 적국 선박으로 취급할 수 있을 것이다.44)

다섯째, 봉쇄침파 또는 봉쇄침파를 기도하는 경우 나포 대상이 된다. 국제법에 따라 봉쇄를 설정한 경우 교전국은 모든 선박이 봉쇄된 수역이나 항구에 출입하는 것을 저지할 권리를 갖는다. 봉쇄침파 선박에 대해서는 통상적으로 나포할 수 있을 뿐이나 사전 경고 후 봉쇄를 침파하고 있는 선박이 고의적으로 또는 명확히 정선을 거부할 경우에는 공격할 수 있다.45)

한편 중립국 상선의 나포는 그러한 선박을 심검에 회부하기 위한 포획물로 확보함으로써 완료된다. 중립국 선박의 나포는 포획자에게 포획물에 대한 권원을 이전시키는 효과를 가져오지 않고 포획자가 일시적으로 당해 재산을 점유하는 상황에 두는 것에 불과할 뿐, 선박(또는 화물)을 몰수할 근거의 판단에 대한 최종적 결정은 권한 있는 포획재판소에 있다. 따라서 포획자는 선박(과 화물)

---

44) L. Doswald-Beck(ed.), *op. cit.*, p.214.

45) *Ibid.*

이 손상되지 않도록 유지하고, 합리적 기간 내에 적정한 항구로 인치하기 위한 모든 합리적 조치를 취하여야 한다(동 제48조). 포획재판소가 나포를 정당하지 않다고 결정할 경우 선박 소유자나 운항자는 불법적인 나포로 인해 입은 피해에 대한 보상을 받을 권리가 있다.

나. 중립국 상선 내의 화물

중립국 상선에 적재된 화물은 적화 또는 중립화이든 원칙적으로 나포가 면제되는데 봉쇄, 비중립적 역무 및 임검수색에 대해 저항하는 경우를 제외하고 그것들이 전시금제품(contraband of war)에 해당되는 경우에만 나포할 수 있다.[46]

전시금제품은 군용에 공급되는 물품으로서 중립국 국민에 의해 일방의 교전국에 공급되는 것을 타방의 교전국이 해상에서 그 수송을 방지하고 포획 및 몰수할 수 있는 것을 말한다. 중립국 국민은 전시에 있어서도 교전국과 자유로이 통상할 수 있는 권리를 향유함을 원칙으로 하나, 이러한 권리는 결코 무제한적인 것이 아니어서 일정한 제한이 가해지는데, 전시금제품도 그러한 제한제도의 일종인 것이다.[47]

---

46) 종래의 관행에서 교전국은 중립국 상선이 적화를 적재하고 있을 경우에는 그 중립선을 나포할 수 있었다. 그러나 미국 독립전쟁 당시 러시아 女帝 Ekatepha Ⅱ 는 "중립선 상의 적화는 전시금제품을 제외하고는 자유로 하여야 한다."고 선언하였다(1780. 2. 28.). 그래서 덴마크, 스웨덴, 프로이센, 오스트리아 등은 러시아의 지도 아래 '무장중립동맹'을 맺고 '자유선 자유화물'의 원칙을 지켰다. 이는 적국 화물은 무기와 탄약을 제외하고는 중립선에 적재하는 것이 자유이며 또한 중립선은 교전국의 항만 내에서는 어떠한 방해도 없이 자유로 거래할 수 있다는 것이다. 이중범, 전쟁과 평화, 단대출판사, 1983, p.32.

47) 김정균·성재호, 국제법, 박영사, 2006, p.778. 전시금제품에 있어 화물의 소유주가 누구인지는 그다지 중요하지 않다. 비록 수송 도중에 있는 화물이 중립국인에게 속한다 하더라

전시금제품에 관한 전통적인 법과 국가관행에 따르면 화물이 전시금제품을 구성하기 위해서는 교전국의 사용에 제공되는 것이 아니면 안 되고, 또한 직접 또는 간접적으로 적국으로 향하는 것이 아니면 안 된다.[48]

그로티우스 이래의 분류에 의하면 전시금제품은 전적으로 전쟁의 용도에 제공되는 물자(무기 및 탄약 등), 즉 절대적 금제품(absolute contraband)과 전쟁용으로도 평화용으로도 사용되는 물자(食料 및 衣料 등), 즉 상대적 금제품(또는 조건부 금제품, conditional contraband)의 양자로 구별되어 왔다. 런던선언은 이 구별을 인정하는 동시에 전시금제품으로 인정될 수 없는 자유품을 규정하고 있다.[49]

그런데 전시금제품은 특정 사례의 특수한 상황에 따라 변할 수 있으며, 어떤 물품을 전시금제품 목록에 포함할 것인가 하는 것은 그 물품이 전쟁수행에 있어 불가결한 특징을 갖고 있느냐 하는 것이 고려되지 않으면 안 된다는 인식이 확산되었으며, 각국들도 연속항해주의[50]를 절대적 금제품에만 적용하는 것을 지지하지 않았다.[51]

도 적국인의 소유물로 간주하여 이를 전시금제품으로 취급하게 된다. 교전국은 공해상에서 조우한 중립선 내의 전시금제품을 자국 포획재판소의 소정의 절차를 거쳐 손해배상 없이 몰수할 수 있다. 한형건, 「해전 시 포획권 행사에 의한 해상통상의 저지」, 법률행정논집 제13집, 고려대학교 법률행정연구소, 1976, p.72.

48) 전시금제품이 적에게 '최종적으로 향하는' 것이 아니면 안 된다고 하는 사실은 연속항해주의가 교전국의 전시금제품 목록에 적법하게 게재된 모든 물품에 적용된다는 것과 전시금제품 원칙은 적국 영역에서의 수출품에는 적용되지 않는다는 2가지 중요한 결론을 도출시킨다.

49) 이한기, 국제법강의, 박영사, 2006, p.781.

50) 전시금제품 수송에 관한 연속항해주의란 금제품을 수송하는 선박이 중립항을 목적지로 해서 항해 중일 경우에도 그 목적지가 표면상의 것일 뿐이고, 중립항에서 양륙 또는 전재된 후 육로 또는 해로를 거쳐 적지로 수송될 것임이 분명할 때는 이를 포획할 수 있다는 것이다. 이 주의의 보다 넓은 의미 속에는 금제품을 수송하는 선박이 일단 중립항에 기항했다가 다시 적항으로 향하려는 것일 경우 그 전후의 항해를 연속적인 것으로 보아 중립항으로 가는 항해 도중에 포획하는 것도 포함시킬 수 있다. 연속항해주의의 채용과 전시금제품의 범위 확대는 해상포획에 관한 파리선언의 효과를 감퇴시켰지만 연속항해주의는 그 범위를 한

오늘날 전시금제품을 구성하는 요소를 하나로 정의하여 절대적 금제품과 조건부 금제품을 구별하지 않고, 교전국이 발표한 전시금제품 목록에 따라 나포토록 하는 경향이 있다. 이는 특정 무력분쟁에서의 상황들을 고려하여 전시금제품으로 간주되어야 할 것을 사전에 규정하는 것은 불가능하다는 판단에 따른 것이다. 하지만 이것이 어떠한 물품도 전시금제품으로 선언될 수 있다는 것을 의미하는 것은 아니며, 전시금제품 목록은 합리적인 구체성을 갖지 않으면 안 된다. 그래야만 어떤 물품의 수송이 위험한가 위험하지 않은가를 사전에 중립국 상선이 판단할 수 있을 것이다.

교전국의 전시금제품 목록에 포함되지 않은 품목은 자유품목이며 따라서 나포되지 않는다. 이러한 자유품목에는 (a) 종교적 용품, (b) 오로지 상병자의 치료 및 질병예방에 충당되는 물품, (c) 민간주민, 특히 여성 및 아동을 위한 의복, 침구 및 필수적인 식료품(다만 타 목적으로 전용될 것이라는 또는 그것을 군사적 목적으로 사용할 수 있는 적화를 대신하여 충당됨으로써 적에게 명백한 군사적 이익을 줄 것이라고 믿을 만한 중대한 이유가 없어야 한다.), (d) 식량, 의복 및 교육·문화·오락용 물품을 포함한 개인소포 및 집단구호품 등 전쟁포로에게 배달되는 물품, (e) 국제조약 또는 교전국 간 특별협정에 의해 특별히 나포가 면제된 기타 물품 및 (f) 무력분쟁에 사용될 것으로 의심되지 않는 기타 물품 등이 최소한 포함되어야 한다.52)

층 넓혀 가고 있는 전시금제품의 통제를 위해 더욱 강화되어 나갔다. 김정균·성재호, 국제법, 박영사, 2006, pp.781 – 782.

51) L. Oppenheim, *International Law*, vol. II, 1952, Longmans, pp.816, 821 참조.

52) San Remo Manual on International Law Applicable to Armed conflicts at Sea,

전시금제품은 敵貨이든 中立貨이든, 적선 상에 있든 중립선 상에 있든, 무력분쟁 중 중립국 영수 이외의 해상에서 언제든지 포획되어 몰수된다. 전시금제품의 소유자에 속하는 동일 선박 내에 있는 화물도 몰수된다(런던선언 제42조).

전시금제품을 수송하는 선박이 석방될 때에는 각국 포획재판소의 검색절차중 그리고 검색 중 당해 선박 및 그 적재화물의 보존을 위해 포획자가 지출한 비용은 그 선박이 부담한다(동 제41조).

그리고 선박이 전쟁의 사실 또는 그 화물에 대한 전시금제품 선언을 알지 못하고 항해 중에 해상에서 군함을 조우한 경우 전시금제품인 물품은 배상을 지불하지 않고서는 몰수할 수 없다. 이 선박 및 화물의 잔여분은 몰수 및 제41조에 규정한 비용의 지불이 면제된다. 선장이 전쟁의 개시 또는 전시금제품에 관한 선언을 알고 있어도 또 전시금제품인 물품을 양륙할 수 없을 때에도 또한 같다. 중립항의 소속국에 대하여 적당한 시기에 있어서 전쟁 개시 또는 전시금제품 선언의 고지가 있은 후 선박이 그 항구를 출발한 때에는 상기 선박은 전쟁상태 또는 전시금제품의 선언을 알았던 것으로 간주한다. 또한 전쟁 개시 후 적항을 출발한 때에도 그 선박은 전쟁상태를 알았던 것으로 간주한다(동 제43조).

또한 전시금제품을 수송하고 있다는 이유로 정선을 명령받았으나 분량 관계상 몰수되지 않은 선박은 선장이 교전국 군함에 금제품을 인도한다면 계속 항해하는 것이 허가될 수 있다. 전시금제품의 인도가 있을 때에는 포획자는 이를 정선을 명령한 선박의 서류에 기입하며, 또한 선장은 필요한 일체의 선박서류의 인증등본을

포획자에게 교부함을 요한다. 포획자는 인도된 전시금제품을 파고할 수 있다(동 제44조).

중립선 상의 비전시금제품은 몰수되지 않으며(파리선언 제2조), 적선 상의 중립화도 보호를 받지만(동 제3조), 적선 상의 화물은 통상 敵貨로 추정되기 때문에[53] 중립화라는 것을 입증하지 못하면 포획된다. 이 경우 그 화물 중의 비전시금제품이 전시금제품의 소유자와 동일인에게 속할 경우 포획된다(런던선언 제42조).[54]

그러나 전시금제품을 수송하는 선박을 포획할 수 있는 경우는 현행 중에 한정되며 전에 이행하였거나 또는 현재 종료한 전시금제품의 수송이라는 이유로 포획할 수 없다(동 제38조).

전시금제품 관련 법규 및 종류

【법규】

(1) 파리선언

1856년 해상법에 관한 선언(파리선언)은 전시금제품과 관련하여 제2조와 제3조에서 중립국의 기를 게양한 선박에 적재한 적국의

---

53) 런던선언 제59조. 적선 내에 있는 화물의 중립성을 입증할 수 없을 때에는 그 화물은 적성을 가지는 것으로 추정된다.

54) 영미주의는 이와 같은 런던선언의 감염주의에 일치하는 것으로서 비전시금제품의 몰수를 원칙으로 하나 반드시 이 주의를 일관하지는 않고 先買權을 유보하는 실행도 있었다. 이에 대하여 대륙주의(프랑스주의)는 이러한 비전시금제품의 비몰수를 관행으로 한다. 이한기, *op. cit.*, p.782.

화물은 전시금제품을 제외하고는 이를 포획할 수 없으며(제2조), 적국의 기를 게양한 선박에 적재한 중립국 화물은 전시금제품을 제외하고는 이를 나포할 수 없다(제3조)고 규정하고 있다. 이처럼 파리선언은 중립선 내의 전시금제품인 적국 화물과 적선 내의 전시금제품인 중립국 화물의 포획을 허용하고 있다.

동 선언에서 규정하고 있는 전시금제품 포획 관련 규정은 크림 전쟁을 계기로 발전된 것이다. 동 전쟁이 발발하기 수 세기 전부터 유럽 여러 국가들에 의해서 받아들여진 해상법칙에는 중립국의 선박이나 화물과 구분하여 적국의 선박과 화물의 대우가 대체로 반영되지 못했다. 1854년 크림전쟁의 발발과 함께 모든 분쟁국은 私掠船을 인정하지 않는다고 선언하였다. 부가해서 프랑스나 영국 같은 연합국은 해상에서의 선박나포에 대한 서로 다른 규칙에 대하여 이를 일치시킬 필요성을 느꼈다. 마침내 프랑스는 적국 선박에 실린 중립국의 화물에 대한 나포를 책임지지 않는다고 선언하였고, 영국은 중립국 선박에 실린 적국 화물에 대한 나포에 책임을 지지 않는다고 선언하였다.[55] 이러한 선언을 조문화한 것이 파리선언이다.

(2) 런던선언

1909년의 런던선언[56]은 전시금제품에 대하여, 특히 전시금제품

---

55) 해군본부(역), 전쟁법규집, 1988, p.28.

56) 런던선언은 영국의 제안으로 10개 주요 해운국이 모여 개최된 국제회의(1908. 12~1909. 2)에서 채택되었다. 동 선언은 해상교전권과 중립권과의 관계에 있어서의 포획법규를 규정한 것으로 봉쇄, 전시금제품, 군사적 원조, 중립선의 파괴, 군함의 호송 및 임검 등에 관한 내용을 담고 있다. 그러나 동 선언은 영국이 비준하지 않자 다른 나라들도 비준하지 않아 정식으로 발효되지 못하였다. 그러나 동 선언은 당시 통상적으로 인정되던 관습법을 집대성하여 정비하고 그것을 성문화하였다는 점에서 국제법 발전과정에서 높이 평가되

의 유형 및 각 유형에 해당되는 물품의 종류에 대하여 일반적으로 규정한 최초의 국제적 문서였다.[57]

그러나 동 선언은 비준되지 않았으며, 더욱이 제1차 대전 이후의 총력전에 있어서 런던선언의 원칙을 오늘날 그대로 인정하기는 곤란하게 되었다. 즉, 제1차 대전에서는 각국의 금제품 리스트가 현저히 확대되었으며, 자유품도 계속 금제품으로 편입되었다(예, 면화 및 양모 등). 제2차 대전에서 각국 공통의 현상은 금제품의 품목을 낱낱이 열거하지 않고, '육상, 해상 및 공중의 무장에 직접 소용되는 모든 물품과 재료' 또는 '군사목적과 평시목적의 쌍방에 사용되는 모든 품목과 재료'와 같이 금제품을 일반적으로 규정하는 것이었다. 이로써 전시금제품의 범위가 크게 확장되었으며, 또한 절대적 금제품과 상대적 금제품을 구별하는 의미도 없어지게 되었다.[58]

【종류】

런던선언은 전시금제품(25종)과 비전시금제품(17종)으로 나누고 전시금제품을 절대적 금제품(11종)과 상대적 금제품(14종)으로 구분하고 있다. 규정된 전시금제품을 그렇게 간주하는 것을 포기하고

고 있다.

57) 그로티우스 이래의 분류에 의하면 전시금제품은 전적으로 전쟁의 용도에 제공되는 물자(무기 및 탄약 등), 즉 절대적 금제품(absolute contraband)과 전쟁용으로도 평화용으로도 사용되는 물자(食料 및 衣料 등), 즉 상대적 금제품(또는 조건부 금제품, conditional contraband)의 양자로 구별되어 왔다. 런던선언은 이 구별을 인정하는 동시에 전시금제품으로 인정될 수 없는 자유품을 인정하였다. 이한기, *op. cit.*, p.781.

58) *Ibid.*

자 하는 국가는 이를 고지하는 선언으로 통지하는 경우 전시금제품
에서 제외할 수 있다. 이 경우 그 효과는 선언국에만 미친다(제26조).

　전시금제품을 지정하는 데 있어 미국과 유럽 국가들의 정책은
판이하게 차이가 있다. 유럽 제국은 전쟁 목적을 위해서는 식량,
원유, 원자재 공급이 필요하므로 전기품목을 절대적 전시품목에서
제외시키려 하였고, 이에 대해 원자재를 생산하고 있는 라틴아메리
카 제국이 이를 찬성하였으나 미국과 캐나다는 제2차 세계대전 중
독일과 그 동맹국에 전쟁보급을 차단하기 위하여 식량, 원유, 섬유,
피혁 등의 공급을 봉쇄하고자 노력했다.[59]

(1) 전시금제품

(가) 절대적 금제품(제22조)[60]

① 모든 무기(狩獵用武器 포함) 및 그 부분품인 것인 명백한 것

② 모든 탄환, 장약, 彈藥包 및 그 부분품인 것이 명백한 것

③ 특히 전쟁용으로 제조된 화약 및 폭발물

④ 砲架, 탄약차, 전차, 군용운반차, 野戰鍛工器 및 그 부분품인
　　것이 명백한 것

⑤ 군용임이 명백한 피복 및 武裝具

⑥ 군용임이 명백한 모든 마구

⑦ 전쟁에 사용할 수 있는 乘用, 견인용 및 荷物用의 獸類

---

59) 조기성, 「전시금제품의 이전과 해상포획, 포획재판소의 기능」, Strartegy 21, vol.3, no.2,
　　2000, p.127.

60) 이들 물자 외에도 오로지 전쟁용으로 제공되는 물건 및 재료는 선언을 통해 포고하여 고지
　　하는 경우 절대적 금제품으로 추가할 수 있다. 이 경우 고지는 타국정부 또는 선언을 행하
　　는 국가에 주재하는 외교사절에게 통지하는 것으로 이루어졌다고 본다. 전쟁 개시 후에 행
　　하는 고지는 중립국에 보냄으로써 충분하다(런던선언 제23조).

⑧ 陣營具 및 그 부분품인 것이 명백한 것

⑨ 갑철판

⑩ 전투용 함정 및 특히 이에 사용할 수 있음이 명백한 부분품

⑪ 병기, 탄약의 제조를 위하여 또는 육군용 혹은 해군용의 무기 및 재료의 제조용 혹은 수리용을 위하여 전적으로 제작된 機械器具

(나) 상대적 금제품(제24조)[61]

① 식량

② 獸類의 사료용에 적합한 잡초 또는 곡류

③ 군용에 적합한 의복, 피복용 직물 및 가죽류

④ 금, 은, 화폐 및 기타의 지금, 화폐의 代用紙幣

⑤ 전쟁용에 제공될 수 있는 모든 차량 및 그 부분품

⑥ 모든 선박 및 단정, 浮독크, 독크의 부분 및 그 부분품

⑦ 철도의 고정적 및 군전용 재료와 전신, 무선전신 및 전화용 재료

⑧ 비행선, 비행기, 氣球 및 그 부분품임이 명백한 것과 항공기에 제공되는 것으로 인정되는 부속품 물건 및 재료

⑨ 연료 및 기계 윤활용품

⑩ 특히 전쟁용으로 제조된 것이 아닌 화약 및 폭발물

⑪ 有刺鐵線과 그 가설용 또는 절단용으로 제공되는 기계 기구

⑫ 체철 및 체철용 재료

---

61) 절대적 금제품 및 동 조에 규정된 상대적 금제품 외에도 전쟁용이나 평시용으로 제공될 수 있는 것은 고지하는 선언의 방법에 의하여 상대적 금제품으로 추가할 수 있다(런던선언 제25조).

⑬ 견인 및 안정에 사용되는 물건

⑭ 쌍안경, 망원경, 크로노미터 및 각종 항해용구

(2) 비전시금제품(제28조, 자유품)

① 생면, 양모, 면, 황마, 아마와 기타 직물업용 원료와 그 직계

② 유제품의 원료인 견과, 穀種 및 코프라

③ 코쥬, 고무 수지, 고무, 칠 및 호프

④ 生皮, 角, 骨 및 상아

⑤ 천연 및 인조비료(농업에 사용할 수 있는 초산염 및 인산염 포함)

⑥ 광석

⑦ 흙, 점토, 석회, 石(대리석 포함), 연와, 판석 및 개와

⑧ 자기 및 유리기

⑨ 종이류 및 그 제조용으로 제작된 재료

⑩ 비누, 彩料(전적으로 이를 제조하는 데 사용되는 재료 포함) 및 洋漆

⑪ 클로르석탄, 소다灰, 가성소다, 솔트케이크, 암모니아, 유화암모니아 및 硫化銅

⑫ 농사용, 채광용, 직물업용 및 인쇄용 기계

⑬ 귀석, 준귀석, 진주, 진주모 및 산호

⑭ 벽시계, 탁상시계 및 크로노미터 이외의 회중시계

⑮ 기호품 및 사치품

⑯ 각종 우모 및 강모류

⑰ 가구용 및 장식용 물건과 사무용 기구 및 그 부속품

이들 품목들 외에도 전적으로 상병자의 간호용에 제공되는 물건 및 재료와 선박 자체의 사용에 제공되는 선내에 있는 물건 및 재료[62]와 항행 중 그 선박의 승무원 및 승객의 사용에 제공되는 물건 및 재료는 전시금제품으로 간주할 수 없다(제29조).

2. 파 괴

중립국 상선을 포획하였을 경우 이를 파괴할 수 없으며, 포획의 적법성을 검증하기 위해 적절한 장소로 인치하여야 한다(런던선언 제48조). 그러나 군사적 상황상 나포된 중립국 선박을 적 포획물로서 심검하기 위해 인치할 수 없을 시 일정한 조건이 충족되면 예외적 조치로서 파괴할 수 있다.[63]

이와 관련하여 1909년 런던선언 제49조는 다음과 같이 규정하고 있다.

군함의 안전을 해하거나 또는 군함이 현재 수행 중인 작전의 성공을 방해하는 경우 나포한 중립선박을 몰수할 수 없을 시 예외적으로 이를 파

---

62) 이들 품목도 군사상 중대한 필요가 있는 경우 적국 영역, 적국 점령지 또는 적군으로 행선지를 가진 때에는 배상을 지불하고 징발할 수 있다(런던선언 제29조).

63) 포획된 중립국 상선의 파괴를 인정해서는 안 된다는 견해도 있다. 파괴를 허용할 경우 중립국의 통상자유를 지나치게 제한할 우려가 있고, 실제 필요성이 매우 낮은 경우에도 다수의 파괴행위가 발생되어 자연환경에 부정적 영향을 미칠 수도 있다는 것이다. 선박이 나포 대상이 될 정도의 유해한 행위를 행하는 경우 인근 항구로의 인치가 절대적으로 불가능한 상황에서도 당해 선박의 파괴 금지를 교전국에 요구하는 것은 온당치 못하다. 따라서 나포한 중립국 선박의 예외적 조치로서의 파괴는 정당하다는 관습적 규칙은 오늘날에도 유효하다고 보아야 할 것이다.

괴할 수 있다.

포획한 중립국 상선을 파괴하기 위해서는 일정한 조건이 충족되어야 한다. 첫째, 승객 및 승조원의 안전이 제공되어야 한다. 이 경우 만약 승객 및 승조원의 안전이 당시의 해상 및 기상조건상 육지에 인접해 있거나 그들을 선내에 수용할 수 있는 선박이 확보되지 않으면 선박의 단정은 안전한 장소로 간주되지 않는다. 둘째, 나포된 선박과 관련된 문서 및 서류는 안전한 장소에 보호 및 보존되어야 하고, 가능한 경우 승객 및 승조원의 개인용품도 보전되어야 한다. 또한 파괴에 앞서 모든 선박 서류 및 이해관계인 포획의 효력에 관한 검증에 필요하다고 인정하는 기타 서류는 군함으로 이전하여야 한다(동 제50조).[64]

특히 해상에서 민간승객을 수송하는 나포된 중립국 민간선박은 파괴하여서는 안 된다. 승객의 안전을 고려하여 이러한 선박은 나포에 적합한 적절한 항구로 침로를 변경시켜야 한다. 통상적으로 군함은 중립국 여객선에 탑승하고 있는 승객을 안전한 장소에 둘 수 있는 입장에 있기 때문에 교전국은 당해 선박의 침로를 변경시킬 의무가 있다.[65] 중립국 여객선은 무고한 많은 민간인을 수송하고 있고, 적의 전쟁능력과는 관련이 매우 낮기 때문에 이의 파괴를 정당화하는 조건은 다른 선박의 파괴를 정당화하는 조건보다도 더욱 제한적일 필요가 있다. 그러나 승객 및 승조원의 안전이 제공되고, 나포된 선박과 관련된 문서와 서류 및 가능한 경우 승객

---

64) San Remo Manual on International Law Applicable to Armed conflicts at Sea, 1994, para.151.

65) *Ibid.*, para.152.

및 승조원의 개인용품이 안전한 장소에 보호 및 보존될 경우 승객이 항구에 상륙하였다면 파괴할 수 있다.[66]

중립국 선박의 파괴는 매우 신중하게 집행되어야 한다. 중립국 포획물의 파괴를 허용하는 규칙을 핑계로 과거 세계대전에서처럼 무차별적인 중립국 선박의 파괴가 재연되어서는 안 되기 때문이다. 나포된 중립국 선박의 파괴를 피하기 위하여 모든 노력이 경주되어야 할 이유도 여기에 있다. 그러므로 나포된 선박이 교전국의 항구로 인치, 침로변경 또는 적절하게 석방되지 않는다는 확신이 들지 않으면 이러한 파괴를 명하여서는 안 된다.

또한 중립국 선박을 파괴한 포획자는 포획의 효력에 관한 검증에 앞서 파괴를 정당화하는 예외적 필요가 있었던 사실을 증명하여야 하며, 그렇지 못할 경우 그 포획자는 포획의 유효 여부의 심문 없이 이해관계인에게 배상하여야 한다(동 제51조). 중립국 선박의 파괴 요건이 증명된 경우에도 후에 무효로 검증된 경우 포획자는 반환을 받을 권리를 가진 이해관계인에 대하여 그 代償으로서 배상하여야 하고(동 제52조), 몰수할 수 없는 중립화물이 선박과 함께 파괴된 때에는 그 화물의 소유자도 배상받을 권리가 있다(동 제53조).

중립국 상선의 상병자 등의 수용 및 간호

【규정】 분쟁당사국은 중립국의 상선, 요트 또는 기타 주정의 선장

---

66) Doswald - Beck(ed.), *op. cit.*, p.219.

에 대하여 부상자, 병자 및 조난자를 선내에 수용하여 간호하고 또한 사망자를 인양받아 줄 자선을 호소할 수 있다.

이 요청에 응하는 모든 종류의 함선과 부상자, 병자 및 조난자를 자발적으로 수용한 선박은 그러한 원조를 수행하기 위하여 특별한 보호와 편의를 향유한다.

그들 선박은 어떠한 경우에도 그러한 수송으로 인하여 포획되지 않는다. 단, 반대의 약정이 없는 한 중립을 위반한 경우 포획당할 수 있다(제네바 제2협약 제21조).

【해설】 이 규정은 적십자 창설시기로 소급되는 기본원칙에 근거를 두고 있다. 부상자, 병자 및 난선자를 존중해야 하는 것뿐만이 아니다. 그들은 지체 없이 수용되고 간호되어야 한다. 이 업무는 긴급히 필요하므로 해군의 의료기관이 그 일을 다 하지 못하면 인근에 있는 모든 선박에 원조를 요청해야 한다. 마찬가지로 난선자를 발견한 자는 누구나 그를 구조하고 원조할 수 있으며 또 그러하지 않으면 안 된다. 해상에서는 국제적 동료애가 육상에서보다 더 필요하다.

그러나 본 규정은 임의적이다. 분쟁당사국은 중립국의 자비심에 호소할 수 있다. 따라서 중립국 선박은 요청받은 원조를 부여할 의무가 있는 것은 아니다. 그러나 구명되어야 할 생명 및 완화해야 할 고통이 있을 때는 언제나 모든 관계자 간에 진정한 협력이 있어야 할 것이다.

여기서 사용된 용어(상선, 요트 또는 기타의 주정 및 모든 종류의 선박)를 고려할 때 본 규정은 군함 또는 비상업 목적으로 사용되는 공선도 포함된다는 것을 알 수 있다. 중립국 군함은 포획되

지 않으며 특별한 보호도 필요하지 않으므로 중립국 군함에 대해
서는 특별한 규정을 두지 않았다. 그러나 본 규정의 정신은 이들
선박에도 적용된다. 중립국 군함의 자비심에 호소해서 안 될 이유
는 없으며 또 중립국 군함이 이에 응해서 안 될 이유도 없다.

요청에 응한 선박이 향유하는 보호 및 편익의 형태는 상황 여하
에 따른다. 예를 들면 안전통항권을 선박에 교부하여 정선 및 임
검을 받지 않고 항행을 계속할 수 있도록 할 수 있다. 어떠한 경
우에나 이 보호에는 적십자 표장을 표시할 권리를 포함하지 않는
다. 그리고 보호의 목적은 오로지 분쟁희생자의 운명을 개선하는
것이다. 의사는 자신을 위하여 보호받는 것이 아니라 그들이 제공
하는 역무 때문에 보호되는 것이다. 마찬가지로 원조를 제공한 중
립국 선박은 보수를 받지는 않지만, 이들 선박은 원조를 호소한
교전국뿐만 아니라 여타 모든 교전국의 보호가 따라야 한다.

자선행위를 수행하는 선박이 보호와 편익을 받는다면 원조를 하
고 있는 동안 이를 포획해서는 안 된다. 중립국 선박은 중립 위반
(군사원조의 제공 등), 전시금제품의 수송 또는 봉쇄의 침범이 있을
경우에 한하여 포획된다. 병자를 간호하는 것은 결코 비난받을 행
위가 아니며, 이것은 인도법의 기본원칙의 하나이다(대한적십자사
인도법연구소(역), 제네바협약해설서 II, 1985, pp.171 - 173 참조).

무력분쟁에서 민간물자는 공격으로부터 면제되는바, 기본적으로 이러한 민간물자에 속하는 중립국 상선도 당연히 공격으로부터 면제된다. 그러나 오늘날 해상무력분쟁에 있어서 중립국 상선은 교전국의 군사적 조치에 의하여 상당한 영향을 받는다.

교전국은 적국의 전쟁수행능력을 약화시키기 위하여 중립국 상선이라 할지라도 적국을 위하여 종사하고 있다고 의심되는 경우 이를 정선시켜 임검 및 수색할 수 있으며, 국제연합 헌장 제51조에 의해 정당화되는 경우에는 무력까지도 사용할 수 있다. 반면 중립국은 무력분쟁 중에도 자국의 경제적 이익에 대한 교전국의 개입을 허용하지 않으려는 경향이 강하다. 이러한 과정에서 중립국 상선은 아무런 법적 근거 없이 또는 과도하게 피해를 입기도 한다.[67]

무력분쟁에서의 상선에 대한 불법적인 피해는 제1차 세계대전에서의 영국과 독일의 조치에서 확인할 수 있다. 독일은 영국이 군사수역[68]에서 중립선박 내의 독일 화물을 불법으로 포획하자 도버해협 전역을 포함한 영국 주변의 모든 수역에 출입하는 모든 적 상선은 그 승무원과 승객에 대한 위험을 피할 수 없는 경우 이를 격침

---

67) Doswald–Beck(ed.), *op. cit.*, p.156.

68) 독일이 1914년 8월 對英 전쟁 개시 직전부터 영국東沿岸 주요 항 주변 해역에 기뢰를 부설하였는데, 이는 동 수역에서의 영국 선박의 항행에 매우 위협적이었다. 이에 대항하여 영국은 1914년 10월 2일 영국과 벨기에 간의 해역에 상설기뢰부설구역(permanent mine–field)을 설정하고, 1914년 11월 5일 영국의 헤브리지즈제도, 훼로즈제도 및 아이슬란드를 직선으로 잇는 선으로부터 북해(North Sea) 전 해역을 군사수역으로 지정하였다. 川本正昭, 「현행법상의 해상봉쇄」, 해군본부, 기술정보, 제24호, 1984. 9, p.7.

시킬 수 있으며, 중립국 선박이 중립국기를 남용할 경우 격침시킬 수 있다는 것을 핵심내용으로 하는 전쟁수역을 선언하고,[69] 수상함 만으로는 해상통제에 역부족을 느껴 잠수함을 동 수역에 배치했다. 영국은 독일의 전쟁수역 설정에 대한 보복으로 1915년 3월 獨貨拿捕樞密院令[70]을 공포하고, 상선을 무장시켜 이들로 하여금 타 선박을 임검 및 수색하기 위해 부상하는 독일 잠수함을 공격하여 격침시킴으로써 소기의 성과를 거두었다. 이에 독일은 영국의 추밀원령이 1909년 런던선언을 위반하였다면서 영국 주변 해역에 한정되어 있었던 전쟁수역을 1917년 2월 프랑스, 이탈리아, 그리스, 소아시아 및 북아프리카 주변 해역까지 확대하여 그 해역에서는 특별히 항행허가를 받은 선박을 제외한 모든 선박을 기뢰 또는 잠수함으로 경고 없이 격침한다는 훈령을 발했다.[71]

---

69) 독일 정부는 이러한 수역 설정이 영국이 국제법 원칙을 무시하고 독일에 대한 통상전 (Handelskrieg)에의 대항조치라면서, 영국은 해전에 관한 런던선언을 준수할 것을 선언하였으면서도 이를 무시하였을 뿐만 아니라 절대적 전시금제품과 상대적 전시금제품의 구별도 무시한 사례를 들었다. 영국외무성은 독일이 영국상선(Lusitania호)의 중립국(미국)기 남용을 비난한 데 대하여 중립국기 게양은 일정한 유보하에서 전시의 詐計(ruse of war)로서 관행상 확립된 것이라 응수하였다. 이에 대해 미국은 추적하는 적을 誤信케 하기 위해 일시적으로 중립국기를 사용하는 것과 공해의 일정수역에서 일반적으로 중립국기를 사용하는 것을 정부가 허가하는 것(영국의 조치)은 분명히 다른 것이므로 이런 행위가 계속된다면 미국 선박 및 미국인에게 있어 중대한 결과를 초래할 것이라고 하여 영국 정부에 이의를 제기하는 한편, 독일 해군성 포고 및 각서에(전쟁수역 설정)에 대해서도 항의적, 경고적 통첩을 보냈다. 이중범, 전쟁과 평화 : 국제법을 중심으로, 단대출판사, 1983, pp.212－213.

70) 동 령의 구체적 내용은 다음과 같다.
  (1) 독일항에 출입하는 모든 중립선박은 정선명령을 받고 독일의 제항에 출입하지 않는 선박이라도 최후의 발송지를 적국으로 하는 선박은 정선을 명한다.
  (2) 독일항에 출입하지 않는 선박이라도 적의 소유, 적국의 원산 또는 ,적국을 발송지로 하는 적재 화물은 모두 원칙적으로 미, 불 양국으로 양륙시킨다.
  (3) 독일국민의 소유로 인정되는 화물은 이것을 유치하든지 또는 포획심검소의 지시에 따라 매각하여 매각취득금은 소유자를 위해 평화회복 시까지 이를 보관한다.
  (4) 적국 원산 화물로 중립국인에게 속하는 것은 신청에 따라 해방하고 해방되지 않는 것은 징발하든지 매각하여 소유자 취득금으로 한다. 기타 중립선박에 적재되어 있는 자유화물은 징발되지 않는 한 이를 소유자에게 반환한다.

이상과 같은 역사적 경험과 그로부터의 교훈을 바탕으로 판단할 때 무력분쟁 시 상선의 피해를 방지하고 감소시키기 위해서는 교전국과 중립국의 법적 관계를 명확히 하고 중립국 상선의 행동규범 및 그에 따른 교전국 조치의 내용 및 한계를 구체적으로 규정할 필요가 있으며, 중립국은 자국 선박이 분쟁에 개입하지 않도록 엄격하게 감독하여야 한다.

그렇다면 중립국 상선은 적의 공격과 관련하여 어떠한 법적 지위를 갖는가? 중립국 상선의 법적 지위가 그 기능과 적재하고 있는 화물에 달려 있다고 보는 입장에서는 전쟁수역에서 멀리 떨어진 해역에서 작전 중인 적선은 군사목표가 아니지만, 적국에 중요한 화물을 수송하고 있는 중립국 상선은 군사목표로 간주되기 때문에 게양하고 있는 국기에 관계없이 무해한 것으로 추정된다. 그러나 사전예방조치가 취해진 경우에만 공격할 수 있다.[72]

이처럼 군사목표는 그것이 교전국 소유인지 중립국 소유인지를 고려하여 결정되는 것은 아니다. 따라서 군사목표 정의 자체가 아니라 정의에 포함되어 있는 기준을 명확하게 하여야 하며, 중립국 상선은 예외적인 경우에만 공격되어야 한다. 즉, 중립국 상선이 적국의 군사활동에 효과적으로 기여하고, 그 파괴가 명확한 군사적 이익을 제공하는 경우에는 공격할 수 있어야 한다. 또한 중립국 상선은 적국의 호위하에서 행동하거나 또는 적국을 위하여 전쟁행

---

71) W. T. Mallison, *Studies in the Law of Naval Warfare: Submarines in General and Limitted Wars*, US Naval War College, 1966, pp.66－67. 영국은 독화나포추밀원령에서 해상포획이나 봉쇄란 말을 사용하지 않는다. 그것은 동령의 규정이 해상포획이나 봉쇄와는 차이가 있는 독특한 것이었기 때문이었다. 그러나 영국은 동령의 적용을 정당화하기 위하여 후에 이것을 장거리 봉쇄라 칭하였다.

72) L. Doswald－Beck(ed.), *op. cit.*, p.157.

위에 종사해서는 안 된다. 중립국 상선은 정당한 정선명령에 복종
해야 할 의무가 있으며, 임검과 수색에 저항할 수 없다.[73] 반면에
교전국은 구역제한(zonal restriction)을 선언하고, 적국 상선이든 중
립국 상선이든 모든 상선에 정선을 요구하고 임검 및 수색할 수
있으며, 일정한 조건하에서 나포할 수 있으며 경고한 후 또는 무
경고로 상선을 공격할 수 있다.[74]

당시 존재하던 관습법을 반영한 1909년 런던선언에서는 '비중립
적 역무'를 이유로 중립국 상선을 공격하는 것은 인정되지 않았지
만, 제1차 세계대전에서 그러한 관행은 이미 변경되었고 이에 따
라 관련 법규도 개정되어 오늘날 비중립적 역무에 종사하는 중립
국 상선에 대한 공격은 인정되고 있다.[75]

그렇다면 어떤 경우 중립국 상선이 비중립적 역무에 종사하는 것
으로 볼 수 있는가? 즉 어떤 경우 중립국 상선을 공격할 수 있는가?
중립국 상선은 다음의 행위를 하지 않는 한 공격되지 않는다.[76]

---

73) *Ibid.*

74) *Ibid.*, pp.158 - 159. 1980년 이란 - 이라크전에서 이라크가 전쟁수역을 벗어나 이란 동남
   부 연안으로까지 공격을 확대하자 이에 대항하여 이란도 페르시아 만 연안의 중립국으로
   향하는 선박을 포함한 상선을 공격했다. 이러한 양국의 공격으로 제2차 세계대전에서 피해
   를 입은 선박 총톤수의 절반에 해당하는 4,000만 톤의 상선이 피해를 입었으며, 피해 선박
   의 3분의 1이 침몰되었다. 眞山 全, 「海戰法規における目標區別原則の新展開(2)」, 國
   際法外交雜誌, 96卷 1号, 1998, p.29 참조. 전쟁수역 내외에서 대규모로 행해진 對상선
   공격을 이란과 이라크가 복구로 정당화하자 중립국들은 전쟁수역의 합법성 문제보다는 상
   선에 대한 무차별 공격행위를 강력하게 비난했다. 교전국 상선이나 교전국으로 향하는 상선
   에 대한 공격의 위법성은 언급하지 않은 채 '비교전 당사국항에 출입하는' 상선이나 공해상
   또는 중립 수역에 있는 '무해한' 상선에 대한 공격을 비난하였던 것이다. A. Guttry and
   N. Ronzitti(eds.), *The Iran - Iraq War(1980 - 1988) and the Law of Naval Warfare*,
   Cambridge University Press, 1993, pp.63, 213 - 214, 305.

75) L. Doswald - Beck(ed.), *op. cit.*, pp.159 - 160.

76) *Ibid.*, pp.160 - 161. San Remo Manual on International Law Applicable to Armed
   conflicts at Sea, 1994, para.70.

첫째, 전시금제품을 수송하거나 봉쇄를 침파한다는 충분한 근거가 있거나, 사전경고에도 불구하고 의도적으로 명백하게 정지할 것을 거부하거나 고의적으로 승선, 검색 및 나포를 거부하는 경우. 적국의 군함이나 군용기의 호위하에 항행하는 선박은 임검, 수색 및 나포에 저항하는 것으로 볼 수 있기 때문에 공격을 행하기 전에 경고할 필요는 없다.

둘째, 적을 대신하여 적대행위를 하는 경우. 이러한 전쟁행위에는 기뢰부설 및 소해, 해저전선의 절단 및 상선에 대한 공격이 포함된다.

셋째, 적 군대의 보조세력으로 행동하는 경우. 중립국 상선이 군대 및 군함이나 상륙부대에 보급하기 위한 어떠한 물자를 수송하고 또는 군사작전 중의 군함이나 상륙부대에 수반되어 적국 군대의 보조자로서 행동하는 경우가 이에 속한다.

넷째, 적의 정보체계에 편입되거나 이를 원조하는 경우. 대다수 분쟁에서 통상적인 상업활동에 종사하는 선박이 적국의 선박이나 항공기를 조우할 경우 이를 보고할 것을 지시받았다는 이유로 공격 대상이 되는 것은 아니다. 그러나 상선이 정보수집에 주로 사용되거나 또는 선상에 특별한 통신이나 탐지장치 및 그 운용요원을 승선하고 있는 경우에는 발견 즉시 공격 대상이 된다. 예를 들면, 포클랜드 분쟁 중에 영국군은 아르헨티나 트롤어선 Narwal을 공격하여 격침시켰다. 동 선박은 반복적으로 영국 군함의 위치를 보고하였을 뿐만 아니라 아르헨티나 해군에서 파견된 대원을 승선시키고 있었다. 뉴렌베르크 재판에서도 영국 무장선박이 적국 선박이나 항공기의 발견을 보고하라는 내부명령을 부여받았다는 사실은 동 재판소에서 독일군은 발견 즉시 영국 무장 상선을 공격하는 것이 금지되지 않는다는 판결이 있었다.

다섯째, 적 군함 또는 적 군용기의 호위하에 항행하는 경우.[77] 적 군함이나 군용기의 호위하에 항행하는 중립국 상선은 적 군함이나 군용기가 군사목표이기 때문에 전투지역 인근에 있는 경우 위험에 처하게 된다. 타방 교전국은 중립국 상선이 적 군대의 보조선박으로 행동하고 있는 것으로 추정하거나 적군의 전쟁수행능력을 지속시키거나 또는 강화시키기 위한 전쟁물자를 수송하고 있는 것으로 생각할 수도 있을 것이며, 적 군함이나 군용기의 호위하에 항행하고 있는 중립국 상선은 그러한 활동에 종사하고 있을 가능성이 매우 높다. 실제 무력분쟁 당사국 어느 일방(중립국 상선을 호위하는 군함 및 군용기의 기국)의 전쟁노력과 아무런 관련이 없다면 타방 분쟁당사국으로부터의 공격 위험을 무릅쓰고 중립국 상선이 어느 한 분쟁국의 호위를 받으며 항행하지는 않을 것이다.

여섯째, 기타 적의 군사행동에 효과적으로 기여하는 경우. 만약 중립국 상선이 군사물자를 수송하는 경우 항로변경, 물자의 하역 또는 여타 조치를 취할 수 있다는 것을 경고할 수 있다. 이러한 경우에는 군사작전을 위하여 또는 군용품의 생산에 사용되는 대부

---

77) 중립국 군함이 호송하는 중립국 상선은 중립항구를 통과하는 동안 공격의 대상이 되지 않으며, 임검 및 수색에도 따르지 않는다. 중립호송은 기국 이외의 국가에 의해서도 행해질 수 있다. 이란-이라크 전쟁 시 쿠웨이트 상선이 미국 군함의 호송하에 항행하였다. G. P. Politakis, *Modern Aspects of the Laws of Naval Warfare and Maritime Neutrality*, 1998, pp.560-571 참조. 이처럼 호송 군함과 상선의 기국이 서로 다른 경우 상선은 자국 국기를 게양한 채 항행할 수 있다. 만약 호송 군함과 상선의 기국이 문제의 상선이 전시금제품을 적재하고 있지 않거나 중립지위에 반하는 행위를 하지 않는다는 것을 확인 및 보장하도록 하는 것으로 충분하다. M. H. Nordquist and M. G. Wachenfeld, 「Legal Aspects of Reflagging Kuwait Tankers and Lying of Mines in the Persian Gulf」, 31 *GYIL*, 1998, pp.140-151 참조.

분의 수입품이 포함된다.[78]

이상과 같은 요건에 해당하는 경우에도 중립국 상선에 대한 공격은 조심스럽고 제한적으로 행사되어야 하는바, 해상무력분쟁에서의 공격 시에 적용되는 일반규칙에 따라야 한다. 중립국 상선에 대한 공격은 전투수단과 방법의 무제한적 선택 금지, 군사목표물과 민간물자의 구별, 과도한 상해 및 불필요한 고통을 야기하거나 무차별적 효과를 갖는 전투수단과 방법의 사용 제한, 전멸명령의 금지, 고의적인 자연환경의 대규모 파괴 및 공격 시의 예방조치 등에 관한 기본규칙에 따라 행하여야 한다. 이러한 기본규칙은 공격목표 결정이 내려진 경우에도 따르지 않으면 안 된다.

또한 단순히 중립국 상선이 무장하고 있다는 사실이 그에 대한 공격의 이유가 되지 않는다. 오늘날 일부 해역에서 해적은 상선의 평화적 해양 이용을 위협하고 있다. 이러한 위협으로부터 자신을 방위하기 위한 최소한의 무장은 허용되어야 한다. 따라서 무장하고 있다는 이유만으로 공격을 받는 것은 합리적이지 못하다.

해상봉쇄에서의 상선에 대한 군사행동의 제한

봉쇄는 교전 당사자가 주로 해군력에 의하여 적국 또는 적국이 점령한 지역의 항구 혹은 해안의 전부나 일부에 대하여 해상교통을

---

78) 중립국은 자국 상선이 이러한 행위를 하는 것을 예방하여야 한다. 교전국 정부는 교전국의 어느 한쪽에 대하여 순항용으로 또는 적대행위에 가담하는 것으로 인정될 상당한 이유가 있는 선박은 자국의 관할 아래서 위장, 무장 또는 장비하는 일을 방지하기 위하여 적절한 주의를 해야 한다(워싱턴3원칙 중 제1원칙).

차단하는 전쟁행위[79]이다.[80] 한편 군사적인 측면에서 볼 때 해상봉쇄는 전쟁 이전에는 적국에 대하여 경제적 압력과 교통의 차단 등으로 그의 약체화를 기하고 전쟁의 참화를 방지하는 것이며, 전쟁 발발 후에는 적의 무력화와 전쟁 필요에 따라 적의 항만·해안·해상기동 등을 방해할 목적으로 해군력을 가지고 차단 고립시키는 해군작전이다.[81] 이처럼 봉쇄는 '모든 국가의 선박 및 항공기의 출입을 방지하기 위한 목적으로 행하는'(for the purpose of preventing ingress or egress of vessels or aircraft of all nations) 군사작전인 것이다.[82]

봉쇄의 목적은 적국의 영토로 또는 그로부터 인원 및 물자를 수송하기 위하여 적이 자국 또는 중립국의 선박 및 항공기를 이용하는 것을 거부하는 데 있다. 적국으로의 전시금제품 유입을 막기 위하여 중립국 영역 외의 어느 곳에서도 행사할 수 있는 교전국의 임검 또는 수색권과는 달리 교전자의 봉쇄권은 적을 국제해역 또는 공역으로부터 분리시키기 위하여 설정, 공표된 봉쇄선을 선박과 항공기가 통과하지 못하도록 한다. 이처럼 봉쇄는 적국의 교통을 단절하는 행위로서 적의 항구나 해협을 공격하거나 점령하는 전투

---

79) 봉쇄행위는 전쟁행위로서 자위권 행사를 위하여 실시하는 것이 아닌 한 전쟁의 위법화에 따라 금지되는 행위이며, 특히 1933년의 '침략의 정의에 관한 조약'도 타국의 해안 또는 항구의 봉쇄를 침략행위에 포함하고 있다.

80) T. Halkiooulas, 「The Interference between the Rules of new Laws of the Sea and Law of War」, Rene-Jean Dupuy and D. Vignes(eds.), *A Handbook of the New Law of Sea*, Vol.2, Martinus Nijthoff Publishers, 1991, p.1329; L. Weber, 「Blockade」, Rudolf Bernhardt(ed.), *Encyclopedia of Public International Law*, Vol.3, North-Holland, 1982, p.47.

81) 병관수, 군사학대사전, 세문사, 1964, p.46.

82) L. Oppenheim, *op. cit.*, pp.768-769.

행위가 아니라 해상교통을 차단함으로써 경제적 저항력을 약화시키는 데 있다.[83]

일방 교전국이 작전상 또는 타방 교전 당사국과 중립국 간의 통상을 단절시킬 목적으로 행하는 봉쇄는 중립국의 이해에 중대한 영향을 미친다. 중립국과 피봉쇄국 간의 무역을 금지시킴으로써 중립국의 이익을 잃게 할 뿐만 아니라 중립국 선박으로 하여금 봉쇄구역을 멀리 우회하게 하여 운송에 많은 시간을 소모케 함으로써 중립국 간의 무역에 있어서도 더욱 많은 비용이 들게 한다. 또한 봉쇄에 따른 포획권 행사에는 장소적 한계가 있기는 하나 그 내용은 매우 강력하다. 따라서 이 조치가 취해진 지역에서는 제3국 선박도 일체 출입할 수 없으며, 봉쇄선을 넘으려는 시도가 있는 경우 이는 곧 군사적 대응을 받게 되고, 물자·선박 등은 모두 억류 또는 압류된다. 이러한 봉쇄의 부정적 효과는 종종 중립국이 자국의 이익을 보호하기 위하여 분쟁에 개입하게 만들기도 한다.

따라서 봉쇄는 매우 신중하게 설정되어야 할 뿐만 아니라 집행되어야 한다. 그리고 일정한 경우 그 운용은 제한되어야 하는데, 봉쇄 지역 내에 거주하는 민간주민의 보호와 관련하여서는 특별히 그러하다. 이하는 이에 대한 약간의 설명이다.

1. 국제연합 제재상의 제한

국제연합은 헌장 제2조 7항, 제41조 및 제42조에 의해 평화에 대한 위협, 평화의 파괴 및 침략행위를 구성하는 무력분쟁에 대해

---

83) *Ibid.*, p.768.

경제적 및 군사적 제재조치를 취할 수 있다. 하지만 많은 경우 국제연합은 회원국들에 개별적, 자발적인 제재조치를 시행할 것을 요구하는 경우가 많았고 국제연합 자신이 직접 강제조치를 취하기를 꺼렸다. 이러한 강제성이 결여된 자발적 제재는 그래서 상징적 성명으로는 의미를 갖지만 비효과적이었다.

경제적 제재조치가 취해진 초기사례는 인종차별에서 발생된 로데지아분쟁과 남아프리카공화국분쟁에서 확인할 수 있다. 양 정부의 정책과 법률을 강하게 비난한 안전보장이사회는 로데지아 백인소수정권의 영국으로부터의 일방적 독립선언 이후 1965년 로데지아 상황이 평화에 대한 위협이 된다는 것을 이유로 헌장 제7장 제41조에 따라 무기와 석유의 금수조치를 주된 내용으로 하는 경제적 제재를 결의[84]했지만, 남아공의 인종차별정책에 관한 안보리결의(S.C. Res. 181)는 헌장 제6장하에서 취해진바, 헌장의 의미에 있어서 그것은 강제적 제재조치가 아니었다(동 결의 14년 후 강제적 제재조치가 부과되었다(S.C. Res. 418(1977)). 총회는 양 경우에 있어 평화에 대한 위협을 발견했다며 회원국들과 안보리에 이들 정부에 다양한 제재조치를 취할 것을 요구했다. 이처럼 그 결과가 의문이었음에도 불구하고 안보리와 총회는 양 정부의 인종차별정책의 폐지를 요구하는 결의에서 그러한 정책이 '국제평화에 대한 위협'이 된다고 강조했었다.[85]

---

84) S.C. Res. 217, 20 U.N. SCOR(1965). 많은 국가들이 이 제재결의를 모든 회원국을 구속하는 헌장 제7장하의 강제적 제재조치로 보았음에도 불구하고 서구 제국들은 이것을 자발적 요청으로 보았다(SC 1265mtg, 20 U.N. SCOR(1965)). 그 후 1966년 안보리는 선택적인 강제적 경제제재를 부과하였으며(S.C. Res. 232, 21 U.N. SCOR(1966)) 1968년 백인인종주의정권의 축출을 목적으로 한 포괄적인 제재가 부과되었다(S.C. Res. 253, 23 U.N. SCOR(1965)).

로데지아와 남아공 외에도 경제적 제재조치가 부과된 곳은 1990
년 이라크, 1992년 유고슬라비아, 리비아, 소말리아 및 라이베리아,
1993년 아이티 및 앙골라(UNITA점령지역)이다. 이러한 제재조치
중 로데지아와 구유고에 대한 것은 포괄적 조치였으며, 리비아·
아이티·앙골라에 대한 것은 선택적 조치였고, 소말리아와 라이베
리아에 대한 것은 무기금수조치였다.[86] 이처럼 경제적 강제조치는
1990년도에 들어 냉전붕괴 이후 안보리가 보다 활발하게 활동하게
됨에 따라 그 이용이 증가되기 시작하였는바, 이는 그러한 제재의
유효성에 대한 안보리의 확신을 보여 주는 것이다.

무력분쟁에서 경제적 제재조치는 분쟁당사자들에게 영향을 미쳐
분쟁의 해결에 영향을 미치기도 했다. 1992년 라이베리아에 부과
된 안보리의 강제적인 무기금수조치[87]는 평화정착과정에 영향을
미쳤으며, 아이티에 대한 강제적인 석유 및 무기금수조치(S.C. Res.
841)도 평화협정의 완전한 이행을 보장하지는 못했지만 그 과정에
상당한 영향을 미쳤다.

그러나 분쟁당사자에게 부과된 경제적 제재조치는 그 지역에 거
주하고 있는 주민들에게 인도적 문제를 야기할 수 있다. 따라서
경제적 제재조치지역 내의 민간주민의 보호를 위한 적절한 대응이

---

85) 안보리는 남아공과 로데지아 분쟁 외에도 결의713(구유고), 결의733(소말리아), 결의788
(라이베리아), 결의841(아이티) 및 결의929(르완다) 등에서 이들 분쟁들이 '국제평화와 안
전에 대한 위협'을 구성한다고 했다. 자세한 설명은 김석현, 「인권보호를 위한 안보리의 개
입」, 국제법학회논총, 제40권 제1호, 1995, pp.40 - 43.

86) H. McCoubrey and Nigel D. White, *International Organization and Civil War*,
Dartmouth, 1995, p.226.

87) S.C. Res. 788(1992). 동 결의에서 안보리는 라이베리아 상황이 평화에 대한 위협을 구성
한다고 결정하고, 헌장 제7장하에서 라이베리아에 대한 무기금수를 부과했으며, 서아프리카
경제공동체(Economic Community of West African States: ECOWAS)의 활동을 비난했
다. 동 결의에 따라 UN대표단이 라이베리아에 파견되었다.

요구된다. 외부와의 모든 교역이 금지됨으로써 의약품, 식량 및 생활필수품 등의 부족으로 의식주 및 보건상의 어려움을 겪기도 하고, 분쟁 당사자 모두에게 일률적으로 제재조치를 적용함으로써 군사적 약자에게 오히려 더 큰 피해를 가져올 수도 있다. 따라서 제재조치의 부과에 있어서 이러한 문제들을 유의하여 그 피해를 최소화할 수 있는 장치를 마련하는 것이 필요하다.[88]

국제연합 경제제재의 국제인도법적 측면에 대한 관심은 걸프전 당시 이라크에 대한 안보리의 포괄적 경제재재로 인한 이라크 국민의 비극적 상태가 알려지면서 대두되기 시작했다. 이러한 관심을 배경으로 1995년 9월 6일부터 9일까지 이탈리아 산레모에서 국제인도법연구소(International Institute of Humanitarian Law) 주최로 '국제인도법 존중을 위한 단결'(United for the Respect of International Humanitarian Law)을 주제로 개최된 국제회의에서 '분쟁상황에서의 국제연합 제재의 인도주의적 결과'(Humanitarian Consequences of the UN Sanctions in Conflict Situation)에 대한 토의가 있었으며, 경제제재로 인한 민간주민의 비극적 상황을 예방하기 위한 국제사회의 다각적인 노력을 촉구한 바 있다.[89]

2. 국제인도법상의 제한

봉쇄는 피봉쇄국의 모든 통상을 차단하기 때문에 민간주민에 대한 고통을 가중시키는 경향이 있다. 봉쇄를 직접적으로 규제하고

---

88) 이민효, 「냉전 후 국내분쟁과 국제사회의 역할」, 해양전략 제103호, 1999. 6. pp.144 – 145.
89) 동 회의에 대한 자세한 설명은 김원경, 「'국제인도법 존중을 위한 단결' 국제회의 참가보고서」, 국제법학회논총, 제40권 제2호, 1995. pp.198 – 201 참조.

있는 파리선언과 런던선언(비준되지 않음)도 이 문제에 대해 침묵
하고 있다. 오직 국제인도법의 몇몇 규정들에서 해상봉쇄의 제한에
대해 언급하고 있을 뿐이다.

1949년 제네바 제4협약인 전시 민간인 보호협약 제23조는 경제
봉쇄 동안 구호물자의 자유로운 통과를 규정하기 위하여 노력하고
있다. 비록 봉쇄를 침파한 화물이라 할지라도 다른 목적에 사용하
지 않고, 남용되지 않는다는 것이 보장될 경우 오로지 민간인을
위하여 사용되는 물품은 통과되어야 한다는 것을 명규하고 있다.

> **제23조 의료품, 식량 및 피복 등의 탁송품**
> 각 체약국은 타방 체약국, 비록 적국일지라도 민간인에게만 향하는 의
> 료품 및 병원용품, 그리고 종교상의 의식을 위하여 필요로 하는 물품
> 등 모든 탁송품의 자유통과를 허용하여야 한다. 각 체약국은 15세 미
> 만의 아동과 임산부에게 송부되는 불가결한 식료품, 피복 및 영양제
> 등 모든 탁송품의 자유통과를 허가하여야 한다.

하지만 제23조 2항에서는 의무를 부가하고 있다.

> 체약국은 다음과 같은 경우들을 우려할 중대한 이유가 있다고 인정하
> 는 경우를 제외하고는 전항에서 말한 탁송품의 자유 통과를 허가할 의
> 무를 진다.
> 가. 탁송품이 그 행선지에 도착하지 못할 우려가 있는 경우.
> 나. 관리가 유효하게 실시되지 못할 우려가 있는 경우.
> 다. 적이 당해 탁송품이 없으면 자신이 공급 또는 생산하지 않으면 안
>   될 물품의 대용으로 그 탁송품을 충당하거나, 또는 당해 탁송품이
>   없었더라면 그러한 물품의 생산에 필요한 원료용역 또는 설비를
>   사용치 않게 됨으로써 적의 군사력 또는 경제에 대하여 명백히 이
>   익을 주게 될 우려가 있는 경우.

본 조 제1항에서 언급한 탁송품의 통과를 허가하는 국가는 그 탁송품의 이익을 받는 자에 대한 분배가 현지에 있어서의 이익보호국의 감독하에 행하여 질 것을 그 허가의 조건으로 할 수 있다.
전기의 탁송품은 가능한 한 신속히 수송되어야 하며 또 탁송품의 자유통과를 허가하는 국가는 그 통과를 허가하는 데 관한 기술적 조건을 정할 권리를 갖는다.

로젠블라드(E. Rosenblad)는 제1항은 전체로서의 민간주민에 대해서가 아니라 15세 이하의 아동, 임산부 및 유아의 모와 같은 가장 고통받기 쉬운(공격을 받기 쉬운) 계층에 대해서만 구호를 규정하고 있으며, 제2항은 광범위하고 모호해서 봉쇄군에게 너무 많은 재량과 주관적 행사를 허용하고 있다고 비판했다.[90]

민간주민의 구호품 및 구호요원의 신속하고 무해한 통과보장은 제1추가의정서 제70조에서도 재차 확인되고 있다.

제70조 구호활동

1. 만일 분쟁 당사국의 지배하에 있는 자들로서 피점령지역이 아닌 모든 지역의 민간주민이 제69조에서 언급된 물품을 충족히 공급받지 못하는 경우에는, 그 성질상 인도적이고 공정한 그리고 어떠한 불리한 차별도 없이 행하여지는 구호활동은 그러한 구호활동과 관계있는 당사국들의 합의에 따를 것을 조건으로 행하여져야 한다. 그러한 구호의 제의는 무력분쟁에 대한 개입이나 또는 비우호적 행위로 간주되어서는 아니 된다. 구호품의 분배에 있어서는 아동, 임산부 및 보모로서 제4협약 또는 본 의정서에 의하여 특전적 대우 또는 특별한 보호가 부여되는 자들에게 우선권이 주어진다.

2. 분쟁 당사국 및 각 체약 당사국은 그러한 원조가 적대국의 민간주

---

90) E. Rosenblad, *International Humanitarian Law of Armed Conflict: Some Aspects of the Principle of Distinction and Related Problems*, Henry Dunant Institute, 1979, pp.113-114.

민에게 행선하는 것이라 하더라도, 본 장에 의하여 제공되는 모든 구호품, 장비 및 요원의 신속하고 무해한 통과를 허용하고 이에 대한 편의를 제공하여야 한다.

3. 제2항에 의하여 구호품, 장비 및 요원의 통과를 허용하는 분쟁 당사국 및 각 체약 당사국은,

가. 그러한 통과가 허용되는 기술적 조치(검색을 포함)를 지시할 권리가 있다.

나. 이익보호국의 현지 감독하에 행하여지는 이러한 원조의 분배에 있어서 그러한 허용을 조건부로 할 수 있다.

다. 관계 민간주민의 이익관계상 긴급한 필요의 경우를 제외하고는, 절대로 구호품의 본래 의도된 용도를 전용하거나 또는 전달을 지체하여서는 아니 된다.

4. 분쟁 당사국은 구호품을 보호하고 그것들의 신속한 분배를 용이하게 하여야 한다.

5. 분쟁 당사국 및 관계 각 체약 당사국은 제1항에서 말하는 구호활동의 효율적 조정을 장려하고 용이하게 하여야 한다.

제네바 제4협약 제23조는 비국제적 무력분쟁에는 적용되지 않고 국제적 무력분쟁에만 적용된다. 하지만 이 문제는 비국제적 무력분쟁에 적용되는 제2추가의정서 제18조에 의해 부분적으로 해결되었다.

제18조 구호단체 및 구호활동

1. 적십자(적신월, 적사자 태양)단체와 같은 체약 당사국의 영역 내에 소재하는 구호단체는 무력분쟁의 희생자와 관련된 그들의 전통적인 기능수행을 위하여 그들의 역무를 제공할 수 있다. 민간주민은 자발적으로 부상자, 병자 및 난선자를 수용하고 가료를 제공할 수 있다.

2. 민간주민이 식량 및 의료공급 등 생존에 필수적인 공급의 결핍으로 과도한 곤경에 처하고 있을 경우 오로지 인도적이고 공평한 성질을 띠며 불리한 차별을 행함이 없이 수행되는 민간주민을 위한 구호행위는 관련 체약 당사국의 동의하에 실시되어야 한다.

또한 제1추가의정서 제2장 '민간주민을 위한 구호'(제68조~제71조)는 제네바 제4협약 제23조 및 제2추가의정서 제18조의 실질적 내용을 기본적으로 반영하고 있다. 제68조(적용범위)는 제2장의 규정이 제네바 제4협약 제23조를 보완하는 규정이라는 것을 밝히고 있으며, 제69조(피점령지역에 있어서의 기본적 필요)는 점령국은 가용한 수단을 다하여 그리고 어떠한 불리한 차별도 함이 없이 피복·침구·대피장소·피점령지역의 민간주민의 생존에 필수적인 기타 물품 및 종교적 예배에 필요한 물건의 공급을 보장해야 함을, 제71조는(구호활동에 참여하는 요원) 구호요원은 자신의 임무를 수행할 영역이 속하는 당사국의 승인에 따를 것을 조건으로 자신의 임무를 수행 중인 영역이 속하는 당사국의 안보상의 요구를 존중하는 조건으로 구호활동에 참여할 수 있으며, 이들은 존중되고 보호되어야 한다고 규정하고 있다.

또한 봉쇄는 1949년 제네바협약 추가의정서에 의해서도 일정한 제한을 받는다. 제1, 2차 대전에서는 독일에 대하여, 미국 내전에서는 남부 연방에 대하여 기아작전의 일환으로 해상봉쇄가 이용되었다. 제1추가의정서 제54조 및 제2추가의정서 제14조는 민간인들에 대한 전투방법으로서의 기아작전을 금지시키고 있다.

제54조 민간주민의 생존에 불가결한 물건의 보호
1. 전투방법으로서의 민간인의 기아작전은 금지된다.
2. 민간주민 또는 적대국에 대하여 식료품·식료품 생산을 위한 농경지역·농작물·가축·음료수 시설과 그 공급 및 관개시설과 같은 민간주민의 생존에 필요 불가결한 물건들의 생계적 가치를 부정하려는 특수한 목적을 위하여 이들을 공격·파괴·이동 또는 무용화하는 것

은 그 동기의 여하를 불문하고, 즉 민간인을 굶주리게 하거나 그들을
퇴거하게 하거나 또는 기타 여하한 동기에서든 불문하고 금지된다.
3. 제2항에서의 금지는 동 항의 적용을 받는 물건이 적대국에 의하여
다음과 같이 사용되는 경우에는 적용되지 아니한다.
가. 오직 군대구성원의 급양으로 사용되는 경우, 또는
나. 급양으로서가 아니라 하더라도 결국 군사행동에 대한 직접적 지원
　　으로 사용되는 경우. 다만, 여하한 경우에라도 민간주민의 기아를
　　야기하거나 또는 그들의 퇴거를 강요하게 할 정도로 부족한 식량
　　또는 물을 남겨 놓을 우려가 있는 조치를 취하지 아니하는 것을
　　조건으로 한다.
4. 이러한 물건은 보복의 대상이 되어서는 아니 된다.
5. 침략으로부터 자국영역을 방위함에 있어서 충돌 당사국의 필요불가
결한 요구를 인정하여, 충돌 당사국은 긴박한 군사상의 필요에 의하여
요구되는 경우에는 자국의 지배하에 있는 그러한 영역 내에서 제2항
에 규정된 금지사항을 파기할 수 있다.

제14조 민간주민의 생존에 불가결한 대상물의 보호

전투방법으로서의 민간인의 기아작전은 금지된다. 따라서 이러한 목적
을 위하여 민간주민의 생존에 불가결한 식량, 식량생산에 필요한 농업
지대, 수확물, 가축, 음료수 시설 및 공급, 관개시설 등과 같은 목표물
을 공격, 파괴, 이동 또는 무용화하는 것은 금지된다.

만약 전투방법으로서 민간주민에 대한 기아작전이 금지된다면
논리적으로 볼 때 민간주민의 기아를 가져올 수 있는 전투방법은
불법이거나 또는 합법성이 의문시된다. 봉쇄에 의해 야기된 고의적
인 경제적 마비는 민간주민을 기아케 할 우려가 크다.[91] 파리선언
및 런던선언의 존재에도 불구하고 여러 범주의 전시금제품 간 구
분이 사라져 가고 있고, 전시금제품의 품목이 확대되는 경향에 비

---

91) Thomas D. Jones, 「The International Law of Maritime Blockade: A Measure of
Naval Economic Interdiction」, 26 *Howard Law Journal*, 1983, p.540.

추어 볼 때 봉쇄로 인한 민간주민의 기아는 절박한 문제이다. 사실상 식료품(식량)이 절대적 또는 조건부 금제품으로 취급됨에 따라 민간주민은 가장 극심한 고통을 피할 길이 없는 것이다.[92]

따라서 봉쇄와 관련된 일반적으로 수락된 관습적 규칙들이 있긴 하지만 이들의 개선, 발전 및 법전화가 긴급히 요구된다. 전쟁은 교전 당사국 전투원 간의 관계이지 교전 당사국과 민간인 간의 관계는 아니기 때문에 전투원과 민간인, 군사목표물과 비군사목표물 간의 구별원칙은 인간가치의 파괴를 최소화하기 위한 노력에 의해 준수되어야 한다.

모든 관련 당사자의 고통과 피해를 줄이기 위해서는 전시 인권에 대한 적절한 존중을 보장하는 규범을 확립하여야 한다. 구체적으로 국제적 또는 비국제적 성격의 무력분쟁에서 민간주민의 보호를 위하여 제공되는 구호물자를 규율하는 더욱 강력한 규정이 마련되어야 한다. 그리고 이익보호국 또는 국제적십자위원회, 각국 적십자사 또는 국제연합구호군과 같은 공정한 인도적 기관에 의해 감독되는 공정한 인도적 구호의 상황에서 식료품(식량), 의복, 의료 및 병원물품, 피난처와 그 수단 및 기타 민간주민의 생존에 필수적인 물자는 전시금제품으로 취급되어서는 안 될 것이다.[93]

---

92) *Ibid.*
93) E. Rosenblad, *op. cit.*, p.124.

해상무력분쟁에서 교전국 군함 및 군용기는 나포할 수 있다고 의심되는 합리적인 이유가 있을 경우 중립국 영수 밖에서 중립국 상선을 임검 및 수색할 수 있다. 그리고 임검 및 수색 대신 상선의 동의하에 중립국 상선을 선언된 본래의 목적지로부터 침로를 변경시킬 수 있다. 이 경우 중립국 상선은 침로변경 명령에 따르지 않으면 안 된다.

그러나 이러한 임검과 수색의 권리는 자의적으로 행사되어서는 안 되며, '해당 선박이 나포 대상이 된다고 의심되는 합리적인 이유'가 있는 경우에만 실시되어야 한다. 따라서 이러한 '합리적 이유'가 없는 경우 즉, (1) 중립국 항으로 향하고 있는 경우와 동일 국적의 중립국 군함 또는 호송 상선의 기국과 협정을 체결한 중립국 군함이 호송(convoy)하고 있는 경우, (2) 중립국 기국의 군함이 당해 중립국 상선이 전시금제품을 수송하고 있지 않다는 것을 또는 중립국의 지위와 양립하지 않는 활동에 종사하고 있지 않다는 것을 보증하는 경우 및 차단하는 교전국 군함 또는 군용기의 지휘관이 요구하는 경우 중립국 군함 지휘관이 임검 및 수색을 통해 확인될 수 있는 상선 및 그 화물의 성격에 관한 모든 정보를 제공하는 경우 임검과 수색은 면제된다. 따라서 별도의 기를 게양하는 중립국 군함의 기국과 해당 상선은 임검과 수색이 면제되지 않는다.

원칙적으로 중립국 상선은 나포되지 않는다. 중립국 상선을 나포할 권리는 당해 중립국 상선의 일정 행위에 대한 교전국의 법적

대응으로, 중립국 상선은 예외적인 경우에만 나포된다. 중립국 상선을 나포할 수 있는 예외적인 사유로는 포획 당시 선박 또는 화물이 적성을 갖는다는 혐의와 금제품 수송, 봉쇄침파 또는 비중립적 역무를 구성한다고 간주되는 활동을 하였다는 혐의를 시인하는 것과 같은 적대행위에 직·간접적으로 관여하는 경우를 들 수 있다. 이러한 상황 외에도 중립국 상선을 나포할 수 있는 경우는 (1) 전시금제품의 수송에 종사하고 있는 또는 그와 같은 수송에 종사하고 있다는 것이 합리적으로 의심되는 경우, (2) 적군에 편입된 개인 승객의 수송목적을 위해 항행하거나 적의 직접적인 통제, 명령, 용선, 사용 또는 지시하에서 항행하는 경우, (3) 비정규 또는 허위문서의 제시·필요한 문서의 결여·문서의 파기나 손상 및 은닉하는 경우, (4) 해상작전 인근 수역 내에서 교전국이 정한 규제를 위반하는 경우, (5) 봉쇄침파 또는 봉쇄침파를 기도하는 경우 나포 대상이 된다. 봉쇄침파 선박에 대해서는 통상적으로 나포할 수 있을 뿐이며 사전경고 후 봉쇄를 침파하고 있는 선박이 고의적으로 또는 명확히 정선을 거부할 경우에는 공격할 수 있다.

중립국 상선에 적재된 화물은 적화 또는 중립화이든 원칙적으로 나포가 면제되는바, 봉쇄, 비중립적 역무 및 임검수색에 대해 저항하는 경우를 제외하고, 중립국 상선 내에 있는 적화 및 중립화는 그것들이 전시금제품(contraband of war)에 해당되는 경우에만 나포할 수 있다.

중립국 상선과 그 적재화물의 나포는 그러한 선박을 심검에 회부하기 위한 포획물로 확보함으로써 완료된다. 중립국 선박의 나포는 포획자에게 포획물에 대한 권원을 이전시키는 효과를 가져오지 않고 포획자가 일시적으로 당해 재산을 점유할 수 있는 권리를 부여하는 것에 불과할 뿐, 선박(또는 화물)을 몰수할 근거의 판단에 대한 최종적 결정은 권한 있는 포획재판소에 있다. 따라서 포획자는 선박(과 화물)이 손상되지 않도록 유지하고, 합리적 기간 내에 적정한 항구로 인치하기 위한 모든 가용한 조치를 다 취하여야 한다. 포획재판소가 나포가 정당하지 않다고 결정할 경우 선박 소유자나 운항자는 불법적인 나포로 인해 입은 피해에 대한 보상을 받을 권리가 있다.

포획자는 포획한 중립국 상선을 파괴할 수 없으며, 나포한 선박은 포획의 효력에 관하여 적법하게 검증할 수 있는 항구로 인치하여야 한다. 그러나 군사적 상황상 나포된 중립국 선박을 적 포획물로서 심검하기 위해 인치할 수 없을 때에는 일정한 조건이 충족되면 예외적 조치로서 파괴할 수 있다.

포획한 중립국 상선을 파괴하기 위해서는 일정한 조건이 충족되어야 한다. (1) 승객 및 승조원의 안전이 제공되어야 하며, (2) 나포된 선박과 관련된 문서 및 서류는 안전한 장소에 보호 및 보존되어야 하고, 가능한 경우 승객 및 승조원의 개인용품이 보전되어야 한다. 파괴에 앞서 모든 선박 서류 및 이해관계인 포획의 효력에 관한 검증에 필요하다고 인정하는 기타 서류는 군함으로 이전하여야 한다.

중립국 선박의 파괴는 매우 신중하게 집행되어야 한다. 중립국 포획물의 파괴를 허용하는 규칙을 핑계로 과거 세계대전에서처럼 무차별적인 중립국 선박의 파괴가 재연되어서는 안 되기 때문이다. 나포된 중립국 선박의 파괴를 피하기 위하여 모든 노력이 경주되어야 할 이유도 여기에 있다. 그러므로 나포된 선박이 교전국의 항구로 인치, 침로변경 또는 적절하게 석방되지 않는다는 것이 완전히 확신되지 않으면 이러한 파괴를 명하여서는 안 된다.

또한 중립국 선박을 파괴한 포획자는 포획의 효력에 관한 검증에 앞서 파괴를 정당화하는 예외적 필요가 있었던 사실을 증명하여야 하며, 그렇지 못할 경우 그 포획자는 포획의 유효 여부의 심문 없이 이해관계인에게 배상하여야 하며, 중립국 선박의 파괴 요건이 증명된 경우에도 후에 그 무효로 검증된 경우 포획자는 반환을 받을 권리를 가진 이해관계인에 대하여 그 代償으로서 배상하여야 하고, 몰수할 수 없는 중립화물이 선박과 함께 파괴된 때에는 그 화물의 소유자는 배상받을 권리를 향유한다.

오늘날 해상무력분쟁에 있어서 중립국 상선은 교전국의 조치에 의하여 상당한 영향을 받는다. 이는 이란-이라크전과 같은 지리적으로 제한된 무력분쟁에서 더욱 그러하다. 무력분쟁에서 민간물자는 공격으로부터 면제되는바, 기본적으로 이러한 민간물자에 속하는 중립국 상선은 당연히 면제된다.

그러나 중립국 상선이라 하더라도 교전국은 적국의 전쟁수행능력을 약화시키기 위하여 중립국 상선이 적국을 위하여 종사하고 있다고 의심되는 경우 이를 정선시켜 임검 및 수색할 수 있으며, 국제연합 헌장 제51조에 의해 정당화되는 경우에는 무력까지도 사용할 수 있다. 반면 중립국은 무력분쟁 중에도 자국의 경제적 이익에 대한 어떠한 개입도 허용하지 않으려고 한다. 이러한 과정에서 중립국 상선은 아무런 법적 근거 없이 또는 과도하게 피해를 입기도 한다.

따라서 중립국 상선은 예외적인 경우에만 공격되는 것으로 하여야 한다. 즉, 중립국 상선이 적국의 군사활동에 효과적으로 기여하고, 그 파괴가 명확한 군사적 이익을 제공하는 경우 즉, (1) 전시금제품을 수송하거나 봉쇄를 침파한다는 충분한 근거가 있다고 의심되거나, 사전경고에도 불구하고 의도적으로 명백하게 정지할 것을 거부하거나 고의적으로 명백히 승선, 검색 및 나포를 거부하는 경우, (2) 적을 대신하여 적대행위를 하는 경우, (3) 적 군대의 보조세력으로 행동하는 경우, (4) 적의 정보체계에 편입되거나 이를 원조하는 경우, (5) 적 군함 또는 적 군용기의 호위하에 항행하는 경우, (6) 기타 적의 군사행동에 효과적으로 기여하는 경우에도 공격 대상이 된다.

이상과 같은 요건에 해당하는 경우에도 중립국 상선에 대한 공격은 조심스럽고 제한적으로 행사되어야 하는바, 해상무력분쟁에서의 공격 시에 적용되는 일반규칙에 따라야 한다. 중립국 상선에 대한 공격은 전투수단과 방법의 무제한적 선택 금지, 군사목표물과 민간물자의 구별, 과도한 상해 및 불필요한 고통을 야기하거나 무차별적 효과를 갖는 전투수단과 방법의 사용 제한, 전멸명령의 금지, 고의적인 자연환경의 대규모 파괴 및 공격 시의 예방조치 등에 관한 기본규칙에 따라 행하여야 한다. 이러한 기본규칙은 공격목표 결정이 내려진 경우에도 따르지 않으면 안 된다.

또한 단순히 중립국 상선이 단순히 무장하고 있다는 사실이 그에 대한 공격의 이유가 되지 않는다. 오늘날 일부 해역에서 해적은 상선의 평화적 해양 이용을 위협하고 있다. 이러한 위협으로부터 자신을 방위하기 위한 최소한의 무장은 허용되어야 한다.

≪해전에서의 중립국 상선의 법적 지위≫

구분		내용
임검 및 수색	의의	• 교전국 군함의 조치에 따라 중립국 상선은 군함 또는 전투수역에의 접근이 금지될 수도 있으며, 국제법에 의거 봉쇄가 설정된 경우 연안해역이나 특정 항구에의 진입 또는 그곳으로부터의 출항이 금지될 수도 있고, 특정 수역이나 항구로 향하도록 침로를 변경시켜 중립성 확인을 위한 임검 및 수색에 따라야 함 • 오늘날 감시 및 통제장비의 기술적 한계로 인한 전시금제품 수송금지나 봉쇄제도의 효과적 통제 등 적의 전쟁수행능력 제한을 위해 필요 - 양차 세계대전을 겪으면서, 특히 총력전 경향이 점차 강화되면서 상선에 의한 적의 전쟁능력이 지속적으로 증강되는 경향이 나타나자 상선을 임검 및 수색할 필요성이 더욱 커졌으며, 필요한 경우 동의를 전제로 임검 및 수색을 하는 대신 침로를 변경시켜 예상되는 불필요한 오해를 사전에 차단할 교전국의 권리가 인정되었음
	제한	• 임검 및 수색은 자의적으로 행사되어서는 안 되며, 나포 대상이 된다고 의심되는 '합리적인 이유'가 있는 경우에라야 가능 • 침로변경 - 전통적인 해전법규와 국가관행에 비추어 볼 때 중립국 상선의 침로를 변경시킬 교전국 권리는 예외적인 경우에 매우 제한적으로 인정 · 해상에서 조우하는 대다수 중립국 상선은 중립국 항구를 향해 항행 중이거나 중립국 수취인에게 운송되는 화물을 수송 중인바, 이들 선박의 서류나 적재 화물의 성격을 검증하여 침로변경의 실질적인 그리고 불가피한 이유 및 나포를 정당화하는 증거를 확보하거나 발견하기란 매우 어려울 뿐만 아니라 당해 화물의 진정한 최종 도착지를 보증하지 못하기 때문 - 첫째, 임검 및 수색 대신 상선의 동의하에 중립국 상선을 선언된 본래의 목적지로부터 침로를 변경시킬 수 있음. 교전국의 요청에 중립국 상선이 동의하지 않으면, 차단 군함의 지휘관은 임검과 수색의 권리를 행사하든지 상선을 당초의 침로로 항행시켜야 함 - 둘째, 해상에서의 임검 및 수색이 불가능 또는 위험한 경우, 교전국의 군함 또는 군용기는 임검 및 수색권을 행사하기 위해 적당한 해역 또는 항구로 상선의 침로를 변경시킬 수 있음. 이는 위의 '임검 및 수색 대신' 상선의 동의하에 중립국 상선을 선언된 본래의 목적지로부터 침로를 변경시키는 것과는 구별되는 것으로, 해당 상선이 안전한 장소에서 임검과 수색을 받도록 하기 위해서 침로를 변경하는 것임. 이 경우 중립국 상선은 침로변경 명령에 따라야 함
	면제 조건	• 중립국 항으로 향하고 있는 경우와 동일 국적의 중립국 군함 또는 호송 상선의 기국과 협정을 체결한 중립국 군함이 호송하고 있는 경우 - 적국 군함의 호송하에 있는 중립국 상선은 적국 상선과 동일한 취급을 받으며, 적국 호송하의 항행은 임검 수색 및 나포할 수 있는 외국군함의 권리에 대해 실력으로 저항하는 충분한 증거가 되어 이러한 상선은 무경고공격의 대상이 됨 • 중립국 기국의 군함이 당해 중립국 상선이 전시금제품을 수송하고 있지 않다는 것을 또는 중립국의 지위와 양립하지 않는 활동에 종사하고 있지 않다는 것을 보증하는 경우 • 차단 교전국 군함 또는 군용기의 지휘관이 요구하는 경우 중립국 군함 지휘관이 임검 및 수색을 통해 확인될 수 있는 상선 및 화물의 성격에 관한 모든 정보를 제공하는 경우

구분		내용
임검 및 수색	감독 조치	• 전통 국제법상 중립국은 교전자의 일방 또는 타방을 위한 무기, 탄약, 기타 군용에 제공될 수 있는 일체의 물건의 수출 또는 통과를 방지하여야 하는 것은 아니며, 자국 국적을 갖는 선박 상에 있는 화물을 보증하는 증명서의 발급의무를 지지도 않음 - 전시금제품 수송은 국제법에 의해 금지되는 것은 아니며, 그것은 중립국 상선의 권리로서 전시금제품을 나포할 수 있는 교전국 권리와의 충돌에 불과함 - 전시금제품을 수송하는 중립국 국민은 국제법을 위반하는 것이 아니라 자신들의 이익을 위해 위험을 무릅쓰고 있는 것이며, 만약 나포되면 그 결과를 받아들여야 함(교전국의 나포의 권리가 중립국의 전시금제품을 수송할 권리에 우선) • 임검과 수색은 중립국의 통상자유나 재정적 손실을 야기할 위험이 있음. 따라서 자국 상선이 전시금제품 수송에 종사하지 않을 것을 확보하도록 중립국에 일정한 조치를 취할 권리를 인정할 필요가 있는바, 즉 임검 및 수색을 피하기 위하여 교전국은 중립국 상선 내에 적재된 화물의 검사 및 동 상선이 전시금제품을 수송하고 있지 않다는 것을 증명하기 위한 통제조치 및 증명절차 강화와 같은 합리적인 조치를 취할 수 있음 - 과거 세계대전에서 영국과 그 동맹국들이 사용한 봉쇄해역 통과허가증(Navicerts) 제도가 대표적인 사례임. 이 제도는 중립국과 교전국의 마찰을 회피하는 유효한 방법으로 오늘날에도 인정됨 • 중립국 상선이 교전국에 의한 화물의 검사 및 비금제품 화물증명서의 제시와 같은 감독조치를 따른다는 사실이 타 교전국에 중립의무를 위반한 행위가 되는 것도 아님
나포	상선	• 원칙적으로 중립국 상선은 나포되지 않음 - 중립국 상선을 나포할 권리는 당해 중립국 상선의 일정 행위에 대한 교전국의 법적 대응으로, 중립국 상선은 예외적인 경우에만 나포됨 • 중립국 상선을 나포할 수 있는 예외적인 사유 - 전시금제품의 수송에 종사하고 있는 또는 그와 같은 수송에 종사하고 있다는 것이 합리적으로 의심되는 경우 · 적국 영역, 적국 점령지 및 적군에 도달하기 전에 중간 항에 기항하려는 의사를 가진 때에도 나포 · 전시금제품이 가격, 중량, 용적 또는 운임상 전체 화물의 반을 넘을 경우 이를 수송하는 선박을 몰수할 수 있음. 그러나 선박은 이전에 전시금제품을 수송했다는 이유로 나포되지 않음 - 적군에 편입된 개인 승객의 수송목적을 위한 항행을 하거나 적의 직접적인 통제, 명령, 용선, 사용 또는 지시하에서 항행하는 경우 - 비정규 또는 허위문서의 제시, 필요한 문서의 결여, 문서의 파기나 손상 및 은닉하는 경우 - 해상작전 인근수역 내에서 교전국이 정한 규제를 위반하는 경우 (해상작전 인근구역에서는 안전에 관한 교전국의 이익이 중립국의 상업목적 항행의 자유보다 중대) · 중립국 상선이 이러한 명령에 따르지 않는 경우는 적성을 갖는 것으로 또는 적대의도를 가진 것으로 추정됨 - 봉쇄침파 또는 봉쇄침파를 기도하는 경우

구분		내용
나포	상선	• 나포의 완료 - 선박을 심검에 회부하기 위한 포획물로 확보함으로써 완료 - 중립국 선박의 나포는 포획자에게 포획물에 대한 권원을 이전시키는 효과를 가져 오지 않고 포획자를 일시적으로 당해 재산을 점유하는 상황에 두는 것에 불과할 뿐, 선박(또는 화물)을 몰수할 근거의 판단에 대한 최종적 결정은 권한 있는 포획 재판소에 있음 - 포획자는 선박(과 화물)이 손상되지 않도록 유지하고, 합리적 기간 내에 적절한 항 구로 인치하기 위한 모든 합리적 조치를 취하여야 함 - 포획재판소가 나포가 정당하지 않다고 결정할 경우 선박 소유자나 운항자는 불법 적인 나포로 인해 입은 피해에 대한 보상을 받을 권리가 있음
	화물	• 중립국 상선에 적재된 화물은 적화 또는 중립화이든 원칙적으로 나포 면제 • 나포가 허용되는 예외적인 경우 - 봉쇄, 비중립적 역무 및 임검수색에 대해 저항하는 경우 - 전시금제품에 해당하는 경우 • 전시금제품은 교전국의 사용에 제공되는 것이어야 하고, 직·간접적으로 적국으로 향하는 것이어야 함(절대적/상대적 금제품)
	나포선 박파괴	• 포획자는 포획한 중립국 상선을 파괴할 수 없으며, 나포한 선박은 포획의 효력에 관하여 적법하게 검증할 수 있는 항구로 인치하여야 하나 군사적 상 황상 나포된 중립국 선박을 적 포획물로서 심검하기 위해 인치할 수 없을 때에는 일 정한 조건이 충족되면 예외적 조치로서 파괴할 수 있음 • 포획한 중립국 상선을 파괴하기 위해 충족해야 할 일정한 조건 - 승객 및 승조원의 안전 제공 • 이 경우 만약 승객 및 승조원의 안전이 당시의 해상 및 기상조건상 육지에 인접 해 있거나 그들을 선내에 수용할 수 있는 선박이 확보되지 않으면 선박의 단정은 안전한 장소로 간주되지 않음 - 나포된 선박과 관련된 문서 및 서류는 안전한 장소에 보호 및 보존되어야 하고, 가능한 경우 승객 및 승조원의 개인용품이 보전되어야 함 • 파괴에 앞서 모든 선박 서류 및 이해관계인 포획의 효력에 관한 검증에 필요하다 고 인정하는 기타 서류는 군함으로 이전하여야 함 • 제한 - 중립국 선박의 파괴는 매우 신중하게 집행되어야 됨 • 나포된 선박이 교전국의 항구로 인치, 침로변경 또는 적절하게 석방되지 않는다는 것이 완전히 확신되지 않으면 파괴를 명하여서는 안 됨 - 중립국 선박을 파괴한 포획자는 포획의 효력에 관한 검증에 앞서 파괴를 정당화하 는 예외적 필요가 있었던 사실을 증명하여야 하며, 그렇지 못할 경우 그 포획자는 포획의 유효 여부의 심문 없이 이해관계인에게 배상하여야 함 - 중립국 선박의 파괴 요건이 증명된 경우에도 후에 무효로 검증된 경우 포획자는 반환을 받을 권리를 가진 이해관계인에게 배상하여야 하고, 몰수할 수 없는 중립 화물이 선박과 함께 파괴된 때에는 그 화물의 소유자는 배상받을 권리를 향유함

구분		내용
공격	의의	• 중립국 상선이라 하더라도 교전국은 적국의 전쟁수행능력을 약화시키기 위하여 중립국 상선이 적국을 위하여 종사하고 있다고 의심되는 경우 이를 정선시켜 임검 및 수색할 수 있으며, 자위권에 의해 정당화되는 경우에는 무력을 사용할 수 있음 • 중립국 상선은 적국의 군사활동에 효과적으로 기여하고 그 파괴가 명확한 군사적 이익을 제공하는 경우 및 적국의 호위하에서 행동하거나 또는 적국을 위하여 전쟁행위에 종사할 경우 등 군사목표로 인정되고 사전예방조치가 취해진 예외적인 경우에만 공격할 수 있음
	요건	• 전시금제품을 수송하거나 봉쇄를 침파한다는 충분한 근거가 있다고 의심되거나, 사전경고에도 불구하고 의도적으로 명백하게 정지할 것을 거부하거나 고의적으로 명백히 승선, 검색 및 나포를 거부하는 경우 • 적을 대신하여 적대행위를 하는 경우 (기뢰부설 및 소해, 해저전선의 절단 및 상선에 대한 공격 등) • 적 군대의 보조세력으로 행동하는 경우 (중립국 상선이 군대를 수송하고 군함이나 상륙부대에 보급하기 위한 어떠한 물자를 수송하고 또는 군사작전 중의 군함이나 상륙부대에 수반되는 경우) • 적의 정보체계에 편입되거나 이를 원조하는 경우 • 적 군함 또는 적 군용기의 호위하에 항행하는 경우 • 기타 적의 군사행동에 효과적으로 기여하는 경우
	제한	• 중립국 상선에 대한 공격은 제한적으로 신중하게 행사되어야 하는바, 해상무력분쟁에서의 공격 시에 적용되는 일반규칙에 따라야 함 - 전투수단과 방법의 무제한적 선택 금지, 군사목표물과 민간물자의 구별, 과도한 상해 및 불필요한 고통을 야기하거나 무차별적 효과를 갖는 전투수단과 방법의 사용 제한, 전멸명령의 금지, 고의적인 자연환경의 대규모 파괴 및 공격 시의 예방조치 등에 관한 기본규칙에 따라 행하여야 함 • 단순히 중립국 상선이 단순히 무장하고 있다는 사실이 그에 대한 공격의 이유가 되지 않음. 오늘날 일부 해역에서 해적은 상선의 평화적 해양 이용을 위협하고 있는바, 이러한 위협으로부터 자신을 방위하기 위한 최소한의 무장은 허용되어야 함

▪ 참고문헌

1. 국내문헌

김대순, 국제법론, 삼영사, 2006.

김영구, 한국과 바다의 국제법, 한국해양전략연구소/효성출판사, 2002.

김정균·성재호, 국제법, 박영사, 2006.

이민효, 「해전에서의 군사목표 구별원칙에 관한 연구」, 해양연구논총, 제36집, 2006.

이병조·이중범, 국제법신강, 일조각, 2003.

이한기, 국제법강의, 박영사, 2006.

해군본부, 해군작전법규, 2004.

해군본부(역), 전쟁법규집, 1988.

박관숙·최은범, 국제법, 문원사, 1998.

이민효, 「코소보 사태에서의 국제인도법의 적용에 관한 연구」, 인도법논총, 제20호, 2000.

이민효, 「해상무력분쟁에서의 전투수단과 방법의 제한에 관한 연구」, 해양연구논총, 제30집, 2003.

이병조·이중범, 국제법신강, 일조각, 2003.

이용호, 전쟁과 평화의 법, 영남대학교 출판부, 2001.

이한기, 국제법강의, 박영사, 1994.

정운장, 국제인도법, 영남대학교 출판부, 1994.

해군본부, 해군작전법규(해전교 2－1－가), 1994.

김현수·이민효, 현대국제법, 연경문화사, 2005.

권문상, 「UN해양법협약상 기선제도에 관한 연구」, 정일영·박춘호 共編, 한일관계 국제법문제, 백상재단, 1998.

이수근·강한구·김광식, 유엔해양법협약 발효에 따른 국방정책 연구, 한국국방연구원, 1997.

2. 국외문헌

B. A. Boczek, Flags of Convenience: An International Legal Study, Cambridge, Mass., 1962.

C. John Colombos, The International Law of Sea(6th ed), David Mckay Company Inc., 1967.

D. P. O'Connell, The International Law of the Sea, vol.1, Oxford, Clarendon Press, 1982.

D. Schindler, 「Commentary on Hague Convention ⅩⅢ」, N. Ronzitti(ed.), The Law of Naval Warfare: A Collection of Agreements and Documents with Commentaries, Martinus Nijhoff Publishers, 1988.

J. Wolf, 「Ships, Diverting and Ordering into Port」, R. Bernhardt(ed.), Encyclopedia of Public International Law, Instalment 4, 1984.

L. Doswald－Beck(ed.), San Remo Manual on International Law applicable to Armed Conflicts at Sea, Cambridge University Press, 1995.

L. Oppenheim, International Law(7th ed.), vol.Ⅱ, Longmans, 1952.

NWP9A, The Commander's Handbook on the Law of Naval Operations, 1987.

P. Guttinger, 'Réflexions sur la jurisprudence des prises maritimes de la Seconde Guerre Mondiale', 25 RGDIP, 1975.

US Department of Defense, Conduct of the Persian Gulf War, Final Report to Congress, April 1992.

W. G. Downey Jr., 'Captured Enemy Property, Booty of War and Seized Enemy Property', 44 AJIL, 1950.

W. Heintschel v. Heinegg, 「Visit, Search, Diversion and Capture in Naval Warfare: Part Ⅱ, Developments since 1945」, 30 Canadian Yearbook of International Law, 1992.

F. Kalshoven, 「Merchant Vessels as Legitimate Military Objectives」, W. H. v. Heinegg(ed.), The Military Objective and the Principle of Distinction in the Law of Naval Warfare, Bochumer Schriften zur Friedenssicherung und zum humanitaren Volkerrecht, Bd.7, 1991.

G.I.A.D. Draper, 「The Development of International Humanitarian Law」, UNESCO(ed.), International Dimension of Humanitarian Law, Martinus Nijhoff Publishers, 1988.

H. McCoubrey, International Humanitarian Law, Dartmouth, 1996.

ICJ Report, 1996.

ICRC Commentary on Geneva Convention II for the Amelioration of the Condition of Wounded, Sick and Shipwrecked Members of Armed Forces at Sea, 1952.

ICRC Commentary to Additional Protocol I, Commentary on the Additional Protocols of 8 June 1977 to the Geneva Conventions of 12 August 1949, 1987.

ICRC, Draft Rules for the Limitation the Dangers incurred by the Civilian Population in Time of war, 2nd. ed., 1958.

N. Ronzitti, The Law of Naval Warfare, Martinus Nijhoff Publishers, 1988.

NWP9A, The Commander's Handbook on the Law of Naval Operations, 1987.

S. Junod, 「Additional Protocol II: History and Scope」, The American University Law Review, Vol.33, 1983.

W. J. Fenwick, 「New Developments in the Law Concerning the Use of Conventional Weapons in Armed Conflict」, Canadian Yearbook of International Law, Vol.19, 1981.

Bernard H. Oxman, 「The Regime of Warships under the United Nation Convention on the Law of the Sea」, 24 Virginia Journal of International Law, 1984.

Bernard H. Oxman, 「United States Interests in the Law of the Sea Convention」, 88 American Journal of International Law, 1994.

C. John Colombos, The International Law of Sea, p.528(6th eds.), New York, David Mckay Company Inc., 1967.

D. P. O'Connell, The International Law of the Sea, Oxford, Clarendon Press, 1982.

D. Schindler, 「Commentary[on Hague Convention ⅩⅢ]」, N. Ronzitti (ed.), The Law of Naval Warfare: A Collection of Agreements and Documents with Commentaries, Dordrecht · Boston · London, Martinus Nijhoff Publishers, 1988.

E. Rauch, The Protocol Additional to the Geneva Conventions for the Protection of Victims of International Armed Conflicts and the United Nations Convention on the Law of the Sea: Repercussion on the Law of Naval Warfare, Berlin, Dunker and Humbolt, 1984.

H. A. Smith, The Law and Custom of the Sea(2nd ed.), New York, Frederick A. Praeger, 1950.

Horace B. Robertson, The 'New' Law of the Sea and the Armed Conflict at Sea, The Newport Paper #3, Naval War College, 1992.

John R. Stevenson and Bernard H. Oxman, 「The Future of the United Nations Convention on the Law of the Sea」, 88 American Journal of International Law, 1994.

L. Doswald − Beck(ed.), San Remo Manual on International Law Applicable to Armed Conflicts at Sea, Cambridge University Press, 1995.

L. Oppenheim, International Law(7th. ed.), vol.2, Longmans, 1952.

Robert W. Tucker, The Law of War and Neutrality at Sea, U.S. Government Printer's Office, 1957.

Robin R. Churchill and Alan V. Lowe, The Law of the Sea, Manchester University Press, 1983.

U.S. Department of Navy, Office of Chief of Naval Operations, The Law of Naval Warfare, Washington, U.S. Government Printer's Office,

1955.

Y. Dinstein, *The Conflict of Hostilities under the Law of International Armed Conflict*, Cambridge U.P., 2004.

田中忠,「戰鬪手段制限の外觀と內實: 一九四九年 8月 12日のジユネ ─ブ條約への追加議定書を中心に」, 國際法外交雜誌, 第78卷3 号, 1969.

淺田正彦,「特定通常兵器使用禁止制限條約と文民の保護(1)」, 法學 論叢, 京都大學法學會, 第114 卷 2号, 1983.

▪ 부록

1. 1856년 해상법에 관한 파리선언
2. 1864년 8월 22일자 제네바협약의 제 원칙을 해전에 적용하기 위한 협약(1907년 헤이그 제3협약)
3. 개전 시 적 상선의 지위에 관한 협약(1907년 헤이그 제6협약)
4. 상선을 군함으로 변경함에 관한 협약(1907년 헤이그 제7협약)
5. 해전에 있어서 포획권 행사의 제한에 관한 협약(1907년 헤이그 제11협약)
6. 1909년 해전법규에 관한 선언(런던선언)
7. 해상에 있어서의 군대의 병자, 부상자 및 조난자의 상태 개선에 관한 1949년 8월 12일자 제네바협약(제네바 제2협약)

1. 1856년 해상법에 관한 파리선언

서명 1856년 4월 16일
발효 1856년 4월 16일

전 문

1856년 3월 30일 '파리조약'에 서명한 각 전권위원들은 여기에 회의를 개최하였는바, 전시에 있어서 해상법이 고래로부터 오랫동안 통탄할 정도의 분쟁의 원인이 되어 왔으며,

이들 해상법에 관한 법규와 그 의무 등의 불명확성으로 인하여 중립국들 간에 법적 견해의 차이를 유발하고 어떤 경우에는 이러한 견해차가 심각한 곤란과 분쟁을 야기하였고, 따라서 이들 극히 중요한 사항들에 관하여 통일된 원칙을 수립함이 유익하다는 것을 참작하여,

'파리회의'에 참석한 모든 전권위원들은 그들 각자의 본국 정부가 의도하는 바를 가장 잘 구현키 위해서는 이들 문제에 관한 확립된 원칙을 국제관계에 적용, 도입도록 조력하는 것이라고 사료하였으므로,

이에 각국 정부로부터 적법한 위임을 받은 위의 전권위원들은 이 목적을 달성하는 방도를 협의하기로 결정한 후 합의에 이르러 다음 '선언문'을 채택하는 바이다.

본 문

제1조 사선을 나포의 용도에 공여함은 이를 폐지한다.

제2조 중립국의 기장을 게양한 선박에 적재한 적국의 화물은 전시금제품을 제외하고는 이를 포획지 아니 한다.

제3조 적국의 기장을 게양한 선박에 적재한 중립국의 화물은 전시금제
  품을 제외하고는 이를 나포하지 아니 한다.

제4조 봉쇄는 기속력을 가지려면 실력으로써 효과적으로 행사되어야
  한다. 즉, 적국이 봉쇄된 연안에 접근함을 실제로 방지함에 족할 만
  한 충분한 병비를 유지하여야 한다.

부 록

1. 본 협약에 서명한 전권위원들의 본국 정부는 이 선언을 '파리회
   의'에 참 석지 아니한 제국에 통지하여야 하며 이에 가입토록 권
   장할 것을 약속한다.
2. 본 협약에서 선언된 원리는 전 세계에 환영받을 것을 확신하고 본
   협약 에 서명한 모든 전권위원은 이 협약이 널리 일방적으로 채
   택되도록 하기 위한 그들 본국 정부의 노력이 꼭 성공할 것이라
   고 믿어 의심치 않는 바이다.
3. 본 협약은 이에 가입하였거나 앞으로 가입할 국가 간에서만 기속
   력이 있다.
4. 본 협약은 1856년 4월 16일 파리에서 체결되었다.

2. 1864년 8월 22일자 제네바협약의 제 원칙을 해전에 적용 하기 위한 협약(1907년 헤이그 제3협약)

서명일자 1899년 7월 29일
(**1907년 수정**)
발효일자 1900년 9월 4일

독일제국 황제[이하 국가 및 국가원수명 생략] 등은,
전투에서 불가피하게 발생하는 재해를 가급적 감소시키고, 이를 위하여 1864년 8월 22일자 제네바협약의 제 원칙을 해전에 적용할 것을 희망하며, 이러한 취지의 협약을 체결할 것을 결정하였다.
체약국은 각자의 전권위원을 임명하였으며(각 전권위원명은 생략), 각 전권위원은 양호하고 타당하다고 인정된 전권위임장을 제시한 후에 다음의 조항에 합의하였다.

제1조 군용병원선, 즉 특별히 또한 전적으로 부상자, 병자 및 조난자를 원조할 목적으로 국가가 건조하거나 지정한 선박으로서 적대행위 개시 시 또는 적대행위 중 및 어느 경우에도 사용되기 전에 그 선박의 명칭이 교전국에 통고된 병원선은 존중되어야 하며, 적대행위가 계속되는 동안 포획될 수 없다. 또한 병원선은 중립국 항구에서의 정박에 관하여 군함과 동등한 지위에 있지 아니하다.

제2조 개인 또는 공인된 구제단체의 비용으로서 전부 또는 일부 설비된 병원선은 그 소속 교전국이 그 선박을 공식 취역시키고, 적대행위 개시 시 또는 적대행위 중 및 어느 경우에도 사용되기 전에 그 선박의 명칭이 교전국에 통고된 경우에 똑같이 존중되어야 하며, 또한 포획으로부터 면제되어야 한다.

제3조 중립국의 개인 또는 공인된 단체의 비용으로서 전부 또는 일부 설비된 병원선은 그 소속 중립국이 그 선박을 공식 취역시키고, 적대행위 개시 시 또는 적대행위 중 및 어느 경우에도 사용되기 전에

그 선박의 명칭이 교전국에 통고된 경우에 존중되어야 하며, 또한 포획으로부터 면제되어야 한다.

제4조 제1조, 제2조 및 제3조에 언급된 선박은 그 선박의 국적에 관계 없이 교전자의 부상자, 병자 및 조난자에게 구제 및 원조를 제공하 여야 한다. 각 정부는 어떠한 군사상의 목적을 위하여 이 선박들을 사용하지 않을 것을 약속한다.

이 선박들은 어떠한 방법으로도 전투원의 이동을 방해하여서는 아 니 된다. 이 선박들은 교전 중 및 교전 후에 스스로가 위험을 부담 하며 행동한다.

교전자는 이 선박들을 통제하고 임검할 권리를 가진다. 교전자는 이 선박들을 도와줄 것을 거부할 수 있으며, 퇴거를 명령하고, 어떤 항로를 택하도록 하며, 감독관을 승선시킬 수 있다. 교전자는 가능 한 한 그들이 병원선에 발한 명령을 동 병원선의 항해일지에 기입하 여야 한다.

제5조 군용병원선은 약 1.5미터 폭의 수평으로 된 녹색 테를 두르고, 외부를 흰색으로 칠함으로써 식별된다. 제2조 및 제3조에 언급된 병 원선은 약 1.5미터 폭의 수평으로 된 붉은색 테를 두르고, 외부를 흰색으로 칠함으로써 식별된다.

상기한 선박의 보트는 병원업무를 위하여 사용되는 소형 선박으로 서 유사한 색칠에 의하여 식별된다.

모든 병원선은 소속 국가의 국기와 함께 제네바협약에서 규정된 적십자기를 게양함으로써 병원선임을 알려야 한다.

제6조 교전자의 병자, 부상자 또는 조난자를 승선시킨 중립국 상선, 요 트 또는 선박은 그러한 행위를 하고 있기 때문에 포획될 수 없으나, 그 선박들이 범하는 중립 위반 행위 때문에 포획될 수는 있다.

제7조 포획된 선박의 종교, 의료 및 병원요원은 불가침이며, 포로가 될 수 없다. 그들은 선박을 떠날 때에 그들의 개인재산인 물건과 의료 기자재를 가지고 갈 수 있다. 이 요원들은 필요한 동안에 그 임무를 계속하여 수행하여야 하며, 총사령관이 가능하다고 인정할 때에 나

중에 선박을 떠날 수 있다.

　　교전자는 교전자의 수중에 들어온 이 요원들에게 그들의 급여를 건드리지 않고, 향유할 수 있도록 보장하여야 한다.

제8조 병 또는 부상을 당하였을 때 승선된 선원 및 군인에 대해서는, 그 소속 국가에 관계없이 포획자가 이들을 보호하고 간호하여야 한다.

제9조 타방 교전자의 수중에 들어간 일방 교전자의 조난자, 부상자 또는 병자는 포로가 된다.

　　포획자는 상황에 따라 그들을 억류할 것인지 또는 포획국의 항구, 중립국의 항구 또는 적국의 항구에 그들을 이송할 것인지 여부를 결정하여야 한다.

　　포획자를 적국으로 이송한 경우에 본국에 송환된 포로는 전쟁이 계속되는 동안 복무할 수 없다.

제10조 현지당국의 동의를 얻어 중립국 항구에 상륙한 조난자, 부상자 또는 병자에 대해서는 중립국과 교전자 간에 반대되는 합의가 없는 한 군사작전에 다시 참가할 수 없도록 중립국이 감시하여야 한다.

　　병원에서의 간호 및 억류의 경비는 조난자, 부상자 또는 병자 소속국이 부담하여야 한다.

제11조 전기한 조항들에 포함된 규칙은 체약국 중 2개국 또는 그 이상의 국가 간의 전쟁의 경우에 체약국에 대해서만 구속력이 있다.

　　상기 규칙은 체약국 간의 전쟁에서 비체약국이 교전국의 일방에 가담한 때부터 구속력이 정지된다.

제12조 이 협약은 가급적 조속히 비준되어야 한다. 비준서는 헤이그에 기탁된다. 각 비준서의 접수 시 경위서가 작성되고, 그 인증등본은 외교경로를 통하여 체약국에 송부된다.

제13조 1986년 8월 22일자 제네바협약을 수락한 비서명국은 이 협약에 가입할 수 있다.

　　비서명국은 가입을 위하여 화란정부에 서면통고를 하며, 화란정부는 이를 다른 체약국에 전달함으로써 비서명국의 가입을 체약국에 통보한다.

제14조 어느 체약국이 이 협약을 폐기하고자 할 때에 그러한 폐기는
폐기의사를 화란정부에 서면 통고하고, 화란정부는 이를 즉시 모든
체약국에 전달한 후 1년이 경과하지 않으면 효력을 발생하지 아니
한다. 이 폐기는 통고를 하는 국가에 대해서만 효력을 발행한다.

이상의 증거로서 각 전권위원들은 이 협약에 서명하고, 날인하였
다. 1899년 7월 29일 헤이그에서 작성되었고, 원본 1부는 화란정부
의 문서보관소에 보관되며, 인증등본은 외교경로를 통하여 체약국
에 전달된다.

3. 개전 시 적 상선의 지위에 관한 협약(1907년 헤이그 제6협약)

서명일자 1907년 10월 18일
발효일자 1910년 1월 26일

독일황제, 프러시아 왕국 폐하(이하 체약국 원수명 생략)
전쟁의 발발 시 국제통상의 안전을 확보할 것을 갈망하고 현대적 국
가관행을 따라 적대행위 개시 이전부터 진행 중이던 통상행위가 신의
칙에 좇아 이행되도록 가능한 한 이를 보호키 위하여 이러한 취지로 협
약을 체결키로 결의하고 다음의 인사를 전권위원으로 임명하였다.
(전권위원명 생략)
이에 각 전권위원은 그들의 완전하고 적법한 위임장을 기탁하고 다
음 조항에 합의하였다.

제1조 교전국의 일방에 속하는 상선이 개전 시에 적 항구에 있을 때
그 함선은 즉시, 또는 적절한 은혜일 이후에 자유롭게 그 항구를 출
항하여 통행증을 받아서 그 스스로의 목적지 또는 다른 지정된 항구
로 향할 수 있다.

개전 전에 최종 기착 항을 출항하여 전쟁 개시의 사실을 모르고 적 항구에 입항한 함선의 경우도 같은 규칙이 적용된다.

제2조 불가항력적 사유로 전조에서 규정하는 기일 내에 적항을 출항치 못한 상선은 몰수하지 못한다. 교전자는 보상을 지급함이 없이 이를 억류할 수 있을 뿐, 전후에 보상을 지급한 후에 이를 취득하거나 반환하여야 한다.

제3장 전쟁의 개시 이전에 최종 기착 항을 출항하여 아직 전쟁 개시의 사실을 모르고 공해상에서 적 군함을 조우한 상선은 몰수되지 않는다. 이러한 함선은 보상 없이 전후에 반환될 것이라는 양해하에 억류할 수 있으며, 보상을 하고 수용하거나 파괴할 수 있다. 그러나 그러한 경우에도 함선에 탑승한 인원과 함서류의 안전을 보장하는 조치를 강구하여야 한다. 그 함선이 본국 항에 입항하거나 또는 중립국 항에 기항한 이후부터는 해전법규와 관습에 따른다.

제4조 제1조 및 제2조에 규정된 함선에 적하된 적의 화물은 압수할 수 있으며, 보상 없이 종전 후에 반환된다. 또는 그 함선과 같이 또는 별도로 보상을 주고 수용할 수 있다. 제3장에서 규정한 함선의 화물도 같은 규칙이 적용된다.

제5조 본 협약은 장차 군함으로 변경될 구조를 가진 상선의 경우에도 아무런 영향을 받지 아니한다.

제6조 본 협약이 규정한 체약국 간에서만 그리고 모든 교전자가 본 협약의 당사국인 때만 적용된다.

제7조 본 협약은 가능한 한 신속히 비준되어야 한다.

비준서는 '헤이그'에 기탁되어야 한다. 처음 기탁된 비준서는 본 협약에 가입한 국가의 대표들과 화란외부서장관이 서명한 의사록에 기록될 것이다. 추가로 비준된 기탁서는 화란정부에 대한 서면통고로써 하며 여기에 비준서류를 첨부한다.

첫 번에 비준, 기탁된 것들의 의사록과 앞 절에서 규정한 서면통고의 적법하게 인증된 부본들을 화란정부는 외교적 경로를 통하여 제2회 '헤이그'평화회의에 참석한 모든 열강과 또 본 협약 가입국에 즉시 송부하여야 한다.

전호에 규정된 경우에 해당 정부는 그 서면통고를 받은 일자를 가입국에 통지하여야 한다.

제8조　비서명국도 본 협약에 가입할 수 있다. 가입을 희망하는 국가는 그러한 의도를 서면으로 화란정부에 통지한다. 이는 가입서를 화란정부의 기록보관서에 기탁함으로써 이루어진다.

제9조　본 협약은 첫 번째 협약비준 기탁국인 경우에는 비준, 기탁의사록이 작성된 일자로부터 60일 후에 반출하며, 추가로 가입한 국가인 경우에는 그 가입비준의 통지가 화란정부에 접수된 일자로부터 60일 후에 발효한다.

제10조　체약국 중의 하나가 본 협약을 폐기하기를 원한다면 그 취지를 화란정부에 서면으로 통지하여야 하며, 화란정부는 즉시 그 폐기서의 인증된 부본을 그 폐기서의 접수일자를 명기하여 모든 체약국들에 전달하여야 한다.

이러한 폐기는 그 통지된 국가에 대해서만 그 폐기통지가 화란정부에 접수된 1년 후부터 발효한다.

제11조　화란외무성이 기록 유지하는 등록서에는 제7조 제3항, 제4항에 의거한 비준서 기탁일(제8조 제2항)과 가입통지(제10조 제1항) 및 폐기통지 접수일 등을 명기하여야 한다. 모든 체약국은 이 등록서의 열람을 할 수 있고 그 공인된 요약서를 배부받을 수 있다.

위의 내용에 대한 신뢰로서 전권위원들은 본 협약에 서명한다. 1907년 10월 18일 헤이그에서 체결되었음. 원본은 화란정부의 기록보관소에 기탁될 것임. 적법하게 인정된 부본들은 외교적 경로를 거쳐서 제2회 평화회의에 참석한 제국들에 송부될 것이다.

4. 상선을 군함으로 변경함에 관한 협약(1907년 헤이그 제7협약)

서명일자 1907년 10월 18일
발효일자 1910년 1월 26일

독일황제, 프러시아국 황제(이하 체약국 원수명 생략)는
전시에 상선을 전투함대에 편입하기 위하여 이를 행할 수 있는 조건을 정하는 것을 희망할 것이라는 것을 고려하고 체약국은 군함으로 변경하는 것을 공해에서 행할 수 있느냐의 여부에 관하여 일치할 수 없었음으로 인하여 변경의 장소는 문제 외로 하고 다음의 규칙 중에는 포함되지 아니하는 것임을 고려하며, 이를 위하여 조약을 체결할 것을 희망하여 각각 다음의 전권위원을 임명한다(전권위원명 생략).
이로써 각 전권위원을 양호 타당하다고 인정된 위임장을 기탁한 후 다음의 조항을 협정한다.

제1조 군함의 권리향유 군함으로 변경된 상선은 그 게양하는 국기의 소속국의 직접관리, 직접감독 및 책임하에 있지 아니하면 군함에 속하는 권리 및 의무를 향유할 수 없다.

제2조 특수휘장 군함으로 변경된 상선은 그 국가의 군함 외부의 특수휘장을 부착함을 요한다.

제3조 지휘관 지휘관은 국가의 근무에 복무하며 또한 당해 관헌에 의하여 정식으로 임명되고 그 성명은 함대의 장교명부에 기재되어야 한다.

제4조 승무원 승무원은 군기에 복종한다.

제5조 전쟁법규 관례의 준수 군함으로 변경된 일체의 상선은 그전 행동에 있어서 전쟁의 법규관례를 준수해야 한다.

제6조 군함표에의 기입 교전자로서 상선을 군함으로 변경한 것을 가급적 속히 그 변경을 군함표 중에 기입함을 요한다.

제7조 총가입조항 본 조약의 규정은 교전국이 모두 본 조약의 당사자인 때에 한하여 체약국 간에만 이를 적용한다.

제8조 비준 본 조약은 가급적 속히 비준하여야 한다. 비준서는 헤이그에 기탁한다. 제1회의 비준서 기탁은 이에 가입한 제국의 대표자 및 화란국 외무장관이 서명한 조서로써 이를 증명한다. 그 후의 비준서 기탁은 화란국 정부에 보내는 비준서를 첨부한 통고서로써 이를 행한다. 제1회의 비준서 기탁에 관한 조서, 전항에 계기한 통고서 및 비준서의 인증등본은 화란국 정부로부터 외교상의 절차로써 즉시 이를 제2회 평화회의에 초청된 제국 및 본 조약에 가입하는 타 제국에 교부하여야 한다.

전항에 계기한 경우에 있어서는 화란국 정부는 동시에 통고서를 접수한 일자를 통지하는 것으로 한다.

제9조 비가입국 기명국이 아닌 제국은 본 조약에 가입할 수 있다. 가입고자 하는 국가는 서면으로써 그 의사를 화란국 정부에 송부하여 이를 화란국 정부의 문서고에 기탁한다. 화란국 정부는 즉시 통지서 및 가입서의 인증등본을 타 체약국에 송부하고 또한 통지서의 접수일자를 통지한다.

제10조 효력의 발생 본 조약은 제1회의 비준서 기탁에 가입한 제국에 대해서는 그 기탁조서의 일자로부터 60일 후, 또한 그 후에 비준하거나 또는 가입하는 제국에 대해서는 화란국 정부가 비준 또는 가입의 통고를 접수한 일자로부터 60일 후에 그 효력을 발생한다.

제11조 폐기 체약국 중의 하나가 본 협약을 폐기하기를 원하면 그 취지를 화란정부에 서면으로 통지하여야 하며, 화란정부는 즉시 그 폐기서의 인증된 부본을 그 폐기서의 접수일자를 명기하여 모든 체약국들에 전달하여야 한다.

이러한 폐기는 그 통지된 국가에 대해서만 그 폐기통지가 화란정부에 접수된 지 1년 후부터 발효한다.

제12조 기탁의 장부 화란외무성이 기록 유지하는 등록서에는 제8조 제3

항, 제4항에 의거한 비준서 기탁일과 가입(제9조 제2항), 또는 폐기
(제11조 제1항)의 통지를 접수한 일자를 기입한다. 모든 체약국은
이 등록서의 열람을 할 수 있고 그 인증등본을 요구할 수 있다.

위의 내용에 대한 신뢰로서 전권위원들은 본 협약에 서명한다.
1907년 10월 18일 헤이그에서 체결되었다. 원본은 화란정부의 기
록보관소에 기탁될 것이다. 적법하게 인정된 부본들은 외교적 경로
를 거쳐서 제2회 평화회의에 참석한 제국들에 송부될 것이다.

5. 해전에 있어서 포획권 행사의 제한에 관한 협약(1907년 헤이그 제11협약)

서명일자 1907년 10월 18일
발효일자 1910년 1월 26일

　독일 황제폐하, 프러시아 국왕폐하: (이하 체약국 원수명 생략)는 지
금까지보다 전시에 있어 해양열강의 국제관계에 형평에 맞는 법을 보
다 더 효과적으로 적용함이 필요하다는 것을 인정하고, 이 목표를 위해
서는 오래된 전시 관행들 중에 상호 보완하는 어떤 관행은 이를 폐기하
고 해상에 있어서 전쟁수행 행위는 물론이고 적법한 사업과 평화로운
상행위를 보장해 주는 일반적 규칙을 입법하는 것이 적절하다고 사료
하고, 또한 지금까지 각 정부의 아량에 맡겨져 있거나, 논쟁의 불확실
상태로 남아 온 원칙들을 기록된 상호합의로 정착시킴이 유익함을 참
작하고, 또한 지금까지 각 정부의 아량에 맡겨져 있거나, 논쟁의 불확
실 상태로 남아 온 원칙들을 기록된 상호합의로 정착시킴이 유익함을
참작하고, 그러나 앞으로도 유효한 보통법의 효력에 저촉됨이 없이 이
들 보통법이 규정하지 아니하는 부분에 대하여 몇 개의 규칙들을 입법
함이 유익함을 참작하여 각국의 전권위원을 다음과 같이 임명하는 바
이다(전권위원 명장 생략).

이로써 각 전권 위원은 양호하고 타당하다고 인정된 위임장을 기탁한 후, 다음 조항에 합의하였다.

제1장 우체신서

제1조 우체신서의 불가침 해상에서 중립선 또는 적선 내에 있는 중립자 혹은 교전자의 무체선서는 그 성질의 공사를 불문하고 불가침이다. 선박이 나포된 때에는 신서에 포획자가 할 수 있는 한 속히 이를 발송하여야 한다.

전항의 규정은 봉쇄위반의 경우에 봉쇄 항으로 또는 봉쇄 항으로부터 오는 신서에는 이를 적용치 않는다.

제2조 중립 우체선의 제외 우체신서의 불가침은 이로 인하여 중립 우체 선박에 대하여 일반 중립상선에 관한 해전의 법정 및 관례의 적용을 면제하는 것은 아니다. 단, 인검수색은 가급적 관대하고 신속히 필요한 경우에 한하여 이를 행함을 요한다.

제2장 포획 면제 선박

제3조 어선 전적으로 연해어업 또는 지방적 소항해에 사용되는 선박은 그 어렵구, 전구 및 잠재물과 함께 포획을 면제한다. 이 면제는 해당 선박이 어떠한 방법임을 불문하고 적대행위에 가하는 때로부터 그 적용이 없는 것으로 한다. 체약국은 전기 선박의 해한 성질을 이용하여 그 평화적 외관을 가지고 이를 군사상의 목적에 사용하여서는 아니 된다.

제4조 종교적 임무를 띤 선박 종교, 학술 또는 박애의 임무를 띤 선박도 또한 포획이 면제된다.

제3장 교전자가 포획한 적 상선의 승무원의 취급

제5조 **중립국민** 교전자가 적 상선을 포획한 경우에는 중립국민인 선원은 이를 포로로 할 수 없다. 중립국민인 선장 및 진원으로서 전쟁 중 적선에서 근무하지 않을 것을 서면으로써 정식으로 약속한다.

제6조 **적국민** 적국민인 선장, 직원 및 선원은 전쟁계속 중 작전행동에 관계가 있는 어떠한 근무에도 종사하지 아니할 것을 서면으로써 정식으로 서약할 때에는 이를 포로로 할 수 없다.

제7조 **성명의 통고** 포획을 행한 교전자는 제5조 제2항 제6조에 계기한 조건으로 포로를 하지 않는 자의 성명을 타방의 교전자에게 통고하여야 한다. 후자는 고의로 절기의 자를 사용할 수 없다.

제8조 **제외 선박** 전 3조의 규정은 적대행위에 가담한 선박에 이를 적용치 않는다.

제4장 부칙

제9조 **총가입조항** 본 조약의 규정은 교전국이 모두 본 조약의 당사자인 때에 한하여 체약국 간에만 이를 적용한다.

제10조 **비준** 본 조약은 가급적 속히 비준하여야 한다. 비준서는 헤이그에 기탁한다.

제1회의 비준서 기탁은 이에 가입한 제국의 대표자 및 화란국 외무장관이 서명한 조서로써 이를 증명한다. 그 후의 비준서 기탁은 화란국 정부에 보내는 비준서를 첨부한 적고서로써 이를 행한다.

제1회의 비준서 기탁에 관한 조서, 전항에 게기한 통고서 및 비준서의 인증등본은 화란국 정부로부터 외교상의 절차로써 즉시 이를 제2회 평화회의에 초청된 제국 및 본 조약에 가입하는 타 제국에 교부하여야 한다. 전항에 게기한 경우에 있어서는 화란국 정부는 동시에 통고서를 접수한 일자를 통지하는 것으로 한다.

제11조 비가맹국 기명국이 아닌 제국은 본 조약에 가입할 수 있다. 가입 고자 하는 국가는 서면으로써 그 의사를 화란국 정부에 송부하여 이를 화란국 정부의 문고에 기탁한다. 화란국 정부는 즉시 통지서 및 가입서의 인증등본을 타 체약국에 송부하고 또한 통지서의 접 수일자를 통지한다.

제12조 효력의 발생 본 협약은 제1회의 비준서 기탁에 가입한 제국에 대해서는 그 기탁조서의 일자로부터 60일 후 또한 그 후에 비준하 거나 또는 가입하는 제국에 대해서는 화란국 정부가 비준 또는 가 입의 통고를 접수한 일자로부터 60일 후에 그 효력을 발생한다.

제13조 폐기 체약국 중 본 조약을 폐기하고자 하는 국가가 있을 때에는 서면으로써 그 취지를 화란국 정부에 통지하여야 한다. 화란국 정 부는 즉시 통지서의 인증등본을 타 체약국에 송부하며, 또한 상기 통지서를 접수한 일자를 통지하여야 한다. 폐기는 그 통고가 화란 국 정부에 조달한 때로부터 1년 후 상기 통고를 행한 국가에 대해 서만 그 효력을 발생한다.

제14조 기탁 장부 화란국 외무부는 장부를 비치하고 제10조 제3항 및 제4항에 의한 비준서 기탁의 일자와 가입(제11조 제2항) 또는 폐기 (제13조 제1항)의 통고를 접수한 일자를 기입한다.
각 체약국은 장부를 열람하며 또한 그 인증등본을 청구할 수 있다.

이상의 증거로서 각 전권위원은 본 조약에 서명한다.
(서명 생략)

6. 1909년 해전법규에 관한 선언(런던선언)

서명일자 1909년 2월 26일

총 칙

기명국은 다음의 제 장에 규정하는 규칙이 실질상 일반으로 승인된 국제법의 원칙에 부합하는 것임을 승인한다.

제1장 전시에 있어서의 봉쇄

제1조 봉쇄 지역 봉쇄는 적국 또는 적국 점령지의 항구 및 연안에 한하여 이를 시행할 것으로 한다.

제2조 봉쇄의 실효성 1856년의 파리선언에 근거하여 봉쇄가 유효하기 위해서는 실력을 요한다. 즉, 실제로 적안에 접근하여 도달할 것을 방지할 만한 충분한 병력이 유지되어야 한다.

제3조 실력행사의 결정 봉쇄에 관하여 실력을 사용하느냐의 여부의 문제는 사실상의 문제로 한다.

제4조 봉쇄함대의 일시적 부재 봉쇄는 봉쇄함대가 황천으로 인하여 일시 그 장소를 이탈하더라도 이로 인하여 해제된 것으로 인정될 수 없다.

제5조 본 조약의 적용 봉쇄는 각국의 선박에 대하여 공평하게 적용함이 필요하다.

제6조 출입의 허가 봉쇄함대의 지휘관은 군함에 대하여 봉쇄 항내에 입항 또는 출항하는 것을 허용할 수 있다.

제7조 **중립선박에 대한 특례** 중립선박은 봉쇄함대에 속하는 관헌이 그
해난에 조우하였음을 인정한 경우에는 재화의 양육을 행하지 않음을
조건으로 하여 봉쇄 지역에 입항하며 또한 출발할 수 있다.

제8조 **선언과 고지** 봉쇄가 유효함에는 제9조의 규정에 의하여 선언하며
또한 제11조 및 제16조의 규정에 의하여 고지함이 필요하다.

제9조 **선언** 봉쇄는 선언의 봉쇄를 시행하는 국가 또는 그 명의에 의하
여 행동하는 해군관헌이 이를 행하여야 한다.
선언에는 다음의 사항을 기재하여야 한다.
1. 봉쇄개시일
2. 봉쇄 지역의 지리적 범위
3. 중립선박에 허용하는 퇴거기간

제10조 **선언의 무효** 봉쇄를 시행하는 국가 또는 그 명의하에서 시행하는
군 관헌이 제9조 제2장 제1호 및 제2호에 의하여 그 봉쇄선언 중에
기재한 사항에 준거치 아니할 때에는 상기 선언은 무효로 한다. 따
라서 그 봉쇄를 유효케 하기 위해서는 새로이 선언함이 필요하다.

제11조 **고지** 봉쇄의 선언은 다음의 관헌에 대하여 고지하여야 한다.
1. 각 중립국
상기의 고지는 시행국에 있어서 직접으로 중립국 정부에 송부하는
공신 또는 봉쇄 시행국에 주재하는 중립국 대표자에게 보내는 공
신으로써 행하여야 한다.
2. 지방관헌
상기의 고지는 봉쇄함대의 지휘관이 행한다. 지방관헌에 있어서는
가급적 속히 봉쇄 항 또는 봉쇄 연안에서 그 직무를 집행하는 외국
의 영사관에 이를 통지하여야 한다.

제12조 **봉쇄 지역의 확장** 봉쇄의 선언 및 고지에 관한 규정은 봉쇄 지역
을 확장하는 경우 또는 한 번 봉쇄의 해제가 있은 후 다시 시행하
는 경우에 적용한다.

제13조 **봉쇄의 해제 또는 제한** 스스로 봉쇄를 해제한 경우 및 봉쇄에 관하여 제한을 설정한 경우에는 제11조의 규정에 의하여 이를 고지함이 필요하다.

제14조 **봉쇄의 인식** 봉쇄범으로서 중립선박을 나포함에는 그 선박이 현실상 또는 추정상 봉쇄의 사실을 알고 있음을 요건으로 한다.

제15조 **고지 후 출발한 선박** 출발항이 소속하는 중립국에 대하여 적당한 시기에 봉쇄의 고지가 있은 후 선박은 반증을 거증하지 아니하면 봉쇄의 사실을 알고 있었던 것으로 추정된다.

제16조 **선박에 대한 고지** 봉쇄함에 도달하는 선박으로서 봉쇄의 존재를 모르거나 또는 이를 알고 있었던 것으로 추정할 수 없는 경우에는 봉쇄함대에 속하는 군함의 사관은 그 선박에 대하여 고지함이 필요하다. 상기 고지는 그 선박서류에 기입되며, 이를 행한 일 및 시, 그리고 당시에 있어서의 그 선박의 지리상의 위치를 명기하여야 한다.
　봉쇄함대의 지휘관의 태만으로 인하여 봉쇄의 선언을 지방관헌에 고지하지 않은 경우 또는 고지한 선언 중에 퇴거기간을 규정하지 아니하는 경우에는 봉쇄 항을 출발하려는 중립선박은 봉쇄선을 넘을 자유를 가진다.

제17조 **군함의 행동구역** 중립선박은 봉쇄를 유효하게 확보하는 임무를 가진 군함의 행동구역 내에서가 아니면 봉쇄범으로서 나포할 수 없다.

제18조 **중립항 봉쇄의 금지** 봉쇄함대는 중립항 및 중립연안에 도달함을 차단할 수 없다.

제19조 **비봉쇄항에 항해하는 선박** 선박 또는 그 적화의 그 후의 선행지가 어디인가를 불문하고 선박이 현재 봉쇄되어 있지 아니한 항구로 향하여 항행하는 경우는 봉쇄범으로서 나포함에 충분한 이유가 없는 것으로 한다.

제20조 **추적권** 봉쇄를 침파하여 봉쇄 항을 출발하는 선박 및 봉쇄 항에 항입할 것을 기도하는 선박은 봉쇄함대 소속의 군함이 그 추적을

계속하는 동안은 나포할 수 있다. 이미 추적을 포기하였거나 또는
봉쇄를 해제한 경우에는 이를 나포할 수가 없다.

제21조 봉쇄침파선과 적화 봉쇄를 침파한 선박은 몰수한다. 그 적화에
대해서도 또한 같다. 단, 적화인이 적화를 적하할 때 봉쇄를 침파
하려는 의도를 인식하지 않았거나 인식할 수 없었음을 증명한 때
에는 그렇지 않다.

제2장 전시금제품

제22조 절대적 금제품 다음에 게기하는 물건 및 재료는 절대적 금제품의
명의하에 당연히 전시금제품으로 간주한다.
  1. 모든 무기(수렵용 무기를 포함) 및 그의 부분품
  2. 모든 탄환, 장약, 탄약포 및 그 부분품
  3. 특히 전쟁용으로서 제조된 화약 및 폭발물
  4. 포가, 탄약차, 전차, 군용운반차, 野戰鍛工器 및 그 부분품
  5. 군용임이 명백한 피복 및 무장구
  6. 군용임이 명백한 모든 마구
  7. 전쟁에 공용할 수 있는 승용, 견인용 및 荷物用의 가축
  8. 陣營具 및 그 부분품이 명백한 것
  9. 갑철판
  10. 전투용 함정 및 특히 전기 함정에 사용할 수 있음이 명백한 부
      분품
  11. 병기, 탄약의 제조를 위하여 또는 육군용 혹은 해군용의 무기
      및 재료의 제조용 혹은 수리용을 위하여 전적으로 제작된 기계
      기구

제23조 절대적 금제품의 추가 전혀 전쟁용으로 제공되는 물건 및 재료는
포고하는 선언의 방법에 의하여 절대적 금지품의 품목표 중에 추
가할 수 있다.

전항의 고지는 타국 정부 또는 선언을 행하는 국가에 주재하는 외교대표자에게 통지하여야 한다. 전쟁 개시 후에 행하는 고지는 중립국에 보냄으로써 족하다.

제24조 조건부 금제품 전쟁용으로나 평시용으로도 제공될 수 있는 다음의 물건 및 자료는 조건부 금제품의 명의하에 당연히 전시금제품으로 간주된다.

1. 식량
2. 가축의 사료용에 적합한 잡초 및 곡류
3. 군용에 적합한 의복, 피복용 직물 및 가죽류
4. 금은화폐 및 그의 지금, 화폐의 대용화폐
5. 전쟁용에 제공될 수 있는 모든 차량 및 그 부분품
6. 모든 선박 및 단정, 부독크, 독크의 부분 및 그 부분품
7. 철도의 고정적 및 군전용 재료와 전신, 전선전신 및 전화용의 재료
8. 비행선, 비행기, 기구, 그 부분품임이 명백한 것과 항공용에 제공되는 것으로 인정되는 부속품 물건 및 재료
9. 연료 및 기계윤활용품
10. 특히 전쟁용으로 제조된 것이 아닌 화약 및 폭발물
11. 有刺鐵線과 그 가설용 또는 절단용으로 제공되는 기계기구
12. 蹄鐵 및 蹄鐵用材料
13. 견인 및 안장에 사용하는 물건
14. 쌍안경, 망원경, 크로노미터 및 각종의 항해용구

제25조 조건부 금제품의 추가 제22조 및 제24조에서 규정한 물건 및 재료 이외의 것으로서 전쟁용이나 평시용으로도 제공될 수 있는 것은 제23조 제2항의 규정에 따라서 고지하는 선언의 방법에 의하여 조건부 금제품의 품목표 중에 추가할 수 있다.

제26조 전시금제품 목표로부터의 제외 자국에 관한 한에서 제22조 및 제24조에 열거한 품목 중에 있는 물건 및 재료를 전시금제품으로 간주함을 포기하는 국가는 제23조 제2항의 규정에 따라 고지하여야 할 선언으로써 그 의사를 통지하여야 한다.

제27조 자유품의 성질 전쟁용에 제공할 수 없는 물건 및 재료는 전시금
제품으로 선언할 수 없다.

제28조 자유품의 종목 다음에 게기하는 물품은 전시금제품으로 선언할
수 없다.
1. 生綿, 羊毛, 黃麻, 亞麻와 기타의 직물업용 원료 및 그 織糸
2. 유제조의 원료인 견과, 穀種 및 코프라
3. 코쥬, 고무 수지, 고무, 칠 및 호프
4. 생가죽, 角, 骨 및 상아
5. 천연 및 인공비료(농업용에 사용할 수 있는 ? 및 ?을 포함)
6. 광석
7. 흙, 점토, 석탄, 백금, 돌(대리석을 포함), ?, 판석 및 기와
8. 자기 및 유리그릇
9. 종이류 및 그 제조용으로 제작된 재료
10. 비누, 彩料(전적으로 이를 제조하는 데 사용하는 재료 포함 및
    洋漆
11. 클로르석탄, 소다탄, 가성소다, 솔트케이크, 암모니아, 硫化암모
    니아 및 硫化銅
12. 농업용, 채광용, 직물업용 및 인쇄용의 기계
13. 귀석, 准貴石, 진주, 眞珠母 및 珊瑚
14. 괘종시계, 탁상시계 및 크로노미터 이외의 회중시계
15. 기호품 및 사치품
16. 각종의 羽毛, 剛毛류
17. 가구용 또는 장식용 물건과 사무용 기구 및 부속품

제29조 특별한 자유품 다음에 게기하는 물건 및 재료도 전시금제품으로
간주할 수 없다.
1. 전적으로 상병자의 간호용에 제공되는 물건 및 재료. 단, 군사상
   중대한 필요가 있는 경우에는 상기 물건 및 재료로서 제30조에
   규정한 행선지를 가진 때에는 배상을 지불하여 징발할 수 있다.
2. 선박 자체의 사용에 제공되는 선내에 있는 물건 및 재료와 항행
   중 그 선박의 승무원 및 승객의 사용에 제공되는 물건 및 재료

제30조 절대적 금지품의 나포 절대적 금제품인 물품은 적국 영역, 적국 점령지 또는 적군에 향해졌음이 입증된 때에는 나포된다. 그 물품이 직접으로 수송되든 전재 또는 육로에 의하여 수송되든 관계없다.

제31조 행선지의 증명 제30조에 규정하는 행선지는 다음의 경우에 명확히 증명된 것으로 한다.
1. 화물이 적항에 양륙되거나 또는 그 군함에 인도되어야 함이 선박서류에 기록되어 있을 때
2. 선박이 적항에만 도달하여야만 할 때 또는 선박이 선박서류의 화물의 양륙지인 중립항에 도달하기 이전에 적항에 기항하며 혹은 적군과 조우하지 않으면 안 되는 것일 때

제32조 선박서류 선박서류는 절대적 금제품을 수송하는 선박의 항로에 관한 증거로 본다. 단, 그 선박이 선박서류의 기재에 의하여 항행하는 항로를 명백히 이탈한 경우에 군함에 조우하며, 또한 항로변경에 대하여 충분한 이유를 변증할 수 없을 경우에는 그러하지 아니하다.

제33조 조건부 금제품의 나포 조건부 금제품인 물품은 적국의 군대 또는 행정청의 사용으로 행해졌음이 입증된 때에는 나포된다. 단, 행정청에 향해진 경우에 있어서 상기 물품이 사실상 전쟁을 위하여 사용되지 않음이 제반의 상황에 의하여 입증되었을 때에는 그러하지 아니하다. 이 단서의 추정은 제24조 제4조에 규정한 물품의 수송에 대해서는 적용하지 않는다.

제34조 행선지의 추정 적국 관헌에 수송될 때, 또는 적국에 거주하는 상인이 그 종류의 물건 및 재료를 적에게 공급하는 것이 현저한 경우에 있어서 상기 상인 앞으로 수송될 때에는 그 물건은 제33조에 규정한 행선지를 갖는 것으로 추정한다. 적의 방비가 있는 장소 또는 적군의 기지인 기타의 장소를 행선지로 하여 수송될 때에도 또한 같다. 단, 이와 같은 장소로 향하여 항행하는 상선 자체에 관하여 그 전시금제품이라는 성질을 입증하려고 하는 경우에는, 행선지는 무해한 것으로 추정한다. 본 조에 규정한 추정에 대해서는 반증을 허용한다.

제35조 적국으로 향하는 선박 내 조건부 금제품의 나포 조건부 금제품인 물품은 적국 영역, 적국 점령지 또는 적군으로 향해 항행하는 선박 내에 있으며, 또한 상기 물건이 중간에 중립항에서 양육되지 않는 경우가 아니면 나포할 수가 없다.

　선박서류는 선박의 항로 및 화물의 양육 장소에 관한 완전한 증거로 한다. 단, 그 선박이 선박서류의 기재에 의하여 항행하는 항로를 명백히 이탈한 경우에 군함에 조우하며, 또한 그 항로변경에 대하여, 충분한 이유를 변명할 수 없는 경우에는 그러하지 않는다.

제36조 해양에 면하지 않는 적국으로 향해진 조건부 금제품의 나포 제35조에 대한 예외로서 적국 영역이 해양에 면하는 국경을 갖지 않는 경우에는 조건부 금제품인 물품이 제33조에 규정한 행선지를 가짐이 입증되었을 때에는 그 물품은 나포된다.

제37조 금제품 수송선의 나포 절대적 금제품 또는 조건부 금제품으로서 나포물품을 수송하는 선박은 공해 또는 교전국 영역 내에 있어서는 그 항해 중 언제든지 나포할 수 있다. 이 선박이 그의 적인 행선지에 도달하기 전에 중간 항에 기항하려는 의사를 가진 때도 또한 같다.

제38조 나포의 시기 전에 이행하였거나, 또는 현재 종료한 전시금제품의 수송이라는 이유로 나포를 행할 수 없다.

제39조 전시금제품의 몰수 전시금제품인 물품은 몰수한다.

제40조 몰수의 기준 전시금제품을 수송하는 선박은 당해 금제품이 그 가격상·중량상·용적상 또는 운임상 전 적화의 반수를 넘는 경우에는 몰수한다.

제41조 검색 중의 비용 전시금제품을 수송하는 선박이 적발될 때에는 각국 포획검사소에 있어서의 검색절차에 관하여, 그리고 검색 중 당해 선박 및 그 적화보존에 관하여 포획자가 지출한 비용은 그 선박의 부담으로 한다.

제42조 전시금제품 소지자에 속하는 화물의 몰수 전시금제품의 소지자에게 속하며, 또한 동일 선박 내에 있는 화물은 이를 몰수한다.

제43조 선의의 선박에 대한 조치 선박이 전쟁의 사실 또는 그 적화에 대하여 적용하는 전시금제품의 선언을 알지 못하고, 항해 중에 해상에서 군함에 조우한 경우에는 전시금제품인 물품은 배상을 지불치 않고서는 몰수할 수 없다. 이 선박 및 적화의 잔류분은 몰수 및 제41조에 규정한 비용의 지불이 면제되는 것으로 한다. 선장이 전쟁을 개시 또는 전시금제품에 관한 선언을 알고 있어도 또 전시금제품인 물품을 양육할 수 없을 때에도 또한 같다.

중립항의 소속국에 대하여 적당한 시기에 있어서 전쟁 개시 또는 전시금제품의 선언의 고지가 있은 후, 선박이 그 항구를 출발한 때에는 상기 선박은 전쟁상태 또는 전시금제품의 선언을 알았던 것으로 간주한다. 또한 전쟁 개시 후 적항을 출발한 때에는 그 선박은 전쟁상태를 알았던 것으로 간주한다.

제44조 금제품 수송선박의 항해 계속 전시금제품 수송의 이유로 정선을 명령받았으나, 그 분량의 관계상 몰수되지 않은 선박은 선장이 교전국의 군함에 금제품을 인도한다면 사정에 의하여 그 항해를 계속함이 허가될 수 있다.

전시금제품의 인도가 있을 때에는 포획자는 이를 정선을 명령한 선박의 서류에 기입하며, 또한 선장은 필요한 일체의 선박서류의 인증등본을 포획자에게 교부함을 요한다.

포획자는 인도된 전시금제품을 파괴하는 기능을 향유한다.

제3장 군사적 원조

제45조 경미한 군사적 원조 중립선박은 다음에 게기하는 경우에는 몰수되며, 또한 일반적으로 전시금제품의 수송으로 인하여 몰수되는 중립선이 받는 바와 동일한 처분을 받는 것으로 한다.

1. 그 선박이 적국군에 편입된 승객을 수송할 목적으로서 또는 이적을 위하여 정보를 전달할 목적으로서 특히 항해하는 경우

2. 선박의 소유자, 선박을 전체로서 고용한 자 또는 선장이 정보를
   알고 적 군대의 일부 또는 적의 작전에 대하여 항해 중 직접의
   원조를 제공하는 1인 또는 수인을 수송하는 경우
   전 제2호에서 규정한 경우에 선박 소유자에게 속하는 화물은 동
일하게 몰수되는 것으로 한다.
   선박이 해상에서 군함에 조우한 때 또는 개전의 사실을 모르거
나, 또는 선장이 전쟁의 개시를 알고 있어도 아직 그 수송인원을
상륙시킬 수 없는 경우에는 본 조의 규정을 적용치 않는다. 선박이
전쟁 개시 후에 적항을 출발한 때, 또는 중립항의 소속국에 대하여
시기에 전쟁 개시의 통고가 있은 후 그 항구를 출발한 때에는 상기
선박은 전쟁상태를 지득한 것으로 간주한다.

제46조 중한 군사적 원조 중립선박은 다음에 게기하는 경우에는 몰수되
며, 또한 일반적으로 적국의 상선으로서 취급되는 것으로 한다.
   1. 당해 선박이 직접으로 전투행위에 가담하는 경우
   2. 당해 선박이 적국정부에서 당해 선박 내 승선시킨 대리인의 명
      령 또는 감독을 받는 경우
   3. 당해 선박이 전체로서 적국정부를 위하여 고용된 경우
   4. 당해 선박이 현재 전적으로 적국 군대의 수송 또는 적을 이롭게
      하기 위하여 정보의 전달에 종사하는 경우
   본 조에 규정하는 경우에 선박 소유자에게 속하는 화물은 동일
하게 몰수되는 것으로 한다.

제47조 적군에 편입된 인원 적군에 편입된 모든 인원으로서 중립상선 내
에 있는 자는 그 선박을 나포할 수 없는 경우일지라도 이를 포로로
할 수 있다.

제4장 중립포획선의 파괴

제48조 파괴의 금지 포획자는 나포한 선박은 포획의 효력에 관하여 적
법으로 검정할 수 있는 항구에 인치함을 요한다.

제49조 파괴할 수 있는 경우 제48조의 규정을 적용한다면 군함의 안전을 해치거나 또는 그가 현재 종사하는 작전행동의 성공을 해치는 경우에, 나포한 중립선박을 몰수할 수 있을 때에는 예외로 이를 파괴할 수 있다.

제50조 파괴의 절차 파괴를 행하기 전에 선박 내에 있는 인원은 안전한 장소에 이동시키고, 또한 모든 선박서류 및 이해관계인이 포획의 효력에 관한 검정에 필요하다고 인정하는 기타 서류는 군함으로 전재함을 요한다.

제51조 파괴에 관한 변명 중립선박을 파괴한 포획자는 포획의 효력에 관한 모든 검정에 앞서 제45조에 규정한 예외적 필요가 있었던 까닭으로 그 수단을 취할 수밖에 없었던 사실을 변명하지 않을 때에는, 그 포획자는 포획의 유효 여부의 심문 없이 이해관계인에게 배상하여야 한다.

제52조 파괴된 선박의 배상 중립선박의 파괴가 변명된 경우에 있어서도 후에 그 선박의 포획이 무효로 검정된 때에는 포획자는 반환을 받을 권리를 가진 이해관계인에 대하여 그 대상으로서 배상을 하여야 한다.

제53조 파괴된 화물의 배상 몰수할 수 없는 중립화물이 선박과 함께 파괴된 때에는 그 화물의 소유자는 배상을 받을 권리를 향유한다.

제54조 화물의 인도와 파괴 몰수할 선박을 제49조에 의하여 정당히 파괴할 수 있는 경우와 동일한 상황이 있을 때에는 포획자는 선박을 몰수하여서는 아니 될 경우일지라도 그 선박 내에 있는 몰수할 화물의 인도를 요구하거나, 또는 파괴하는 수단을 취할 권능을 향유한다. 포획자는 인도를 받거나 또는 파괴한 물건을 정선을 명령한 선박의 서류에 기입하며, 또한 선장으로부터 필요한 모든 서류의 인증등본을 수령한다. 인도를 받든가 또는 파괴를 행한 경우에 상기 절차를 종료한 때에는 선박은 그 항해의 계속이 허가되는 것으로 한다.

중립선박을 파괴한 포획자의 책임에 관한 제51조 및 제52조의
규정은 정항의 경우 적용한다.

제5장 국기의 이전

제55조 전쟁 개시 전의 이전 전쟁 개시 전에 적선을 중립국적으로 이전
한 경우에는 그 이전이 적선이라는 성질로부터 발생하는 결과를
면하기 위하여 행하여진 것임이 입증될 경우를 제외하고는 이를
유효로 한다.

선박이 전쟁 개시 전 60일 미만의 기간 내에 교전국의 국적을
상실한 경우에 있어서 이 선박 내에 이전증서를 갖지 않은 때에는,
그 이전은 무효로 추정한다. 단, 반증이 허용된다.

전쟁 개시 전 30일 이전에 행하여진 이전이 절대로 안전하며, 또
한 관계국의 국법에 따라 행하여지고 이전의 결과 그 선박의 감독
및 그 사용으로부터 발생하는 이익이 이전 전에 있어서와 동일인
에게 속하지 않게 되었을 때에는 그 이전은 절대로 이를 유효한 것
으로 간주한다. 단, 선박이 전쟁 개시 전 60일 미만의 기간 내에
교전국의 국적을 상실하고, 또한 선박 내에 이전증서를 갖지 않을
때에는 그 선박의 나포는 손해배상의 이유가 되지 아니한다.

제56조 전쟁 개시 후의 이전 전쟁 개시 후 선박을 중립국적으로 이전한
경우에는 그 이전은 적선이라는 성질로부터 발생하는 결과를 면하
기 위하여 행하여진 것이 아님이 입증된 경우를 제외하고는 이를
무효로 한다.

다만, 다음의 경우에는 이전은 절대무효로 간주한다.

1. 이전이 선박의 항행 중에 또는 봉쇄 항구 내에 있는 동안에 행
   하여진 경우

2. 이전이 환매 또는 반환의 조건부인 경우

3. 국기게양의 권리에 관하여 국기소속국의 국법에서 규정하는 조
   건을 준수치 않는 경우

제6장 적성

제57조 선박의 적성 국기의 이전에 관한 규정을 제외하고는 선박이 중립성을 갖느냐 또는 적성을 갖느냐는 그 선박이 게양의 권리를 가지는 국기에 의하여 이를 정한다.

중립선이 평시에 있어서 금지된 항해에 종사하는 경우는 문제 외로 하여 본 규칙에 의해서는 조금도 영향을 받지 않는다.

제58조 화물의 적성 적선 내에 있는 화물이 중립성을 갖느냐, 또는 적성을 갖는가는 그 화물의 소유자가 중립성을 갖는가, 또는 적성을 갖는가에 의하여 이를 정한다.

제59조 화물의 적성의 추정 적선 내에 있는 화물의 중립성을 입증할 수 없을 때에는 그 화물은 적성을 가지는 것으로 추정한다.

제60조 수송 중의 화물의 적성 적선 내에 적재하는 화물의 적성은 전쟁 개시 후 수송 중에 행하여진 이전에 불구하고 그 행선지에 도달할 때까지는 여전히 계속하는 것으로 한다.

그러나 현 소유자인 적인이 파산한 경우에 전 소유자인 중립인이 포획에 앞서 이 화물에 대하여 적법한 취득권을 행사하였을 때에는 이 화물은 다시 중립성을 취득하는 것으로 한다.

제7장 군함의 호송

제61조 임검의 면제 본국 군함의 호송을 받는 중립선박에 대해서는 임검을 면제한다. 호송군함의 지휘관은 교전국 군함의 지휘관의 청구가 있을 때에는 그 선박의 성질 및 적화에 관하여 임검에 의하여 알 수 있는 모든 정보를 서면으로써 통지한다.

제62조 검증 교전국 군함의 지휘관이 호송국 군함의 지휘관에게 기만되었다고 의심할 수 있는 경우에는 협의의 취지를 호송군함의 지휘관에게 통지한다. 이 경우에 검증을 행하는 것은 호송군함의 지휘

관에 한한다.

　　상기 검증의 결과는 조서를 작성하여 증명하고, 그 등본 1통을 교전국 군함에 교부한다. 검증의 결과 호송군함의 지휘관이 그 호송선박의 1척 또는 수 척의 나포를 정당하다고 할 사실이 있다고 결정할 때에는 그 선박에 대하여 군함의 호송보호를 철회함을 요한다.

제8장 임검에 대한 저항

제63조　정선, 임검 및 나포의 권리의 적법한 행사에 대하여 강력하게 저항한 선박은 모든 경우에 있어서 이를 몰수한다. 그 적화는 적선 내에 있는 적화가 받는 것과 동일한 처분을 받으며, 선장 또는 그 선박의 소유자에게 속하는 화물은 적화로 간주된다.

제64조　포획검문소가 선박 또는 화물의 나포를 무효로 검정한 경우 또는 검색에 회부함이 없이 나포물건을 석방한 경우에는 이해관계인은 손해배상을 받을 권리를 향유한다. 단, 그 선박 또는 화물을 나포하기 위한 충분한 이유가 있을 때에는 그러하지 아니하다.

부 칙

제65조 본 선언의 불가분성　본 선언의 규정은 불가분이다.

제66조 본 선언의 적용　기명국은 전쟁에 이르러 교전국의 모두가 본 선언에 참가하였을 때에는 본 선언에서 규정한 규칙을 상호 준수할 것을 확인한다.

　　따라서 기명국은 그 관헌 및 군대에 대하여 필요한 훈령을 내리며, 또한 그 재판소 특히 포획검문소에서 본 선언의 적용을 보장하기 위하여 상당한 수단을 취할 필요가 있다.

제67조 비준 본 선언은 가급적 속히 비준하여야 한다.

비준서는 런던에 기탁한다. 제1회의 비준서 기탁은 이에 참가한 제국의 대표자 및 영국외무부장관이 서명한 조서로써 증명한다.

그 후의 비준서 기탁은 영국정부에 보내는 비준서를 첨부한 통지서로써 한다. 제1회의 비준서 기탁에 관한 조서, 전항에 게기한 통지서 및 이에 수반하는 비준서의 인증등본은 영국정부로부터 외교상의 절차로 곧 기명국에 교부한다.

전항에 게기한 경우에는 영국정부는 동시에 통고서를 접수한 일자를 통지한다.

제68조 효력 발생 본 선언의 제1회의 비준서의 기탁에 참가한 제국에 대하여 그 기탁조서를 일자 후 60일, 또는 그 후에 비준한 제국에 대해서는 영국정부가 각 비준의 통고를 접수한 후 60일 만에 그 효력을 발생한다.

제69조 폐기 기명국 중 본 선언을 폐기하고자 하는 자는, 제1회의 비준서 기탁 후의 60일로부터 기산하여 12년을 경과한 후가 이면 이를 행할 수 없다.

12년 기간이 경과한 후라도 각 6년이 지나지 않으면 이를 할 수 없다.

폐기는 적어도 1년 전에 서면으로 영국정부에 통고할 필요가 있다. 영국정부는 즉시 이를 그 밖의 제국에 통보하며, 이 폐기는 상기 통고를 한 국가에 대해서만 효력을 갖는다.

제70조 가입 런던 해전법규회의에 참석한 제국은 의결한 규칙이 일반에게 승인되는 것을 특히 중시하고 이에 참석지 않은 제국에 대해서는 본 선언에의 가입희망을 표명한다. 따라서 상기 참석국가들은 영국정부에 대하여 가입을 권유할 것을 간청한다.

본 선언에 가입하는 국가는 영국정부에 대하여 서면으로써 그의 의사를 고지하여 가입서를 교부한다. 가입서는 영국정부의 기록에 보관한다.

영국정부는 즉시 전항의 고지서 및 가입서의 인증등본을 그 밖의 제국에 교부하며, 또한 그 고지서를 수령한 일자를 통지한다.
가입은 고지서의 수령일자 후 60일 만에 효력을 발생한다. 가입국
의 지위는 본 선언에 관해서 모든 기명국의 지위에 준한다.

제71조 해전법규회의에 참석한 제국의 전권위원은 1909년 2월 26일의
일자를 가진 본 선언에 기명할 수가 있다.

7. 해상에 있어서의 군대의 병자, 부상자 및 조난자의 상태 개선에 관한 1949년 8월 12일자 제네바협약(제네바 제2협약)

서명일자 1949년 8월 2일
발효일자 1950년 10월 21일

대한민국 선언문

대한민국 정부는 1948년 12월 12일자 유엔 총회의 결의 195(Ⅲ)호에서 명시된 바와 같이 대한민국의 유일한 합법정부이며, 이 협약에의 가입은, 대한민국이 이제까지 승인하지 아니한 여하한 본 협약의 당사자를 승인하는 것으로 간주하여서는 아니 된다는 것을 이에 선언한다.

1906년 제네바협약의 제 원칙을 해전에 적용하기 위하여, 또한 1907년 10월 18일의 제10헤이그협약을 개정하기 위하여 1949년 4월 21일부터 8월 12일까지 제네바에서 개최한 외교 회의에 대표를 파견한 정부의 하기 서명 전권위원은 다음과 같이 합의하였다.

제1장 총칙

제1조 협약의 존중 체약국은 모든 경우에 있어서 본 협약을 존중할 것
과 본 협약의 존중을 보장할 것을 약정한다.

제2조 협약의 적용 본 협약은 평시에 실시될 규정 외에도 둘 또는 그 이
상의 체약국 간에 발생할 수 있는 모든 선언된 전쟁 또는 기타 무력
충돌의 모든 경우에 대하여, 당해 체약국의 하나가 전쟁상태를 승인
하거나 아니 하거나를 불문하고 적용된다.
　　본 협약은, 또한 일 체약국 영토의 일부 또는 전부가 점령된 모든
경우에 대하여 비록 그러한 점령이 무력저항을 받지 아니한다 하더
라도 적용된다.
　　충돌 당사국의 하나가 본 협약의 당사국이 아닌 경우에도, 본 협
약의 당사국은 그들 상호간의 관계에 있어서 본 협약의 구속을 받는
다. 또한 체약국은 본 협약 당사국 아닌 충돌 당사국이 본 협약의
규정을 수락하고 적용할 때에는 그 국가와의 관계에 있어서 본 협약
의 구속을 받는다.

제3조 국제적 성질을 가지지 아니하는 충돌 일 체약국의 영토 내에서 발생
하는 국제적 성격을 띠지 아니한 무력충돌의 경우에 있어서 당해 충
돌의 각 당사국은 적어도 다음 규정의 적용을 받아야 한다.
(1)무기를 버린 전투원 및 질병, 부상, 억류, 기타의 사유로 전투력을
상실한 자를 포함하여 적대행위에 능동적으로 참가하지 아니하는 자
는 모든 경우에 있어서 인종, 색, 종교 또는 신앙, 성별, 문벌이나
빈 부 또는 기타의 유사한 기준에 근거한 불리한 차별 없이 인도적
으로 대우하여야 한다.
이 목적을 위하여 상기의 자에 대한 다음의 행위는 때와 장소를 불
문하고 이를 금지한다.
  (a) 생명 및 신체에 대한 폭행, 특히 모든 종류의 살인, 상해, 학대
　　 및 고문.
  (b) 인질로 잡는 일.
  (c) 인간의 존엄성에 대한 침해, 특히 모욕적이고 치욕적인 대우.

(d) 문명국인이 불가결하다고 인정하는 모든 법적 보장을 부여하고 정상적으로 구성된 법원이 행하는 사전의 재판에 의하지 아니하는 판결의 언도 및 형의 집행.

(2)부상자, 병자 및 조난자는 수용하여 간호하여야 한다.

국제적십자위원회와 같은 공정한 인도적 단체는 그 용역을 충돌 당사국에 제공할 수 있다.

충돌 당사국은 특별협정에 의하여 본 협약의 다른 규정의 전부, 또는 일부를 실시하도록 더욱 노력하여야 한다.

전기의 규정의 적용은 충돌 당사국의 법적 지위에 영향을 미치지 아니한다.

제4조 적용의 범위 충돌 당사국의 지상군과 해군 간의 적대행위의 경우에 있어서 본 협약의 규정은 선내의 군대에 대해서만 적용된다. 상륙한 군대는 즉시 육전에 있어서의 군대의 부상자 및 병자의 상태 개선에 관한 1946년 8월 12일자 제네바협약 제 규정의 적용을 받는다.

제5조 중립국에 의한 적용 중립국은 그 영토 내에 접수 또는 억류된 충돌 당사국 군대의 부상자, 병자, 조난자, 의무요원, 종교요원 및 발견된 사망자에 대해서는 본 협약의 규정을 유추하여 적용하여야 한다.

제6조 특별협정 체약국은 제10조, 제18조, 제31조, 제38조, 제39조, 제40조, 제43조 및 제53조에서 명문으로 규정된 협정 외에 그에 관하여 별도의 규정을 두는 것이 적당하다고 인정하는 모든 사항에 관하여 다른 특별협정을 체결할 수 있다. 어떠한 특별협정도 본 협약에서 정하는 부상자, 병자, 조난자, 의무요원 및 종교요원의 지위에 불리한 영향을 미치거나 또는 본 협약이 그들에게 부여하는 권리를 제한하여서는 아니 된다.

부상자, 병자, 조난자, 의무요원 및 종교요원은 본 협약이 그들에게 적용되는 한, 전기의 협정의 혜택을 계속 향유한다. 단, 전기의 협정 또는 추후의 협정에 반대되는 명문의 규정이 있는 경우 또는 충돌 당사국의 일방 또는 타방이 그들에 대하여 더 유리한 조치를 취한 경우는 예외로 한다.

제7조 권리의 불포기 부상자, 병자, 조난자, 의무요원 및 종교요원은 어떠한 경우에도 본 협약 및 전조에서 말한 특별 협정(그러한 협정이 존재할 경우)에 의하여 그들에게 보장된 권리의 일부 또는 전부를 포기할 수 없다.

제8조 이익보호국 본 협약은 충돌 당사국의 이익의 보호를 그 임무로 하는 이익보호국의 협력에 의하여, 또한 그 보호하에 적용된다. 이 목적을 위하여 이익보호국은 자국 외교관 또는 영사관을 제외한 자국민이나 다른 중립국 국민 중에서 대표단을 임명할 수 있다. 전기의 대표는 그들의 임무를 수행할 국가의 승인을 받아야 한다.

충돌 당사국은 이익보호국의 대표 또는 사절단의 활동에 있어서 가능한 한 최대한의 편의를 도모하여야 한다.

이익보호국의 대표 또는 사절단은 어떠한 경우에도 본 협약에 의한 그들의 임무를 초월하여서는 아니 된다. 그들은 특히 그들이 임무를 수행하는 국가의 안전상 절대적으로 필요한 사항을 참작하여야 한다. 그들의 활동은 군사상의 긴급한 필요로 인하여 필요하게 될 때에 한하여 예외적인 또한 임시적인 조치로서 제한하여야 한다.

제9조 국제적십자위원회의 활동 본 협약의 제 규정은, 국제적십자위원회 또는 기타의 공평한 인도적인 단체가 관계 충돌 당사국의 동의를 얻어 부상자, 병자, 조난자, 의무요원 및 종교요원의 보호 및 그들의 구제를 위하여 행하는 인도적인 활동을 방해하지 아니한다.

제10조 이익보호국의 대리 체약국은 공정 및 효율성을 전적으로 보장하는 단체에 대하여 본 협약에 따라 이익보호국이 부담하는 의무를 언제든지 위임할 것에 동의할 수 있다.

이유의 여하를 불문하고 부상자, 병자, 조난자, 의무요원 및 종교요원이 이익보호국 또는 전항에 규정한 단체의 활동에 의한 혜택을 받지 아니하거나 또는 혜택을 받지 아니하게 되는 때에는 억류국은 충돌 당사국이 지정하는 이익보호국이 본 협약에 따라 행하는 임무를 중립국 또는 전기의 단체에 인수하도록 요청하여야 한다.

보호가 제대로 마련되지 못할 때에는 억류국은 이익보호국이 본 협약에 의하여 행하는 인도적 업무를 인수하도록 국제적십자위원회와 같은 인도적 단체의 용역의 규정을 본 조의 규정에 따를 것을 조건으로 요청하고 또는 수락하여야 한다.

어떠한 중립국이거나 또는 여하한 목적을 위하여 관계국의 요청을 받았든가 또는 자원하는 어떠한 단체라도 본 협약에 의하여 보호되는 자가 의존하는 충돌 당사국에 대하여 책임감을 가지고 활동함을 요하며 또한 그가 적절한 업무를 인수하여 공정하게 이를 수행할 입장에 있다는 충분한 보장을 제공하여야 한다.

군사상의 사건으로, 특히 그 영토의 전부 또는 상당한 부분이 점령됨으로 인하여 그 일국이 일시적이나마 타방국 또는 그 동맹국과 교섭할 자유를 제한당하는 경우 국가 간의 특별협정으로써 전기의 규정을 침해할 수 없다.

본 협약에서 이익보호국이라 언급될 때 그러한 언급은 언제든지 본 조에서 의미하는 대용단체에도 적용된다.

제11조 조정절차 이익보호국이 보호를 받는 자를 위하여 적당하다고 인정할 경우, 특히 본 협약의 규정의 적용 또는 해석에 관하여 충돌 당사국 간에 분쟁이 있을 경우에는 이익보호국은 그 분쟁을 해결하기 위하여 주선을 행하여야 한다.

이를 위하여 각 이익보호국은 일 당사국의 요청에 따라 또는 자진하여, 충돌 당사국에 대하여 그들의 대표들의, 특히 부상자, 병자, 조난자, 의무요원 및 종교요원에 대하여 책임을 지는 당국의 회합을 가능하면 적절히 선정된 중립지역에서 열도록 제의할 수 있다. 충돌 당사국은 이 목적을 위하여 그들에게 행하여지는 제의를 실행할 의무를 진다.

이익보호국은 필요할 경우에는 충돌 당사국의 승인을 얻기 위하여 중립국에 속하는, 또는 국제적십자위원회의 위임을 받는 자를 추천할 수 있으며, 이러한 자는 전기의 회합에 참가하도록 초청되어야 한다.

제2장 부상자, 병자 및 조난자

제12조 보호 및 간호 다음의 조항에서 말하는 군대의 구성원과 기타의 자로서 해상에 있고 또한 부상자, 병자 또는 조난자인 자는 모든 경우에 존중되고 보호되어야 한다. 단, 조난이라 함은 원인의 여하를 불문한 모든 조난을 말하며 또한 항공기에 의한 또는 항공기로부터의 해상에의 불시착을 포함하는 것으로 양해한다.

그들은 그들을 그 권력하에 두고 있을 충돌 당사국에 의하여 성별, 인종, 국적, 종교, 정견 또는 기타의 유사한 기준에 근거를 둔 차별 없이 인도적으로 대우 또한 간호되어야 한다. 그들의 생명에 대한 위협 또는 그들의 신체에 대한 폭행은 엄중히 금지한다. 특히 그들은 살해되고 몰살되거나 고문 또는 생물학적 실험을 받도록 되어서는 아니 된다. 그들은 고의로 의료와 간호를 제공받음이 없이 방치되어서는 아니 되며, 또한 전염이나 감염에 그들을 노출하는 상태도 조성되어서는 아니 된다.

실시될 치료의 순서에 있어서의 우선권은 긴급한 의료상의 이유로서만 허용된다.

부녀자는 여성이 당연히 받아야 할 모든 고려로서 대우되어야 한다.

제13조 피보호자 본 협약은 해상에 있어서의 부상자, 병자 및 조난자로서 다음의 부류에 속하는 자에게 적용된다.

(1)충돌 당사국의 군대의 구성원 및 그러한 군대의 일부를 구성하는 민병대 또는 의용대의 구성원.

(2)충돌 당사국에 속하며, 또한 그들 자신의 영토(동 영토가 점령되고 있는지의 여부를 불문한다.)의 내외에서 활동하는 기타의 민병대의 구성원 및 기타의 의용대의 구성원(이에는 조직적인 저항운동의 구성원을 포함한다.). 단, 그러한 조직적 저항운동을 포함하는 그러한 민병대 또는 의용대는 다음의 조건을 충족시켜야 한다.

(a) 그 부하에 대하여 책임을 지는 자에 의하여 지휘될 것.

(b) 멀리서 인식할 수 있는 고정된 식별 표지를 가질 것.

(c) 공공연하게 무기를 휴대할 것.

(d) 전쟁에 관한 법규 및 관행에 따라 그들의 작전을 행할 것.

(3)억류국이 승인하지 아니하는 정부 또는 당국에 충성을 서약한 정규군대의 구성원.

(4)실제로 군대의 구성원은 아니나 군대에 수행하는 자, 즉, 군용기의 민 간인 승무원, 종군기자, 납품업자, 노무대원 또는 군대의 복지를 담당하는 부대의 구성원. 단, 이들은 이들이 수행하는 군대로부터 인가를 받고 있는 경우에 한한다.

(5)선장, 수로안내인 및 견습선원을 포함하는 충돌 당사국의 상선의 승무 원 및 민간 항공기의 승무원으로서 국제법의 다른 어떠한 규정에 의하여서도 더 유리한 대우의 혜택을 향유하지 아니하는 자.

(6)점령되어 있지 아니하는 영토의 주민으로서, 적이 접근하여 올 때 정 규군 부대에 편입할 시간이 없이 침입하는 군대에 대항하기 위하여 자발적으로 무기를 든 자. 단, 이들이 공공연하게 무기를 휴대하고 또한 전쟁법규 및 관행을 존중하는 경우에 한한다.

제14조 교전국에 인도 교전국의 모든 군함은 그 국적의 여하를 불문하고, 군용병원선 및 구제단체 또는 사인에 속하는 병원선과 상선, 요트 및 기타의 주정 위의 부상자, 병자 또는 조난자를 인도하도록 요구할 권리를 가진다. 단, 부상자 및 병자가 이동함에 적합한 상태에 있어야 하며 또한 당해 군함이 필요한 의사가 치료를 위하여 충분한 시설을 제공할 수 있어야 한다.

제15조 중립국 군함에 수용된 부상자 부상자, 병자 또는 조난자의 중립국의 군함 또는 중립국의 군용기에 수용되는 경우, 그들이 군사작전에 더 이상 참가할 수 없도록 보장(국제법상 그러한 것을 필요로 할 때)되어야 한다.

제16조 적의 권력 내에 있는 부상자 제12조의 규정에 따를 것을 조건으로 적의 수중에 들어가는 교전국의 부상자, 병자 및 조난자는 포로가 되며, 그들에게는 포로에 관한 국제법의 규정이 적용된다. 포로를 잡은 자는, 그들을 억류할 것인지, 또는 포로를 잡은 자 자신의 국가 내의 항구, 중립국의 항구 또는 중립국의 항구 적국의 영토 내의 항

구에 그들을 이송할 것인지의 여부를 사정에 따라 결정할 수 있다.

마지막의 경우에 있어서 그들의 본국에 송환된 포로는 전쟁이 계속되는 동안 군대에 복무하지 못한다.

제17조 중립국 항구에 상륙한 부상자 현지당국의 동의를 얻어 중립국 항구에 상륙되는 부상자, 병자 및 조난자는 중립국과 교전국 간의 반대되는 약정이 없는 한, 군사작전에 다시 참가할 수 없도록 중립국이 감시(국제법상 그러한 것을 필요로 할 때)하여야 한다.

병원에 입원 및 억류의 비용은 부상자, 병자 및 조난자가 의존하는 국가가 부담한다.

제18조 교전 후 사상자의 수색 충돌 당사국은 매 교전 후에, 부상자, 병자 및 조난자를 찾아 수용하고, 그들을 약탈과 학대로부터 보호하며, 그들에 대한 충분한 간호를 보장하고 또한 사망자를 찾아 그들이 약탈을 당하는 것을 방지하기 위하여 모든 가능한 조치를 지체없이 취하여야 한다.

충돌 당사국은 사정이 허용하는 한 언제든지, 점령 또는 포위된 지역으로부터 부상자 및 병자를 해로로 이송하기 위하여, 또한 동 지역으로 갈 의무요원, 종교요원 및 장비를 통과시키기 위하여 현지약정을 체결하여야 한다.

제19조 기록 및 정보의 송부 충돌 당사국은 그들의 수중에 들어오는 적측의 조난자, 부상자, 병자 또는 사망자에 관하여 가능한 한 조속히 그러한 자의 신원 판별에 도움이 될 어떠한 세부 사항이라도 기록하여야 한다.

이들 기록은 가능하면 다음의 사항을 포함하여야 한다.

(a) 그가 의존하는 국가의 표시

(b) 소속 부대명 및 군번

(c) 성씨

(d) 이름

(e) 생년월일

(f) 신분증명서 또는 표지에 표시된 기타의 상세

(g) 포로가 된 일자 및 장소 또는 사망일자 및 장소

(h) 부상, 질병 또는 사망의 원인에 관한 상세

전술한 자료는 포로의 대우에 관한 1949년 8월 12일자 제네바협약 제122조에 기술한 정보국에 가능한 한 조속히 송부되어야 하며, 동 정보국은 이익보호국 및 중앙포로기구를 중개로 하여 이들이 의존하는 국가에 이 자료를 전달하여야 한다.

충돌 당사국은 사망증명서, 또는 정당하게 인정된 사망자 명부를 작성하여 동 정보국을 통하여 상호 송부하여야 한다. 충돌 당사국은 사망자에게서 발견된 이중신분표지의 반 또는 단일표지의 경우에는 신분표지 그 자체를 근친자에 대한 유서나 기타의 중요한 서류, 금전 및 일반적으로 고유의 가치 또는 정서적 가치를 가지는 모든 물품을 동일하게 수집하여 동 정보국을 통하여 상호 송부하여야 한다. 이들 물품은 확인되지 않은 물품과 함께 밀봉된 뭉치로 송부되어야 하며, 이에는 사망한 소유자의 신원 확인에 필요한 모든 정보를 상세하게 기재한 서류와 동 뭉치의 내용을 완전히 표시하는 표를 첨부하여야 한다.

제20조 사망자에 관한 규정 충돌 당사국은 사망을 확인하고 신원을 확실히 하며 또한 보고서의 작성을 가능하게 하기 위하여, 사정이 허용하는 한 개별적으로 실시될 사망자의 수장이 시체의 면밀한 검사, 가능하면, 의학적 검사가 있은 다음에 행하여지도록 보장하여야 한다. 이중신분표지가 사용되는 경우에는 동 표지의 반은 시체에 남겨 두어야 한다.

사망자가 육지에 이송될 경우에는, 육전에 있어서의 군대의 부상자 및 병자의 상태 개선에 관한 1949년 8월 12일 제네바협약의 규정이 적용된다.

제21조 중립국 선박에 대한 호소 충돌 당사국은 중립국의 상선, 요트 또는 기타의 주정의 선장에 대하여 부상자, 병자 및 조난자를 선내에 수용하여 간호하고 또한 사망자를 인양받아 줄 자선을 호소할 수 있다.

이 요청에 응하는 모든 종류의 함선과 부상자, 병자 및 조난자를

자발적으로 수용한 선박은 그러한 원조를 수행하기 위하여 특별한 보호와 편의를 향유한다.

그들 선박은 어떠한 경우에도 그러한 수송으로 인하여 포획되지 못한다. 단, 반대의 약정이 없는 한 그들이 범하였을지도 모르는 중립의 위반에 대해서는 포획당할 입장을 면하지 못한다.

제3장 병원선

제22조 군용병원선의 통고 및 보호 군용병원선, 즉 특히 또한 전적으로 부상자, 병자 및 조난자를 원조하며 또한 그들을 치료하고 수송하기 위하여 국가에 의하여 건조되거나 설비된 선박은 어떠한 경우에도 공격이나 포획을 당하지 아니하며 그들 선박이 사용되기 10일 전에 그 선명과 형태가 충돌 당사국에 통고됨을 조건으로, 언제든지 존중되고 보호되어야 한다.

동 통고에 나타나야 할 특징으로서는 등록된 총톤수, 선수로부터 선미까지의 길이 및 마스트와 연통의 수를 포함하여야 한다.

제23조 해안 의료시설의 보호 육전에 있어서의 군대의 부상자 및 병자의 상태 개선에 관한 1949년 8월 12일자 제네바협약의 보호를 받을 권리가 있는 해안시설은 해상으로부터의 포격 또는 공격으로부터 보호되어야 한다.

제24조 충돌 당사국의 구제단체 및 사인이 사용하는 병원선 국별 적십자사, 공인된 구제단체 또는 사인에 의하여 사용되는 병원선은 그들이 의존하는 충돌 당사국이 그들에게 공적인 사명을 부여한 경우 또한 통고에 관한 제22조의 규정이 준수된 한, 군용병원선과 동일한 보호를 받으며 또한 포획으로부터 면제된다.

이들 선박은 위장하는 동안 또한 출항할 때에 동 선박이 그들의 관리하에 있었음을 기술한 책임 있는 당국의 증명서를 비치하고 있어야 한다.

제25조 중립국의 구제단체 및 사인이 사용하는 병원선 중립국의 국별 적십자사, 공인된 구제단체 또는 사인에 의하여 사용되는 병원선은 그들이 그들 자신의 정부의 사전동의와 관계 충돌 당사국의 허가를 받아 충돌 당사국 중의 일국의 관리하에 스스로 들어갈 것을 조건으로 하여, 통고에 관한 제22조의 규정이 준수된 한, 군용병원선과 동일한 보호를 받으며 또한 포획으로부터 면제된다.

제26조 톤수 제22조, 제24조 및 제25조에서 말한 보호는 모든 톤수의 병원선 및 그 구명정에 대하여 그 작업하는 장소의 여하를 불문하고 적용한다. 충돌 당사국은 최대한의 안락과 안전을 보장하기 위하여 부상자, 병자 및 조난자의 원거리 및 공해상 수송이 용이하도록 2,000톤 이상의 병원선만을 사용하도록 노력하여야 한다.

제27조 연안구조정 연안구조 작업을 위하여 국가 또는 공인된 구명정 단체가 사용하는 소주정도 제22조와 제24조에 규정한 바와 동일한 조건으로 작전상의 요건이 허락하는 한 존중되고 보호되어야 한다.
　전항의 규정은 인도적 사명을 위하여 이들 소주정이 독립적으로 사용하는 고정된 연안 시설에 대해서도 가능한 한 적용되어야 한다.

제28조 병실의 보호 군함 위에서 전투가 발생할 경우에는 가능한 한 의무실은 존중되고 또한 해를 입지 아니하여야 한다. 의무실과 그 비품은 계속하여 전쟁법규의 적용을 받으며 부상자와 병자를 위하여 필요로 하는 한 그 용도를 변경하여 사용할 수 없다. 단, 의무실과 비품을 그 지휘하에 두게 된 지휘관은 긴급한 군사상의 필요가 있는 경우는 의무실 내에 수용되어 있는 부상자와 병자에 대한 적당한 치료를 보장한 후 의무실 및 비품을 기타의 목적에 사용할 수 있다.

제29조 점령지의 항구에 있는 병원선 적의 수중에 들어가는 항구 내에 있는 병원선은 동 항구로부터 출항하도록 허용되어야 한다.

제30조 병원선 및 소주정의 사용 제22조, 제24조, 제25조 및 제27조에 기술한 선박은 국적을 구분함이 없이 부상자, 병자 및 조난자에 대하여 구제 및 원조를 제공하여야 한다.

체약국은 이들 선박을 어떠한 군사상의 목적을 위해서도 사용하지 아니할 것임을 약정한다. 그러한 선박은 전투원의 이동을 결코 방해하여서는 아니 된다.

그러한 선박은 전투 중 및 전투 후에 그들 스스로가 위험을 부담하여 행동한다.

제31조 감독 및 임검 수색의 권리 충돌 당사국은 제22조, 제24조, 제25조 및 제27조에서 말한 선박을 통제하고 수색할 권리를 가진다. 충돌 당사국은 이들 선박으로부터의 원조를 거절할 수 있으며 퇴거를 명령하고 어떤 항로를 취하도록 만들며 그들의 무선 전신 및 기타의 통신수단의 사용을 통제하고 또한 사정의 중대성으로 인하여 그렇게 함이 필요한 경우에는 정선을 명한 때부터 7일을 초과하지 아니하는 기간 동안 그들을 억류할 수 있다.

충돌 당사국은 전항의 규정에 의하여 발한 명령이 집행되도록 감독하는 것을 전적인 임무로 하는 감독관을 임시로 승선시킬 수 있다.

충돌 당사국은 가능한 한 그들이 병원선의 선장에게 발한 명령을 동 선장이 이해할 수 있는 언어로 동 병원선의 항해일지에 기입하여야 한다.

충돌 당사국은 본 협약에 내포된 규정의 엄격한 존수를 확인하여야 하는 중립국의 감시인을 일방적으로 또는 특별한 협정에 의하여 그들의 선박에 승선시킬 수 있다.

제32조 중립국의 항구에 정박 제22조, 제24조, 제25조 및 제27조에 기술한 선박은 중립국의 항구에서의 정박에 관해서는 군함으로 간주하지 아니한다.

제33조 개조된 상선 병원선으로 개조된 상선은 적대행위의 기간을 통하여 다른 어떠한 용도에도 사용되지 못한다.

제34조 보호의 소멸 병원선과 의무실이 받을 권리가 있는 보호는 그들의 인도적 임무를 이탈하지 않고 적에게 해로운 행위를 자행할 목적으로 사용되지 아니하는 한 소멸하지 아니한다. 단, 보호는 모든

경우 적절한 상당한 유예를 주고 발한 정당한 경고가 행하여진 연후 또는 그러한 경고가 무시된 채로 있은 후에 소멸한다.

특히 병원선은 그 무선 전선 또는 기타의 통신수단을 위하여 암호를 보유하거나 사용할 수 없다.

제35조 병원선으로부터의 보호를 박탈하여서는 안 되는 조건 다음의 조건은 병원선 또는 함선 내의 의무실이 받을 보호를 그들로부터 박탈하는 것으로 간주되지 아니한다.

(1)함선 또는 의무실의 승조원이 질서의 유지를 위하여 그들 자신의 방위 또는 부상자와 병자의 방위를 위하여 무장하고 있다는 사실

(2)항해 또는 통신을 용이하게 하는 것을 전적인 목적으로 하는 장치가 선내에 존재한다는 것.

(3)부상자, 병자 및 조난자로부터 거둔 휴대용 무기와 탄약으로서 아직 적당한 기관에 인도되지 아니한 것이 병원선 내에서 또는 병실에서 발견되는 것.

(4)병원선 및 선박의 의무실 또는 승조원의 인도적 행위가 민간인 부상자, 병자 또는 조난자의 치료에까지 미치고 있다는 사실.

(5)전적으로 의무상의 직무를 목적으로 하는 장비와 인원을 통상의 수요량을 초과하여 수송하고 있다는 것.

제4장 요원

제36조 병원선 요원의 보호 병원선의 종교요원, 의무요원 및 병원요원과 그 승조원은 존중되고 보호되어야 한다. 그들은 선내에 부상자와 병자의 유무를 불문하고 병원선에서 근무하고 있는 동안에는 포획되지 못한다.

제37조 기타 선박의 의무요원 및 종교요원 제12조와 제13조에서 지정한 자에 대한 의료 또는 정신상의 간호의 직무에 배치된 종교요원 의무요원 및 병원요원은 적의 수중에 들어갈 경우에 존중되고 또한 보호된다. 그들은 부상자와 병자의 치료를 위하여 이것이 필요한

동안은 그 임무를 계속하여 수행할 수 있다. 그들은 그들을 그 지휘하에 두고 있는 총사령관이 실행 가능하다고 인정할 때에 즉시 송환되어야 한다. 그들은 선박을 떠날 때에 그들의 개인재산을 가지고 갈 수 있다.

그러나 포로의 의료상 또는 정신상의 필요로 인하여 이 요원의 일부를 억류함이 필요하게 될 때에도 가능한 한 조속히 그들을 하선시키기 위한 가능한 최선을 다하여야 한다.

억류된 요원은 하선과 동시에 육전에 있어서의 군대의 부상자 및 병자의 상태 개선에 관한 1949년 8월 12일자 제네바협약의 규정의 적용을 받는다.

제5장 의료 수송

제38조 의료장비의 수송을 위하여 사용되는 선박 의료 수송을 목적으로 용선된 선박에 대해서는 전적으로 군대의 부상자와 병자의 치료 또는 질병의 예방을 위한 장비품의 수송이 허용되어야 한다. 단, 동 수송의 상세한 내역이 적군에 통고되고 승인됐을 경우에 한한다. 적국은 이러한 수송선을 임검할 권리를 보유하나, 선박을 포획하거나 또는 수송 중인 비품을 압수할 수 없다.

충돌 당사국 간의 합의에 의하여 수송 중인 비품을 확인할 목적으로 이러한 선박에 중립국 입회원을 승선시킬 수 있다. 이 목적을 위하여 장비품에 대한 자유로운 열람이 허용되어야 한다.

제39조 의무항공기 충돌 당사국은 의무항공기, 즉 전적으로 부상자, 병자 및 조난자의 이송과 의무요원이나 시설의 수송용으로 사용되는 항공기를 그 항공기가 관계 충돌 당사국 간에서 특별히 합의된 고도, 시간 및 항로에 따라 비행하는 동안 공격 목표가 될 수 없으며 또한 존중되어야 한다.

의무항공기는 그 하면, 상면 및 측면에 제41조에서 정하는 특수 표지를 자국의 국기와 함께 명백히 표시하여야 한다. 또한 의무항공기는 전쟁 발발 당시 또는 전쟁 중 교전국 간에 합의되는 다른 표지나 식별수단이 구비되어야 한다.

별도 합의가 없는 한 적국의 영토, 또는 점령지역 상공의 비행은 금지한다.

의무항공기는 착륙 또는 착수의 요구를 받았을 때에는 그 요구에 복종하여야 한다. 여사히 착륙(수)하였을 경우 항공기와 그 승무원은 임검이 있으면 임검 후 비행을 계속할 수 있다.

적의 영토 또는 점령지역 내에 불시착륙 또는 불시 착수하는 경우 부상자, 병자 및 조난자 또는 의무항공기의 승무원은 포로가 된다. 의무요원은 제36조와 제37조의 규정에 따라 대우한다.

제40조 중립국 상공의 비행, 부상자의 하륙 충돌 당사국의 의무항공기는 제2항의 규정에 따를 것을 조건으로 중립국 영공을 비행할 수 있으며 필요한 경우 그 영토에 착륙하고 또한 그 영토를 기항지로 사용할 수 있다. 의무항공기는 당해 영공의 통과를 중립국에 사전 통고하여야 하며 착륙, 착수 명령에 복종하여야 한다. 의무항공기는 충돌 당사국과 관계 중립국 간에 특별히 합의된 항로, 고도 및 시각에 따라 비행하는 경우에 한하여 공격목표가 되지 아니한다.

그러나 중립국은 의무항공기가 자국의 영공을 비행하고 또한 착륙함에 있어 조건이나 제한을 가할 수 있다. 이러한 조건 또는 제한은 모든 충돌 당사국에 대하여 평등하게 적용되어야 한다.

중립국과 충돌 당사국 간에 별도의 합의가 없는 한 의무항공기가 현지 당국의 동의를 얻어 중립국 영토에 하륙시킬 부상자, 병자 및 조난자는 국제법상 필요에 따라 군사 행동에 다시 참가할 수 없도록 중립국이 억류하여야 한다. 이들의 수용과 억류에 소요되는 경비는 그들이 의존하는 국가가 부담하여야 한다.

제6장 식별표지

제41조 표장의 사용 관할 당사국의 지시에 따라 의무기관이 사용하는 기, 완장 및 모든 장비에 백지 적십자 문장을 표시하여야 한다.

그러나 적십자 대신에 백지상 붉은 초승달 또는 백지상 적색 사자와 태양을 식별 표장으로 이미 사용하고 있는 국가의 경우 이러한 표장은 본 협약상 동일하게 인정된다.

제42조 의무요원 및 종교요원의 식별 제36조와 제37조에서 규정하는 요원은 군 당국이 압인 발급한 특수 표장이 된 방수성의 완장을 좌완에 둘러야 한다.

이러한 요원은 제19조에 규정하는 신분 표지에 부가하여 식별 표장이 표시된 특별한 신분증명서를 휴대하여야 한다. 이 증명서는 방수성이며, 또한 호주머니에 들어갈 만한 크기의 것이어야 한다. 이 증명서는 자국어로 기입되어야 하며, 적어도 소지자의 성명, 생년월일, 계급 및 군번이 표시되고 또한 소지자가 어떤 자격으로 본 협약의 보호를 받을 권리가 있는가가 기재되어 있어야 한다. 이 증명서에는 또한 소지자의 사진, 서명이나 지문 또는 그 양자가 첨부되어야 하며, 군 당국의 인장을 압인하여야 한다.

본 신분증명서는 동일국의 전군을 통하여 동일 규격이어야 하며 가능한 한 모든 체약국의 군대에 대하여 유사한 규격이어야 한다. 충돌 당사국은 본 협약의 부록에 예시된 양식에 따를 수 있다. 충돌 당사국은 적대행위의 개시 전에 각국이 사용하는 신분증명서의 양식을 상호 통보하여야 한다. 신분증명서는 가능하면, 적어도 2매를 작성하여 그 1매는 본국이 보관하여야 한다.

어떠한 경우에도 전기의 요원은 그들의 계급장 또는 신분증명서, 완장을 두를 권리를 박탈당하지 아니한다. 이들은 신분증명서 또는 계급장을 분실하는 경우 신분증명서의 부본을 재교부받거나 계급장을 재수령할 권리를 가진다.

제43조 병원선 및 소주정의 표지 제22조, 제24조, 제25조 및 제27조에서 규정하는 선박은 다음과 같이 명백히 표시되어야 한다.

(a) 외부의 전 표면을 백색으로 한다.

(b) 해상 및 공중으로부터 최대한 명백히 식별할 수 있고 가급적 큰 하나 또는 그 이상의 짙은 적십자를 선체의 양 측면과 상면에 도장 표시한다.

모든 병원선은 게양된 국기로 식별되며, 중립국 병원선은 그가 지시받을 것을 수락한 충돌 당사국의 국기를 게양함으로써 식별된다. 중앙 마스트에는 적십자 백기를 가능한 한 높이 게양하여야 한다.

병원선의 구명정, 연안구명정 및 의무기관이 사용하는 모든 소주정은 백색으로 칠하여 짙은 적십자를 명백히 해야 하며, 일반적으로 병원선에 관한 전기의 식별 방식에 따라야 한다.

전기의 선박과 소주정이 야간이나 악시계하에서 그들이 받을 수 있는 보호를 보장받고자 할 때에는 그들을 그 권한하에 두는 충돌 당사국의 동의에 따라 그 도장과 식별 표지를 더욱 선명히 하기 위한 소요의 조치를 취하여야 한다.

제31조에 따라, 일시적으로 적국에 억류된 병원선은 그들이 봉사하는 또는 지휘받을 것을 수락한 충돌 당사국의 국기를 하강하여야 한다.

연안 구명정은 점령국의 동의를 얻어 점령된 기지로부터 작업을 계속하는 경우 모든 관계 충돌 당사국에 대한 사전통고를 조건으로 기지 밖에서는 적십자기와 함께 자국기를 게양할 수 있다. 적십자 표지에 관한 본 조의 모든 규정은 제41조에서 말한 기타 표지에 대해서도 동일하게 적용된다.

충돌 당사국은 병원선의 식별을 용이하게 하기 위한 최신의 방법을 사용하기 위하여 상호 협정을 체결하도록 항시 노력하여야 한다.

제44조 표장의 사용제한 별도의 국제협약 또는 관계 충돌 당사국 간의 협정이 규정하는 경우를 제외하고는 제43조에 규정한 식별 표지는 전, 평시를 막론하고 동 조에 규정하는 선박의 표식 또는 보호만을 위하여 사용될 수 있다.

제45조 남용의 방지 체약국은 자국의 기존 법령이 불충분한 경우에는 제43조에 규정한 식별 표지의 남용을 항상 방지하고 억제하기 위하여 필요한 조치를 취하여야 한다.

제7장 협약의 실시

제46조 세목의 실시, 예견되지 아니한 사건 각 충돌 당사국은 그 총사령관을 통하여 본 협약이 일반원칙에 따르는 전 각조의 세부 시행령을 마련하고 예견할 수 없는 경우에 대비하여야 한다.

제47조 보복의 금지 본 협약에 의하여 보호되는 부상자, 병자, 조난자, 요원, 선박 또는 그 장비에 대한 보복을 금지한다.

제48조 협약의 보급 체약국은 전, 평시를 막론하고 본 협약 전문을 가급적 광범위하게 자국 내에 보급시킬 것이며, 특히 군 교육계획과 가능하면 민간 교육계획에도 본 협약에 관한 학습을 포함시킴으로써 본 협약의 원칙을 전 국민, 특히 군인, 의무요원 및 종교요원에게 습득시킬 것을 약정한다.

제49조 역문, 적용법령 체약국은 스위스 연방정부를 통하여 또한 전시 중에는 이익보호국을 통하여 본 협약의 공식 번역문과 약정의 시행을 위하여 제정한 법령을 상호 통보하여야 한다.

제8장 남용 및 위반의 방지

제50조 벌칙 I : 개설 체약국은 본 협약에 대하여 다음 조에 정의하는 중대한 위반행위를 범하였거나 또는 범하도록 명령한 자에 대한 유효한 형벌을 규정하기 위하여 필요한 입법조치를 취할 것을 약정한다.
　　각 체약국은 중대한 위반행위를 범하였거나 범할 것을 명령한 혐의가 있는 자를 수사할 의무를 지며 이러한 자는 국적 여하를 불문하고 자국의 법원에 기소되어야 한다. 또한 각 체약국은 희망하는 경우 또한 국내법의 규정에 따라 이러한 자를 다른 관계 체약국에서 재판을 받도록 인도할 수 있다. 단, 관계 체약국이 동 사건에 관하여 일단 유리한 증거를 제시하는 경우에 한한다.
　　각 체약국은 다음 조항에서 정의하는 중대한 위반행위 이외에

본 협약 제 규정에 위반되는 모든 행동을 방지하기 위하여 필요한 조치를 취하여야 한다.

피고인은 모든 경우에 있어서 포로의 대우에 관한 1949년 8월 12일자 제네바협약 제105조 및 그 이하에 규정한 것보다 불리하지 않는 정당한 재판과 변호가 보장되어야 한다.

제51조 벌칙Ⅱ: 중대한 위반행위 전조에서 말하는 중대한 위반행위란 본 협약이 보호하는 사람, 또는 재산에 대하여 행하여지는 다음의 행위를 의미한다. 고의적인 살인, 신체 또는 건강을 고의로 크게 해치거나 고통을 주는 고문이나 비인도적 대우(생물학적 실험을 포함) 또는 군사상의 필요로서 정당화되지 아니하며 불법적이고 고의적인 재산의 광범위한 파괴 또는 몰수.

제52조 벌칙Ⅲ: 체약국의 책임 체약국은 전조에서 말한 위반행위에 관하여 자국이 져야 할 책임을 벗어나거나 또는 타방 체약국으로 하여금 동국이 져야 할 책임으로부터 벗어나게 하여서는 아니 된다.

제53조 조사절차 충돌 당사국의 요청이 있을 때에는 본 협약에 대한 위반혐의에 관하여 관계국 간에 결정되는 방법으로 심문하여야 한다.

심문절차에 관한 합의가 이루어지지 아니하였을 때에는 관계국은 그 절차를 결정할 심판관의 선임에 관하여 합의하여야 한다.

위반행위가 확인되었을 때 충돌 당사국은 지체 없이 위반행위를 종식시키거나 억제하여야 한다.

최종규정

제54조 용어 본 협약은 영어와 불어로 작성되며 양자 공히 정본이다.

스위스 연방정부는 본 협약이 노어와 서반아어로 공식 번역되도록 조치하여야 한다.

제55조 서명 오늘 날짜의 본 협약은 1949년 4월 21일 제네바에서 개최된 회의에 대표를 파견한 국가와 동 회의에 대표는 파견하지 않았

으나 1906년 제네바협약의 원칙을 해전에 응용하기 위한 1907년 10월 18일의 제10헤이그협약 또는 육전에 있어서의 군대의 부상자와 병자의 상태 개선에 관한 1864년, 1906년, 1929년의, 제네바협약의 체약국에 대하여 1950년 2월 12일까지 그 서명을 위하여 개방된다.

제56조 비준 본 협약은 가급적 조속히 비준되어야 하며 비준서는 베른에 기탁된다. 스위스 연방정부는 각 비준서의 기탁에 관한 기록을 작성하며 그 기록의 인증등본을 본 협약 서명국과 가입국에 전달하여야 한다.

제57조 효력의 발생 본 협약은 2개 이상의 비준서가 기탁된 6개월 후부터 효력을 발생한다.

그 이후 본 협약은 각 체약국이 비준서를 기탁한 6개월 후에 각 체약국에 대하여 효력을 발생한다.

제58조 1907년 협약과의 관계 본 협약은 체약국 간의 관계에 있어서 1906년 제네바협약의 원칙을 해전에 적용하기 위한 1907년 10월 18일의 제10헤이그협약을 대치한다.

제59조 가입 본 협약은 그 효력 발생일로부터 본 협약에 서명하지 않은 모든 국가의 가입을 위하여 개방된다.

제60조 가입의 통고 본 협약에의 가입은 스위스 연방정부에 서면으로 통고하여야 하며 그 공문이 접수된 일자로부터 6개월 후에 발효한다.

스위스 연방정부는 가입사실을 본 협약 서명국과 가입국에 통고하여야 한다.

제61조 즉시 발효 제2조와 제3조에 규정된 경우는 전쟁 또는 점령의 개시 전후에 충돌 당사국이 행한 비준 또는 가입을 즉시 발효시킨다. 스위스 연방정부는 충돌 당사국으로부터 접수된 비준서 또는 가입서를 가장 신속한 방법으로 통고하여야 한다.

제62조 탈퇴 각 체약국은 본 협약에서 자유로이 탈퇴할 수 있다.

　　탈퇴는 서면으로 스위스 연방정부에 통고하여야 하며 스위스 연방정부는 그 통고를 모든 체약국 정부에 전달하여야 한다.

　　탈퇴는 스위스 연방정부에 통고한 1년 후에 발효한다. 단, 탈퇴국이 탈퇴를 통고할 당시에 전쟁에 개입하고 있는 경우에는 강화조약 체결 시까지, 또한 본 협약에 의하여 보호되는 자의 석방과 송환업무가 종료될 때까지 발효되지 아니한다.

　　탈퇴는 탈퇴하는 국가에 대하여서만 효력을 발생한다. 탈퇴는 문명인 간에 확립된 관행, 인도의 법칙, 대중적 양심에 기인한 국제법의 원칙에 따라 충돌 당사국이 계속 이행하여야 할 의무를 해하여서는 아니 된다.

제63조 국제연합에의 등록 스위스 연방정부는 본 협약을 국제연합 사무국에 등록하여야 한다. 스위스 연방정부는 또한 본 협약에 관하여 동 정부가 접수하는 모든 준비, 가입, 탈퇴를 국제연합 사무국에 통고하여야 한다.

　　이상의 증거로서 하기인은 각자의 전권위임장을 기탁하고 본 협약에 서명하였다.

　　1949년 8월 12일 제네바에서 영어와 불어로 작성하였다. 원본은 스위스 연방정부의 문서 보관소에 기탁한다. 스위스 연방정부는 그 인증등본을 각 서명국과 가입국에 송부하여야 한다.

　　(서명란 생략)

저자 이민효

▌약 력

해군사관학교 졸업(1986, 문학사)
서울대학교 법학사(1990)
성균관대학교 법학석사(1994), 법학박사(1999)
현 해군사관학교 국제관계학과 부교수

▌주요저서

『무력분쟁에서의 희생자 보호와 국제인도법』(2006)
『해양에서의 군사활동과 국제해양법』(2007)
『해상무력분쟁에 적용될 국제법에 관한 산레모 매뉴얼』(2008)
『무력분쟁과 국제법』(2008)
외 다수

해전에서의 군사목표 구별원칙과 상선의 법적 지위

초판인쇄 | 2009년 1월 20일
초판발행 | 2009년 1월 20일

지은이 | 이민효
펴낸이 | 채종준
펴낸곳 | 한국학술정보㈜
주 소 | 경기도 파주시 교하읍 문발리 513-5 파주출판문화정보산업단지
전 화 | 031) 908-3181(대표)
팩 스 | 031) 908-3189
홈페이지 | http://www.kstudy.com
E-mail | 출판사업부 publish@kstudy.com

등 록 | 제일산 115호(2000. 6. 19)
가 격 30,000원

ISBN 978-89-534-[illegible] (Paper Book)
      978-89-534-0808-1 98390 (e-Book)